普通高等教育"十三

有限单元法原理与计算

主编　周道传

中国水利水电出版社
www.waterpub.com.cn
·北京·

内 容 提 要

本书按照由浅入深和循序渐进的原则，详细介绍了有限单元法的基本理论和计算，内容包括平面三角形单元、平面矩形单元与六结点三角形单元、平面等参单元、高次等参单元、空间问题及薄板弯曲问题的有限元计算，以及基于位移变分方法和加权残值法的有限元基本理论。

本书作为有限单元法的课程教材，在编写过程中结合了编者多年来的教学经验和授课心得，突出了对计算能力的培养。因此在计算求解的思路、方法和步骤上都进行了细致的编排和详细的介绍，能让学生听得懂，记得住，掌握得牢。结合计算例题、课后习题和计算机语言编程，对学生的计算能力进行重点培养和锻炼，可取得较好的教学效果。

本书可作为高等学校水利、土木、材料、机械、船舶等专业的研究生教材，也可以作为力学类专业的本科生教材，并可供高等学校相关专业教师和工程技术人员参考。

图书在版编目（CIP）数据

有限单元法原理与计算 / 周道传主编. -- 北京 : 中国水利水电出版社, 2020.5
普通高等教育"十三五"系列教材
ISBN 978-7-5170-8573-7

Ⅰ. ①有… Ⅱ. ①周… Ⅲ. ①有限元法－高等学校－教材 Ⅳ. ①O241.82

中国版本图书馆CIP数据核字(2020)第107879号

书　名	普通高等教育"十三五"系列教材 **有限单元法原理与计算** YOUXIAN DANYUANFA YUANLI YU JISUAN
作　者	周道传　主编
出版发行	中国水利水电出版社 （北京市海淀区玉渊潭南路1号D座　100038） 网址：www.waterpub.com.cn E-mail：sales@waterpub.com.cn 电话：(010) 68367658（营销中心）
经　售	北京科水图书销售中心（零售） 电话：(010) 88383994、63202643、68545874 全国各地新华书店和相关出版物销售网点
排　版	中国水利水电出版社微机排版中心
印　刷	北京瑞斯通印务发展有限公司
规　格	184mm×260mm　16开本　11.75印张　293千字
版　次	2020年5月第1版　2020年5月第1次印刷
印　数	0001—1500册
定　价	**32.00**元

前言

本书出版的初衷是给土木工程专业的学生提供一本适用的有限单元法课程教材，同时本书也适用于高等学校水利、材料、机械、船舶、工程力学等相关专业的本科生和研究生培养。

全书共分 8 章，第 1 章介绍弹性力学基础知识和有限单元法基本概念等；第 2 章以平面三角形单元为例，详细介绍应用有限单元法求解平面问题的完整过程和计算细节，给出了每一部分求解内容的计算机程序，第 2 章是全书的重点内容，需要牢固掌握；第 3 章介绍平面矩形单元与六结点三角形单元的有限单元法计算，是学习等参单元和高次等参单元的基础；第 4 章介绍平面等参单元的计算，内容包括四结点任意四边形单元和高次等参单元的计算，给出了高斯数值积分计算方法，并介绍了变结点等参单元有限单元法计算列式；第 5 章介绍空间问题的有限单元法；第 6 章、第 7 章分别介绍基于位移变分方法和加权残值法的有限元理论；第 8 章介绍薄板弯曲问题的有限单元法。

本书系统全面地介绍了有限单元法基本理论，着重强调对计算能力的培养，在主要章节都辅以计算例题和习题，通过例题讲解和习题练习，巩固理论知识内容，提高学生动手计算能力；主要章节的计算部分，都有配套的计算机程序语言，培养学生编程计算能力。

由于编者水平有限，书中不妥或疏漏之处在所难免，欢迎广大师生和读者提出宝贵的修改意见和建议。

作者

2019 年 12 月

目录

第1章　绪　　论

1.1　有限单元法的发展

通过对结构力学课程的学习，可以了解和掌握杆系结构内力的计算。然而，现实世界中，除了桁架结构可以简化为杆系结构进行计算外，大部分的结构都是连续体，比如楼板、剪力墙、大坝及基础平台等，对于这样的连续体结构，如何进行内力和变形计算呢？显然，结构力学的知识还不足以进行这样的计算，于是，需要学习有限单元法。

有限单元法概念的出现可以追溯到1943年，柯朗（R. Courant）首次提出“单元”的概念，定义了在三角形区域上的分片连续函数，采用最小势能原理研究了圣维南扭转问题。1954—1955年，阿吉里斯（J. H. Argris）发表了关于结构分析矩阵方法的论文，并于1960年出版了《能量原理与结构分析》一书，对弹性结构的能量原理进行分析和研究。该书成为结构矩阵位移法的经典著作。1955年，特纳（M. J. Turner）和克拉夫（R. W. Clough）采用自然离散的方法分析飞机结构的受力，将飞机结构分割成多个三角形和矩形单元，每一个单元用单元的结点力与结点位移相联系的单元刚度矩阵来表征，把矩阵位移法的思想应用于解决弹性力学平面问题，随后提出了用直接刚度法集合有限元的整体方程组。1960年，克拉夫在研究平面弹性问题的论文中首次提出了“有限单元法”的名称。

20世纪60年代，许多学者，如梅劳斯（R. J. Melosh）、贝赛林（J. F. Besseling）、琼斯（R. E. Jones）、卞学璜、赫尔曼（L. R. Herrmann）、毕奥（M. A. Biot）、普拉格（W. Prager）、董平等，为各种不同变分原理的有限元模型研究做出了贡献。

有限单元法的方程不一定都建立在变分原理的基础上。1969年，奥登（J. T. Oden）从能量平衡原理出发，成功地给出了热弹性问题有限元分析的方程组。斯查勃（B. A. Szabo）和李（G. C. Lee）在1969年利用伽辽金法得到了平面弹性问题的有限元解。

从单元的类型而言，有限单元法已从一维的杆单元、二维的平面单元发展到三维的空间单元、板壳单元、管单元等，从常应变单元发展到高次单元。1966年，欧格托蒂斯（B. Ergatoudis）、艾路斯（B. M. Irons）和泽凯维奇（O. C. Zienkiewics）为等参数单元的发展奠定了基础，使计算精度有较大提高，并可适用于各种复杂的几何形状和边界条件。

有限单元法起源于结构分析，被广泛应用到各种工程和工业领域，成为解决数学物理方程的普遍方法。现在有限单元法已经广泛应用于固体力学、流体力学、传热学、电磁学、声学、生物力学等各个领域，能求解杆、梁、板、壳、块体等各类单元的弹性（线性和非线性）、黏弹性和弹塑性问题（包括静力和动力问题），各类场分布问题（流体场、温度场、电磁场等的稳态和瞬态问题），水流管路、电路、润滑、噪声以及固体、流体、温度相互作用的问题。随着现代力学、计算数学和计算机技术的发展，有限单元法作为一个具有坚实理论基础和广泛应用效力的数值计算工具，将在国民经济建设和科学技术发展中发挥更大的作用，其自身也将得到进一步的发展和完善。

1.2　弹性力学基础知识

在有限单元法中要经常用到弹性力学的基本方程和与之等效的变分原理，因此，在学习有限单元法之前，需要先学习弹性力学的基础知识。

1.2.1　弹性力学基本假设

弹性力学是研究弹性体在外界因素作用下产生应力、应变和位移的分布规律的学科。与材料力学、结构力学的研究对象不同，弹性力学的研究对象是非杆状结构，即连续弹性体结构，如板、壳、块体以及挡土墙、堤坝、地基等实体结构。为了将这些研究对象抽象为理想模型，弹性力学对研究对象做出如下基本假设。

1. 完全弹性假设

弹性力学的研究对象是完全弹性体，所谓的完全弹性体，是指假设在引起其变形的外界因素消除之后，能完全恢复原状而没有任何残余形变的物体，又称为弹性体。这样，弹性体在任一瞬间的形变就完全取决于它在这一瞬间所受的外力，而与它过去的受力历史无关。这样，物体的变形完全符合胡克定律，即形变与引起形变的应力成正比的关系，两者之间是成线性关系的。弹性常数 E、G、μ 与受力历史无关，不随应力或形变的大小而变化。由材料力学可知，塑性材料物体，在应力未达到屈服极限之前是近似的完全弹性体；脆性材料物体，在应力未超过比例极限之前，也是近似的完全弹性体。

2. 连续性假设

假设完全弹性体是连续的，即整个弹性体的体积都被组成这个物体的介质所填满，没有任何空隙。这样，弹性力学中的各种已知量和未知量，比如应力、形变和位移等才可能是连续的，都可以用位置坐标的连续函数来表示。通过这些函数也可以求所需要的各阶导数，来满足计算的需要。事实上，一切物体都是由微粒组成的，严格来说都不符合这个连续性的假定。但是，从统计平均的观点来看，微粒大小以及各微粒之间的距离要远小于物体的几何尺寸，因此，关于物体连续性的假设又是合理的，不会引起显著的误差。

3. 均匀性假设

假设完全弹性体是均匀的，即整个物体是由同一类型的均匀材料组成的。这样，整个物体的所有部分都具有相同的物理性质，物体的物理参数（如弹性常数 E、G、μ）与位置坐标无关，不随位置坐标的变化而发生改变。根据这个假设，在研究中就可以取弹性体中任一部分（或任意一点）来研究，然后把分析结果用于整个物体。实际工程结构当然不是这样，例如，混凝土由砂、石、水泥构成，各点材料常数不完全相同。但是，每一种材料的粒径远远小于物体几何尺寸，而且在物体内均匀分布，从宏观意义上说，这个物体就可以被当作是均匀的。

4. 各向同性假设

假设物体在不同的方向上具有相同的物理性质，因而物体的弹性性质在所有方向上都相同。这样，物体的弹性常数 E 、G 、μ 才不会随着方向的变化而改变，可以在任意方向建立坐标系来研究物体的应力、形变和位移变量。实际上，单晶体是各向异性的，木材和竹材也是各向异性的，实际工程构件在不同方向的弹性存在差异。按照宏观统计的观点，在进行弹性力学分析时，可以将其当作各向同性来对待。

凡是符合上述 4 个假设的物体，均可称为理想弹性体。此外，还需要对物体的变形状态作小变形假定。

5. 小变形假设

所谓小变形假设，指的是假设在力和温度变化等外界因素作用下，整个物体中所有点的位移远小于物体原来的尺寸，因而，应变分量和转角都远小于 1。应用小变形假设，可使计算得到显著的简化。例如，在建立物体变形之后的平衡微分方程时，就可以用变形以前的尺寸代替变形以后的尺寸，而不考虑由变形引起的物体尺寸和位置的变化；在建立几何方程和物理方程时，可以略去应变、转角的二次和更高次幂或二次乘积以上的项，使得到的关系式都是线性的，这样弹性力学的几何方程和物理方程就都可以简化为线性方程求解。小变形假设又称为几何线性假设。通过这个假设，弹性力学问题都可转化为线性问题，从而可以应用叠加原理求解。

因此，弹性力学所研究的问题都是理想弹性体的小变形问题，属于线弹性力学范畴。

1.2.2 弹性力学基本概念

弹性力学的研究对象都是超静定结构的理想弹性体，需要从静力学、几何学和物理学三方面入手，建立平衡微分方程、几何方程和物理方程。在介绍这三大方程之前，需要对弹性力学的基本概念有所了解。

1. 外力

作用于物体上的外力可以分为 3 种类型，分别是体力、面力和集中力。

（1）体力。体力是指分布在物体内部所有质点上的力，又称为体积力，如重力、惯性力和电磁力等。一般来说，弹性体内各质点所受的体力是不相同的。为了明确任意一点 P 的体力大小和方向，引入体力集度的概念，如图 1.1 所示。在 P 点取一微小体积，记为 ΔV ，各点所受外力在该微小体积内的合力为 ΔF ，则平均集度为 $\frac{\Delta F}{\Delta V}$ 。当微小体积不断缩小，逐渐收拢到 P 点时，则 ΔV 和平均集度 $\frac{\Delta F}{\Delta V}$ 都不断变化而最后趋于 P 点，成为一个极限矢量 $\boldsymbol{f}$ 。这个极限矢量 $\boldsymbol{f}$ 就是 P 点的体力集度，即 $\lim\limits_{\Delta V \to 0} \frac{\Delta F}{\Delta V} = \boldsymbol{f}$。

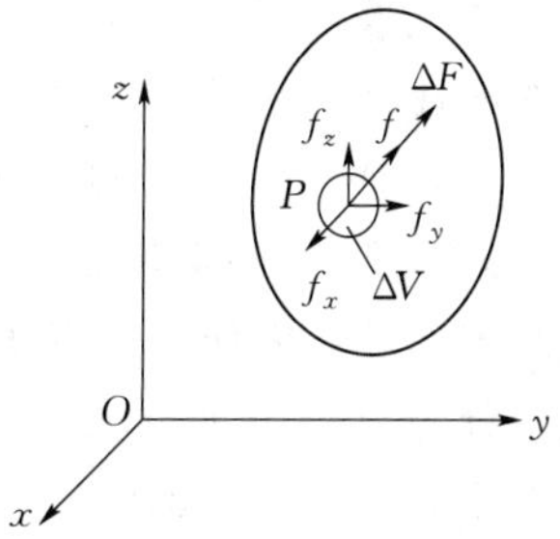

图 1.1 体力集度

体力集度 $\boldsymbol{f}$ 表明了 P 点体力的大小、方向和作用点。体力集度是矢量，记为黑体字母 $\boldsymbol{f}$ 。将体力沿着 3 个坐标轴 x 、y 、z 分解，可得到它在 3 个坐标轴上的投影，分别为 f_x 、f_y 、f_z ，称为 $\boldsymbol{f}$ 的 3 个体力分量。它们是标量，其正负号以与坐标轴正向相同为正，相反为负。体力及其分量的量纲是 $\mathrm{ML^{-2}T^{-2}}$ ，单位是 $\mathrm{N/m^3}$ ，体力集度可以表示为 $\boldsymbol{f} = f_x\boldsymbol{i} + f_y\boldsymbol{j} + f_z\boldsymbol{k}$ ，或

$$\boldsymbol{f}=\begin{Bmatrix}f_x\\f_y\\f_z\end{Bmatrix}=[f_x \quad f_y \quad f_z]^{\mathrm{T}} \tag{1.1}$$

注意：本教材为了区分矢量和标量，矢量字母用黑体，标量不用黑体。$\boldsymbol{i}$ 、$\boldsymbol{j}$ 、$\boldsymbol{k}$ 表示坐标单位矢量，上标 T 表示矩阵的转置。

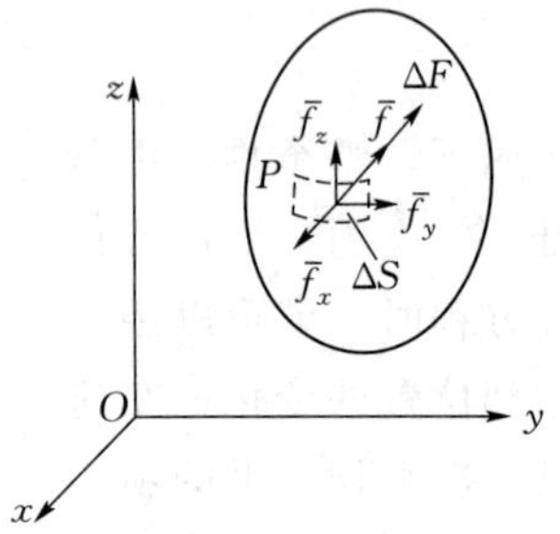

图 1.2　面力集度

（2）面力。面力是指分布在物体外表面上的外力，又称为面积力，如风力、大气压力、流体压力、接触力等。面力在各表面点上也是各不相同的。如图 1.2 所示，面力同样是用其集中程度来表示，是任一点面力平均集度的极限，即

$$\lim_{\Delta S\to 0}\frac{\Delta \boldsymbol{F}}{\Delta S}=\bar{\boldsymbol{f}} \tag{1.2}$$

这个极限矢量 $\bar{\boldsymbol{f}}$ 就是 P 点所受面力的集度。矢量 $\bar{\boldsymbol{f}}$ 在坐标轴 x 、y 、z 上的投影 $\bar{f}_x$ 、$\bar{f}_y$ 、$\bar{f}_z$ 称为在 P 点的面力分量。面力分量以与坐标轴正向相同为正，相反为负。面力及其分量的量纲是 $\mathrm{ML^{-1}T^{-2}}$ ，单位是 $\mathrm{N/m^2}$ 或 Pa 。面力集度可以表示为 $\bar{\boldsymbol{f}}=\bar{f}_x\boldsymbol{i}+\bar{f}_y\boldsymbol{j}+\bar{f}_z\boldsymbol{k}$ 或

$$\bar{\boldsymbol{f}}=\begin{Bmatrix}\bar{f}_x\\\bar{f}_y\\\bar{f}_z\end{Bmatrix}=[\bar{f}_x \quad \bar{f}_y \quad \bar{f}_z]^{\mathrm{T}} \tag{1.3}$$

（3）集中力。集中力指集中作用于物体上一点的外力，在有限单元法的等效结点荷载计算中要用到集中力的概念。

2. 应力

物体在外界因素（外力、温度变化等）作用下，其内部各部分之间要产生相互的作用力，这种物体内的一部分与其相邻的另一部分之间相互作用的力，称为内力。如图 1.3 所示，假定弹性体内任意一点 P ，使截面 $m-n$ 通过 P 点，将弹性体分为 A 和 B 两部分，B 部分对 A 部分的作用力在 P 点附近微小面积 ΔS 上的合力为 ΔF 。和面力的集度定义相类似，当 ΔS 不断缩小，收拢到 P 点时，极限矢量 $\boldsymbol{p}$ 就是物体在截面 $m-n$ 上 P 点的应力，即

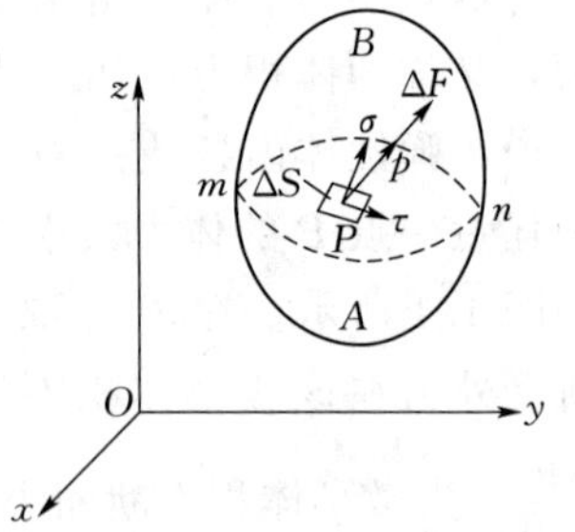

图 1.3　应力的定义

$$\lim_{\Delta S\to 0}\frac{\Delta \boldsymbol{F}}{\Delta S}=\boldsymbol{p} \tag{1.4}$$

因为 ΔS 是标量，所以，应力 $\boldsymbol{p}$ 的方向就是 ΔF 的极限方向。任一截面上的全应力 $\boldsymbol{p}$ ，可以沿坐标轴分解为 p_x 、p_y 、p_z 三个分量，即 $\boldsymbol{p}=p_x\boldsymbol{i}+p_y\boldsymbol{j}+p_z\boldsymbol{k}$ 。另外，$\boldsymbol{p}$ 也可沿截面 $m-n$ 的法线方向及微分面方向进行分解，分别用 $\boldsymbol{\sigma}$ 和 $\boldsymbol{\tau}$ 来表示，分别代表截面的正应力和切应力，切应力又被称为剪应力，如图 1.3 所示。应力及其分量的量纲是 $\mathrm{ML^{-1}T^{-2}}$ ，单位是 $\mathrm{N/m^2}$ 或 Pa。

3. 一点的应力状态

通过物体内任意一点，可以作无数个不同方向的微分面，因此，凡是提到应力，必须要指出是对物体哪一点，并通过该点的哪一个微分面来说的。显然，对相同一点，不同微分面上的应力一般来说是不同的。所谓一点的应力状态，指的是物体内同一点各微分面上的应力情况。研究一点的应力状态，对研究物体的强度是十分重要的。

为了分析一点的应力，首先来分析通过一点的各直角坐标面上的应力分量。在物体内一点 P 取出一个微小的正平行六面体，如图 1.4 所示。正平行六面体的棱边分别平行于 3 个坐标轴，长度分别是 $PA = \mathrm{d}x$，$PB = \mathrm{d}y$，$PC = \mathrm{d}z$。它的 6 个面的外法线都是沿着坐标轴方向的。凡外法线沿坐标轴正方向的，该面称为正坐标面或正面；凡外法线沿坐标轴负方向的，该面称为负坐标面或负面。每一个面上的全应力 $\boldsymbol{p}$ 都可以分解为一个正应力和两个切应力。例如，用 $\boldsymbol{\sigma}_x$ 表示作用在外法线沿着 x 轴的面上沿着 x 方向的正应力，$\boldsymbol{\tau}_{xy}$ 表示作用于外法线沿着 x 轴的面上沿着 y 方向的切应力，$\boldsymbol{\tau}_{xz}$ 表示作用于外法线沿着 x 轴的面上沿着 z 方向的切应力，其余面上的正应力和切应力以此类推。

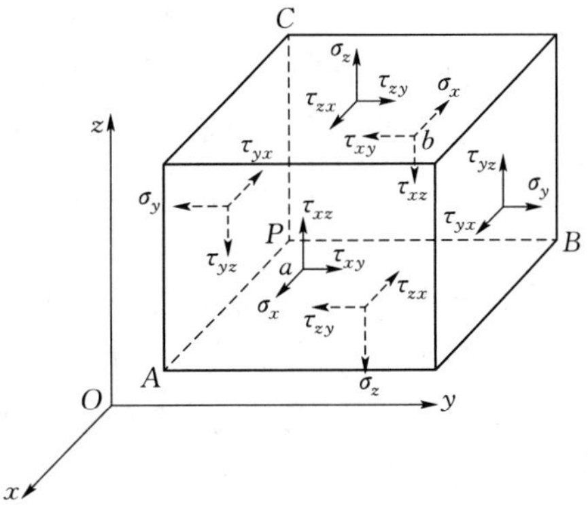

图 1.4　正平行六面体的应力分量

由于应力和内力都是成对出现的，在弹性力学中，应力的正负号是这样规定的：凡作用在正坐标面上的各应力，以沿坐标轴正向为正；凡作用在负坐标面上的各应力，以沿坐标轴负向为正，反之都为负。可见，图 1.4 中的各个应力分量均是正号。

这样，就得到了任意一点 P 的 3 个微分面上的 9 个应力分量。只要知道一点的 9 个应力分量，根据几何关系和平衡关系，就可以求出该点各个微分面上的应力。也就是说，9 个应力分量将完全确定一点的应力状态。将这 9 个应力分量写为矩阵的形式，得到应力矩阵 $\boldsymbol{\sigma}$，为

$$\boldsymbol{\sigma} = \begin{bmatrix} \sigma_x & \tau_{xy} & \tau_{xz} \\ \tau_{yx} & \sigma_y & \tau_{yz} \\ \tau_{zx} & \tau_{zy} & \sigma_z \end{bmatrix} \tag{1.5}$$

在式（1.5）中，6 个切应力之间存在两两相等的关系。例如，连接六面体前后两个面中心点，可得到直线 ab，以直线 ab 为矩轴，可以列出力矩平衡方程，得

$$2\tau_{yz}\,\mathrm{d}z\mathrm{d}x\,\frac{\mathrm{d}y}{2} - 2\tau_{zy}\,\mathrm{d}y\mathrm{d}x\,\frac{\mathrm{d}z}{2} = 0$$

同样，可以列出其余两个相似的方程，经过计算，得到

$$\tau_{yz} = \tau_{zy}\,,\quad \tau_{xz} = \tau_{zx}\,,\quad \tau_{xy} = \tau_{yx} \tag{1.6}$$

式（1.6）就是切应力互等定理，即：作用在两个互相垂直的面上并且垂直于该两面交线的切应力是互等的（大小相等，正负号也相同）。因此，切应力符号的两个下标字母可以对调。这样，6 个切应力分量可以缩减为 3 个切应力分量，应力矩阵 $\boldsymbol{\sigma}$ 可以缩减为应力列阵，记为

$$\boldsymbol{\sigma}=\begin{Bmatrix}\sigma_x\\ \sigma_y\\ \sigma_z\\ \tau_{xy}\\ \tau_{yz}\\ \tau_{zx}\end{Bmatrix}=[\sigma_x\quad \sigma_y\quad \sigma_z\quad \tau_{xy}\quad \tau_{yz}\quad \tau_{zx}]^{\mathrm{T}} \tag{1.7}$$

式中：$\boldsymbol{\sigma}$ 为应力列阵或应力向量，它是一个 6×1 的列向量，已知一点的应力列阵，就可以求出经过该点的任意微分面上的正应力和切应力。

因此，上述 6 个应力分量可以完全确定一点的应力状态。

4. 形变

形变指的是物体形状的改变。物体的形状可以用它各部分的长度和角度来表示，因此，物体的形变可归结为长度的改变和角度的改变。

为了分析物体在某一点 P 的形变状态，在这一点沿着坐标轴 x 、y 、z 的正方向取 3 条微小的线段 PA 、PB 、PC ，如图 1.4 所示。物体变形以后，这 3 条线段的长度以及它们之间的直角一般都将有所改变。单位长度上的线段的收缩，即单位伸缩或相对伸缩，称为线应变，亦称正应变；各线段之间直角的改变量，用弧度表示，称为切应变，亦称剪应变。正应变用字母 ε 表示，例如，ε_x 表示 x 方向上的线段 PA 的正应变，其余以此类推；切应变用字母 γ 表示，例如，γ_{yz} 表示 y 和 z 两个正方向的线段（即 PB 、PC ）之间直角的改变量，其余以此类推。线应变以伸长为正，缩短为负；切应变以直角减小为正，直角增大为负。正应变和切应变都是无量纲的量。

可以证明，在物体的任意一点，如果已知 ε_x 、ε_y 、ε_z 、γ_{xy} 、γ_{yz} 、γ_{zx} 这 6 个直角坐标方向线段的应变分量，就可以求得经过该点的任意线段的正应变，也可以求得经过该点的任意两个线段之间的角度的改变量。这 6 个应变分量记为应变列阵或应变向量 $\boldsymbol{\varepsilon}$ ，即

$$\boldsymbol{\varepsilon}=\begin{Bmatrix}\varepsilon_x\\ \varepsilon_y\\ \varepsilon_z\\ \gamma_{xy}\\ \gamma_{yz}\\ \gamma_{zx}\end{Bmatrix}=[\varepsilon_x\quad \varepsilon_y\quad \varepsilon_z\quad \gamma_{xy}\quad \gamma_{yz}\quad \gamma_{zx}]^{\mathrm{T}} \tag{1.8}$$

和应力列阵一样，应变列阵 $\boldsymbol{\varepsilon}$ 也是一个 6×1 的列向量。已知一点的应变列阵，就可以求出经过该点任意线段的正应变以及经过该点任意两个线段之间的切应变。因此，上述 6 个应变分量可以完全确定一点的形变状态。

5. 位移

物体在发生变形过程中，各点都会有位置的移动，称为位移。位移是矢量，物体内任意一点的位移，用它在 x 、y 、z 三个坐标轴上的投影 u 、v 、w 来表示，位移分量以沿坐标轴正向为正，沿坐标轴负向为负。位移及其分量的量纲是 L ，单位是 m。位移也可用列向量来表示，记为

$$\boldsymbol{u}=\begin{Bmatrix}u\\v\\w\end{Bmatrix}=[u\quad v\quad w]^{\mathrm{T}} \tag{1.9}$$

一般来说，弹性体内的体力分量、面力分量、应力分量、应变分量和位移分量在弹性体内各点是不同的，它们都是空间位置坐标的函数。

1.3　弹性力学基本方程及矩阵表示

弹性力学的研究方法是在弹性体内部区域 V 上分别建立平衡微分方程、几何方程和物理方程，在边界 S 上建立应力边界条件和位移边界条件，然后，在边界条件下求解上述 3 个微分方程组，得出物体应力、应变和位移的解答。本节介绍平衡微分方程、几何方程和物理方程及这些方程的矩阵表示。

1.3.1　平衡微分方程

在弹性体内任取一点 P ，取出一个微小的正平行六面体，如图 1.5 所示。正平行六面体的棱边分别平行于三个坐标轴，长度分别是 $PA=\mathrm{d}x$ ，$PB=\mathrm{d}y$ ，$PC=\mathrm{d}z$ 。在微元体的 6 个微分面上作用着内力，各由一个正应力和两个切应力表示。

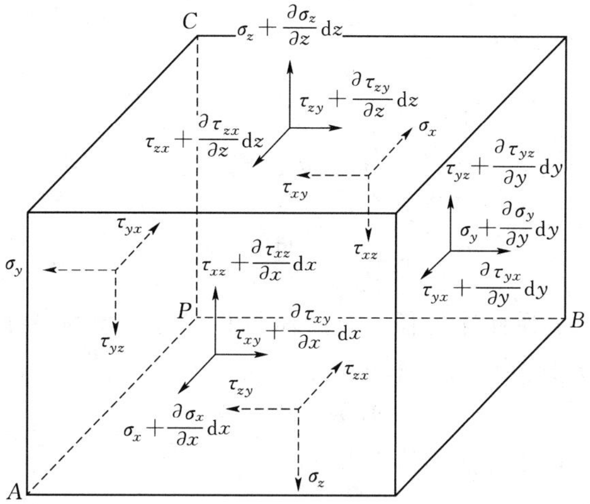

图 1.5　正平行六面体上的应力分布

一般来说，应力分量是空间位置坐标 x 、y 、z 的函数，因此，作用于两个相对面上的应力分量不相等而具有微小的差量。例如，设作用于后面的正应力是 σ_x ，则对于前面的正应力，由于 x 坐标改变为 $x+\mathrm{d}x$ ，按照连续性的基本假定，将 $\sigma_x(x+\mathrm{d}x)$ 用泰勒级数展开式表示，得到 $\sigma_x+\frac{\partial\sigma_x}{\partial x}\mathrm{d}x+\frac{1}{2}\frac{\partial^2\sigma_x}{\partial x^2}\mathrm{d}x^2+\cdots$ ，略去二阶及二阶以上的微量后，前面的正应力变成 $\sigma_x+\frac{\partial\sigma_x}{\partial x}\mathrm{d}x$ 。同理，可以得到前面的切应力，分别为 $\tau_{xy}+\frac{\partial\tau_{xy}}{\partial x}\mathrm{d}x$ 和 $\tau_{xz}+\frac{\partial\tau_{xz}}{\partial x}\mathrm{d}x$；也可以得到其他面上的应力分量，如图 1.5 所示。因为六面体体积是微小的，所以，各个面上的应力被认为是均匀分布的，其合力作用点位于该面的中心。同理，六面体

的体力也是均匀分布的，体力的合力作用点在体积的中心。

于是，以 x 轴为投影轴，列出投影轴上的力的平衡方程，即$\sum F_x=0$，可得到

$$\left(\sigma_x+\frac{\partial\sigma_x}{\partial x}\mathrm{d}x\right)\mathrm{d}y\mathrm{d}z-\sigma_x\mathrm{d}y\mathrm{d}z+\left(\tau_{yx}+\frac{\partial\tau_{yx}}{\partial y}\mathrm{d}y\right)\mathrm{d}z\mathrm{d}x-\tau_{yx}\mathrm{d}z\mathrm{d}x$$
$$+\left(\tau_{zx}+\frac{\partial\tau_{zx}}{\partial z}\mathrm{d}y\right)\mathrm{d}x\mathrm{d}y-\tau_{zx}\mathrm{d}x\mathrm{d}y+f_x\mathrm{d}x\mathrm{d}y\mathrm{d}z=0 \tag{1.10}$$

将式（1.10）两边同时除以 $\mathrm{d}x\mathrm{d}y\mathrm{d}z$，化简得到

$$\frac{\partial\sigma_x}{\partial x}+\frac{\partial\tau_{yx}}{\partial y}+\frac{\partial\tau_{zx}}{\partial z}+f_x=0 \tag{1.11}$$

类似地，分别以 y 轴、z 轴为投影轴，可列出投影轴上的力的平衡方程，即$\sum F_y=0$ 和$\sum F_z=0$。重复上述计算过程，可以得到

$$\frac{\partial\tau_{xy}}{\partial x}+\frac{\partial\sigma_y}{\partial y}+\frac{\partial\tau_{zy}}{\partial z}+f_y=0 \tag{1.12}$$

$$\frac{\partial\tau_{xz}}{\partial x}+\frac{\partial\tau_{yz}}{\partial y}+\frac{\partial\sigma_z}{\partial z}+f_z=0 \tag{1.13}$$

同时注意到，$\tau_{yx}=\tau_{xy}$，$\tau_{zx}=\tau_{xz}$，$\tau_{zy}=\tau_{yz}$，代入式（1.11）～式（1.13），可得到弹性体内任一点的平衡微分方程，为

$$\left.\begin{aligned}\frac{\partial\sigma_x}{\partial x}+\frac{\partial\tau_{xy}}{\partial y}+\frac{\partial\tau_{xz}}{\partial z}+f_x=0\\\frac{\partial\tau_{xy}}{\partial x}+\frac{\partial\sigma_y}{\partial y}+\frac{\partial\tau_{zy}}{\partial z}+f_y=0\\\frac{\partial\tau_{zx}}{\partial x}+\frac{\partial\tau_{zy}}{\partial y}+\frac{\partial\sigma_z}{\partial z}+f_z=0\end{aligned}\right\} \tag{1.14}$$

平衡微分方程给出了弹性体内任一点的体力和应力分量的平衡关系，又称为纳维叶（Navier）方程。平衡微分方程用矩阵表示为

$$\boldsymbol{L}^{\mathrm{T}}\boldsymbol{\sigma}+\boldsymbol{f}=\boldsymbol{0} \tag{1.15}$$

式中：$\boldsymbol{L}$ 为微分算子矩阵；$\boldsymbol{\sigma}$ 为前述的应力列阵，见式（1.7）；$\boldsymbol{f}$ 为体力列阵，或称为体力向量。

由式（1.14）和式（1.15）可得

$$\boldsymbol{L}^{\mathrm{T}}=\begin{bmatrix}\frac{\partial}{\partial x}&0&0&\frac{\partial}{\partial y}&0&\frac{\partial}{\partial z}\\0&\frac{\partial}{\partial y}&0&\frac{\partial}{\partial x}&\frac{\partial}{\partial z}&0\\0&0&\frac{\partial}{\partial z}&0&\frac{\partial}{\partial y}&\frac{\partial}{\partial x}\end{bmatrix} \tag{1.16}$$

$$\boldsymbol{f}=\begin{Bmatrix}f_x\\f_y\\f_z\end{Bmatrix}=[f_x\quad f_y\quad f_z]^{\mathrm{T}} \tag{1.17}$$

由式（1.16）可得到

$$\boldsymbol{L}=\begin{bmatrix}\dfrac{\partial}{\partial x} & 0 & 0\\ 0 & \dfrac{\partial}{\partial y} & 0\\ 0 & 0 & \dfrac{\partial}{\partial z}\\ \dfrac{\partial}{\partial y} & \dfrac{\partial}{\partial x} & 0\\ 0 & \dfrac{\partial}{\partial z} & \dfrac{\partial}{\partial y}\\ \dfrac{\partial}{\partial z} & 0 & \dfrac{\partial}{\partial x}\end{bmatrix} \tag{1.18}$$

对于平面问题，有

$$\boldsymbol{L}^{\mathrm{T}}=\begin{bmatrix}\dfrac{\partial}{\partial x} & 0 & \dfrac{\partial}{\partial y}\\ 0 & \dfrac{\partial}{\partial y} & \dfrac{\partial}{\partial x}\end{bmatrix},\quad \boldsymbol{L}=\begin{bmatrix}\dfrac{\partial}{\partial x} & 0\\ 0 & \dfrac{\partial}{\partial y}\\ \dfrac{\partial}{\partial y} & \dfrac{\partial}{\partial x}\end{bmatrix} \tag{1.19}$$

$$\boldsymbol{\sigma}=\begin{Bmatrix}\sigma_x\\ \sigma_y\\ \tau_{xy}\end{Bmatrix}=[\sigma_x\quad \sigma_y\quad \tau_{xy}]^{\mathrm{T}} \tag{1.20}$$

$$\boldsymbol{f}=\begin{Bmatrix}f_x\\ f_y\end{Bmatrix}=[f_x\quad f_y]^{\mathrm{T}} \tag{1.21}$$

可见，$\boldsymbol{L}^{\mathrm{T}}$ 是一个 3×6 的矩阵，$\boldsymbol{L}$ 是一个 6×3 的矩阵，$\boldsymbol{\sigma}$ 是一个 6×1 的列阵，$\boldsymbol{f}$ 是一个 3×1 的列阵。对应平面问题，上述矩阵的元素都有所缩减。平衡微分方程及相应矩阵的元素都要熟记，后面会经常用到。

1.3.2　几何方程

几何方程是从几何学的角度研究物体变形和应变之间的关系，因为并不涉及产生变形的原因和物体的物理性能，因而几何方程对一切连续介质都是适用的。以微元体 $\mathrm{d}V=\mathrm{d}x\mathrm{d}y\mathrm{d}z$ 为例，将微元体投影到坐标面 xOy 上，得到矩形平面微元，如图 1.6 所示。

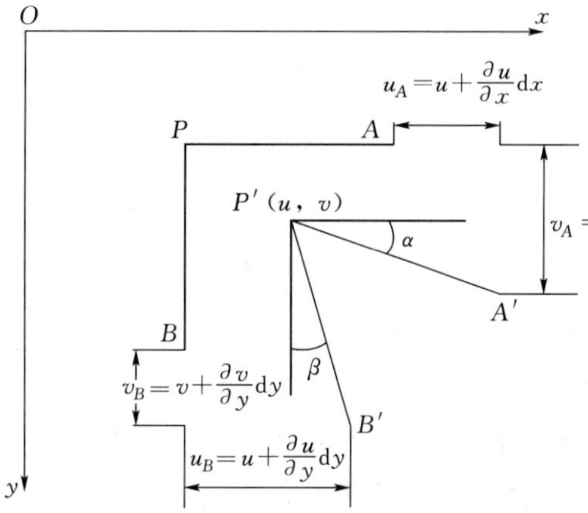

图 1.6　投影到坐标面 xOy 上的平面微元

设边长 $PA=\mathrm{d}x$，$PB=\mathrm{d}y$。在弹性体发生变形后，P 点移动到 P' 点，PP' 的平面位移可以沿坐标轴分解为 u 和 v 两个分量，就是 P 点在 xOy 平面的两个位移分量。由 A、B 和 P 之间的坐标关系及连续函数 u 和 v 的泰勒展开，得到 A 点

和 B 点的位移，分别是

$$u_A = u + \frac{\partial u}{\partial x}\mathrm{d}x\,, \qquad v_A = v + \frac{\partial v}{\partial x}\mathrm{d}x \tag{1.22}$$

$$u_B = u + \frac{\partial u}{\partial y}\mathrm{d}y\,, \qquad v_B = v + \frac{\partial v}{\partial y}\mathrm{d}y \tag{1.23}$$

因此，$\mathrm{d}x$ 和 $\mathrm{d}y$ 的相对伸长及它们之间的直角的减小量为

$$\varepsilon_x = \frac{P'A' - PA}{PA} \approx \frac{\left(u + \frac{\partial u}{\partial x}\mathrm{d}x\right) - u}{\mathrm{d}x} = \frac{\partial u}{\partial x} \tag{1.24}$$

$$\varepsilon_y = \frac{P'B' - PB}{PB} \approx \frac{\left(v + \frac{\partial v}{\partial y}\mathrm{d}y\right) - v}{\mathrm{d}y} = \frac{\partial v}{\partial y} \tag{1.25}$$

$$\gamma_{xy} = \alpha + \beta \approx \tan\alpha + \tan\beta = \frac{\left(v + \frac{\partial v}{\partial x}\mathrm{d}x\right) - v}{\mathrm{d}x} + \frac{\left(u + \frac{\partial u}{\partial y}\mathrm{d}y\right) - u}{\mathrm{d}y} = \frac{\partial v}{\partial x} + \frac{\partial u}{\partial y} \tag{1.26}$$

式（1.24）～式（1.26）即是 xOy 平面方向的几何关系。

同理，将上述方法向 xOz 和 yOz 坐标面方向推广，得到类似的几何关系。经过整理，去掉重复的表达式，得到弹性体内任一点的应变与位移关系，即几何方程为

$$\left.\begin{aligned} &\varepsilon_x = \frac{\partial u}{\partial x}, \quad \varepsilon_y = \frac{\partial v}{\partial y}, \quad \varepsilon_z = \frac{\partial w}{\partial z} \\ &\gamma_{xy} = \frac{\partial v}{\partial x} + \frac{\partial u}{\partial y}, \quad \gamma_{yz} = \frac{\partial v}{\partial z} + \frac{\partial w}{\partial y}, \quad \gamma_{zx} = \frac{\partial w}{\partial x} + \frac{\partial u}{\partial z} \end{aligned}\right\} \tag{1.27}$$

几何方程用矩阵表示为

$$\boldsymbol{\varepsilon} = \boldsymbol{L}\boldsymbol{u} \tag{1.28}$$

式中：$\boldsymbol{\varepsilon}$ 为应变列阵，或称为应变向量，见式（1.8）；$\boldsymbol{u}$ 为位移列阵，或称为位移向量，见式（1.9）。

对于平面问题，有

$$\boldsymbol{\varepsilon} = \begin{Bmatrix} \varepsilon_x \\ \varepsilon_y \\ \gamma_{xy} \end{Bmatrix} = [\varepsilon_x \quad \varepsilon_y \quad \gamma_{xy}]^{\mathrm{T}} \tag{1.29}$$

$$\boldsymbol{u} = \begin{Bmatrix} u \\ v \end{Bmatrix} = [u \quad v]^{\mathrm{T}} \tag{1.30}$$

式（1.27）又称为柯西（Cauchy）方程。

1.3.3　物理方程

物理方程是建立弹性体中应力和应变关系的方程。理想弹性体在小变形情况下，应力和应变之间是线性关系，即服从广义胡克定律。广义胡克定律有两种表示形式，每种形式都含有 6 个方程式，第一种形式是用应力来表示应变，为

$$\left.\begin{aligned}\varepsilon_x &= \frac{1}{E}[\sigma_x - \mu(\sigma_y + \sigma_z)] \\ \varepsilon_y &= \frac{1}{E}[\sigma_y - \mu(\sigma_z + \sigma_x)] \\ \varepsilon_z &= \frac{1}{E}[\sigma_z - \mu(\sigma_x + \sigma_y)] \\ \gamma_{xy} &= \frac{1}{G}\tau_{xy} \\ \gamma_{yz} &= \frac{1}{G}\tau_{yz} \\ \gamma_{zx} &= \frac{1}{G}\tau_{zx}\end{aligned}\right\} \tag{1.31}$$

式中：E 为拉压弹性模量，简称为弹性模量；G 为剪切弹性模量，又称为切变模量或刚量模量；μ 为材料泊松比，它表示材料单向拉压时，横向正应变和轴向正应变的比值。

E、G、μ 是由实验测定的材料性能常数，它们之间满足下列关系式：

$$G = \frac{E}{2(1+\mu)} \tag{1.32}$$

将式（1.31）的上面三式相加，可得到 $\sigma_y + \sigma_z$ 的表达式，再代入式（1.31）的第一个式子，可解出 σ_x，就可以得到广义胡克定律的第二种表示形式，即用应变来表示应力，为

$$\left.\begin{aligned}\sigma_x &= \lambda(\varepsilon_x + \varepsilon_y + \varepsilon_z) + 2G\varepsilon_x \\ \sigma_y &= \lambda(\varepsilon_x + \varepsilon_y + \varepsilon_z) + 2G\varepsilon_y \\ \sigma_z &= \lambda(\varepsilon_x + \varepsilon_y + \varepsilon_z) + 2G\varepsilon_z \\ \tau_{xy} &= G\gamma_{xy} \\ \tau_{yz} &= G\gamma_{yz} \\ \tau_{zx} &= G\gamma_{zx}\end{aligned}\right\} \tag{1.33}$$

式中：λ、G 为拉梅（Lame）常数。

G 的表达式见式（1.32），λ 的表达式为

$$\lambda = \frac{E\mu}{(1+\mu)(1-2\mu)} = \frac{2\mu G}{1-2\mu} \tag{1.34}$$

物理方程用矩阵可以表示为

$$\boldsymbol{\sigma} = \boldsymbol{D}\boldsymbol{\varepsilon} \tag{1.35}$$

式中：$\boldsymbol{D}$ 为弹性矩阵，它是一个对称矩阵。

$\boldsymbol{D}$ 的表达式为

$$\boldsymbol{D} = \begin{bmatrix}\lambda+2G & \lambda & \lambda & 0 & 0 & 0 \\ \lambda & \lambda+2G & \lambda & 0 & 0 & 0 \\ \lambda & \lambda & \lambda+2G & 0 & 0 & 0 \\ 0 & 0 & 0 & G & 0 & 0 \\ 0 & 0 & 0 & 0 & G & 0 \\ 0 & 0 & 0 & 0 & 0 & G\end{bmatrix} \tag{1.36}$$

对于平面应力问题，如等厚薄板仅在板边受平行于板面且不沿厚度变化的面力或约束，在板面上没有受到面力或约束，$\sigma_z = \tau_{zx} = \tau_{zy} = 0$，只剩下平行于面的 3 个平面应力分量 σ_x、σ_y、τ_{xy}，弹性矩阵为

$$\boldsymbol{D} = \frac{E}{1-\mu^2}\begin{bmatrix} 1 & \mu & 0 \\ \mu & 1 & 0 \\ 0 & 0 & \frac{1-\mu}{2} \end{bmatrix} \tag{1.37}$$

对于平面应变问题，如无限长大坝受侧向水压作用，大坝径向为 z 轴，此时，只平面内有应变 ε_x、ε_y、γ_{xy}，而 $\varepsilon_z = \gamma_{zx} = \gamma_{zy} = 0$，$\sigma_z = \mu(\sigma_x + \sigma_y) \neq 0$。平面应变问题的弹性矩阵只要把式（1.37）中的 E 换成 $\dfrac{E}{1-\mu^2}$，μ 换成 $\dfrac{\mu}{1-\mu}$ 即可。

1.3.4　应力边界条件

应力边界条件是指在弹性体的边界点上，应力与面力所要满足的平衡条件。弹性体在边界点用微元四面体来表示，如图 1.7 所示。

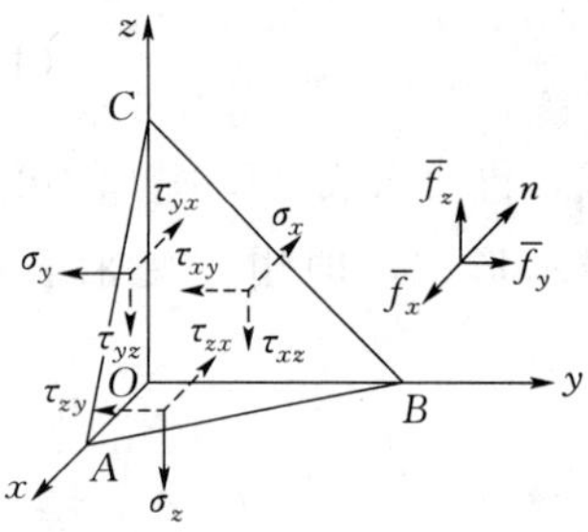

图 1.7　弹性体边界点的微元四面体

由 3 个坐标面的微分平面和边界曲面上的微分面围成四面体。微元四面体的体积为 $\mathrm{d}V = \dfrac{1}{6}\mathrm{d}x\mathrm{d}y\mathrm{d}z$，在 3 个坐标面平面上各有一个正应力和两个剪应力，在边界曲面上有 3 个面力分量，同时，微元四面体上作用有体力分量。当弹性体处于平衡状态时，对微元四面体可以列出 x 方向上的所有力的平衡方程，有

$$\bar{f}_x \mathrm{d}A - \sigma_x \mathrm{d}A_x - \tau_{yx}\mathrm{d}A_y - \tau_{zx}\mathrm{d}A_z + f_x \mathrm{d}V = 0 \tag{1.38}$$

式中，微分面积 $\mathrm{d}A$ 为 $\triangle ABC$ 的面积，代入微元四面体的体积 $\mathrm{d}V$，并记 $l = \dfrac{\mathrm{d}A_x}{\mathrm{d}A} = \cos(n,x)$，$m = \dfrac{\mathrm{d}A_y}{\mathrm{d}A} = \cos(n,y)$，$n = \dfrac{\mathrm{d}A_z}{\mathrm{d}A} = \cos(n,z)$，这 3 个量称为边界外法线方向余弦，化简可得到

$$l\sigma_x + m\tau_{yx} + n\tau_{zx} = \bar{f}_x + f_x \frac{1}{3}\mathrm{d}h \tag{1.39}$$

其中，$\mathrm{d}h$ 是坐标原点到 $\triangle ABC$ 的微元距离，舍去微量 $f_x \dfrac{1}{3}\mathrm{d}h$ 后，得到

$$l\sigma_x + m\tau_{yx} + n\tau_{zx} = \bar{f}_x \tag{1.40}$$

应用剪应力互等定理，式（1.40）可写为

$$l\sigma_x + m\tau_{xy} + n\tau_{xz} = \bar{f}_x \tag{1.41}$$

同理，可以分别列出 y 方向和 z 方向上的所有力的平衡方程，重复上述计算过程，最终可得到应力边界条件，为

$$\left.\begin{aligned} l\sigma_x + m\tau_{xy} + n\tau_{xz} &= \bar{f}_x \\ l\tau_{yx} + m\sigma_y + n\tau_{yz} &= \bar{f}_y \\ l\tau_{zx} + m\tau_{zy} + n\sigma_z &= \bar{f}_z \end{aligned}\right\} \tag{1.42}$$

应力边界条件可用矩阵表示为

$$\boldsymbol{n\sigma} = \bar{\boldsymbol{f}} \tag{1.43}$$

式中：$\boldsymbol{n}$ 为边界外法线方向余弦矩阵；$\bar{\boldsymbol{f}}$ 为面力列阵。

$\boldsymbol{n}$、$\bar{\boldsymbol{f}}$ 表达式如下：

$$\boldsymbol{n} = \begin{bmatrix} l & 0 & 0 & m & 0 & n \\ 0 & m & 0 & l & n & 0 \\ 0 & 0 & n & 0 & m & l \end{bmatrix} \tag{1.44}$$

$$\bar{\boldsymbol{f}} = \begin{Bmatrix} \bar{f}_x \\ \bar{f}_y \\ \bar{f}_z \end{Bmatrix} = \begin{bmatrix} \bar{f}_x & \bar{f}_y & \bar{f}_z \end{bmatrix}^{\mathrm{T}} \tag{1.45}$$

对于平面问题，面力列阵为

$$\bar{\boldsymbol{f}} = \begin{Bmatrix} \bar{f}_x \\ \bar{f}_y \end{Bmatrix} = \begin{bmatrix} \bar{f}_x & \bar{f}_y \end{bmatrix}^{\mathrm{T}} \tag{1.46}$$

1.3.5 位移边界条件

位移边界条件是指，在弹性体位移已知的边界 S_σ 上，位移应等于已知位移，即

$$\boldsymbol{u} = \begin{Bmatrix} u \\ v \\ w \end{Bmatrix} = \bar{\boldsymbol{u}} \tag{1.47}$$

$$\bar{\boldsymbol{u}} = \begin{Bmatrix} \bar{u} \\ \bar{v} \\ \bar{w} \end{Bmatrix} = \begin{bmatrix} \bar{u} & \bar{v} & \bar{w} \end{bmatrix}^{\mathrm{T}} \tag{1.48}$$

式中：$\bar{\boldsymbol{u}}$ 为已知位移向量。

对于平面问题，有

$$\bar{\boldsymbol{u}} = \begin{Bmatrix} \bar{u} \\ \bar{v} \end{Bmatrix} = \begin{bmatrix} \bar{u} & \bar{v} \end{bmatrix}^{\mathrm{T}} \tag{1.49}$$

1.3.6 虚位移原理

静力作用于弹性体上，弹性体会产生应力。虚位移原理是指外力在虚位移上所做的虚功等于应力在虚应变上所做的虚功。虚位移原理可简述为外力虚功等于内力虚功，即

$$\int_V f_i \delta u_i \mathrm{d}v + \int_{S_\sigma} \bar{f}_i \delta u_i \mathrm{d}s = \int_V \sigma_{ij} \delta \varepsilon_{ij} \mathrm{d}v \tag{1.50}$$

式中：f_i 为体力分量；$\bar{f}_i$ 为面力分量；δu_i 为虚位移，即位移的变分；$\delta\varepsilon_{ij}$ 为虚应变，即应变的变分。

式（1.50）称为虚位移方程，虚位移方程等价于平衡微分方程和应力边界条件。

虚位移方程可用矩阵来表示，为

$$\int_V \delta \boldsymbol{u}^{\mathrm{T}} \boldsymbol{f} \mathrm{d}v + \int_{S_\sigma} \delta \boldsymbol{u}^{\mathrm{T}} \bar{\boldsymbol{f}} \mathrm{d}s = \int_V \delta \boldsymbol{\varepsilon}^{\mathrm{T}} \boldsymbol{\sigma} \mathrm{d}v \tag{1.51}$$

1.3.7　最小势能原理

弹性体在所有可能变形产生的位移中，实际发生的位移总是使得弹性体的总势能取极小值，称为极小势能原理，即

$$\delta \Pi(u_i) = 0 \tag{1.52}$$

式中：Π 为弹性体的总势能，是位移 u_i 的泛函。

弹性体的总势能为弹性体的应变能与外力势能之和，即

$$\left.\begin{aligned} &\Pi(u_i) = U + V \\ &U = \frac{1}{2}\int_V \sigma_{ij}\varepsilon_{ij} \mathrm{d}v \\ &V = -\int_V f_i u_i \mathrm{d}v - \int_{S_\sigma} \bar{f}_i u_i \mathrm{d}s \end{aligned}\right\} \tag{1.53}$$

式中：U 为弹性体的应变能；V 为外力势能。

因此，结构的总势能可用矩阵表示为

$$\Pi(\boldsymbol{u}) = \frac{1}{2}\int_V \boldsymbol{\varepsilon}^{\mathrm{T}} \boldsymbol{\sigma} \mathrm{d}v - \int_V \boldsymbol{u}^{\mathrm{T}} \boldsymbol{f} \mathrm{d}v + \int_{S_\sigma} \boldsymbol{u}^{\mathrm{T}} \bar{\boldsymbol{f}} \mathrm{d}s \tag{1.54}$$

根据弹性力学解的唯一性，总势能的极小值即为总势能的最小值，所以极小势能原理又被称为最小势能原理。最小势能原理也等价于平衡微分方程和应力边界条件。

1.4　有限单元法的概念与基本理论

有限单元法的概念包括：①小区域单元；②单元之间铰接连接；③外荷载转化为等效结点荷载；④外加约束转换成结点约束。有限单元法的基本分析步骤包括离散化、单元分析和整体分析三个过程。本节以弹性力学平面问题为例，介绍有限单元法的基本概念和分析步骤。

1.4.1　离散化

1. 小区域单元

对于工程结构中的连续弹性体，首先将连续弹性体分割成若干个有限的小区域单元，形成一个离散结构，如图 1.8 和图 1.9 所示。

在图 1.8 和图 1.9 中，通过划分和分块，原来结构的平面轮廓变成由许多的小三角形

拼成，这些小三角形构成的结构称为离散结构；这些有限大小的三角形区域就称为有限单元，简称为单元；有限单元构成的网状结构称为有限元网格。除了三角形单元，常见的平面单元还包括矩形单元、任意四边形单元和具有曲线边界的单元等，如图 1.10 所示。

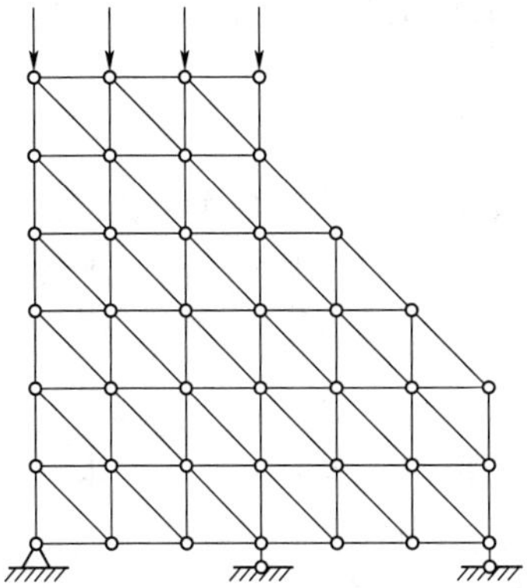

图 1.8　坝体截面的离散结构

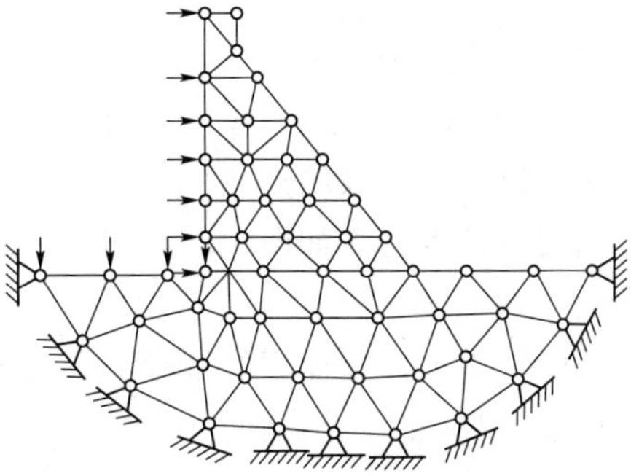

图 1.9　含基础的坝体截面离散结构

(a) 三角形单元　(b) 矩形单元　(c) 任意四边形单元　(d) 具有曲线边界的单元

图 1.10　平面问题的单元类型

2. 单元之间铰接连接

单元和单元之间相交的点称为结点，为了分析的方便，结点用一个小圆圈来表示，结点的个数记为 n 。有限单元法假定所有的结点都是铰接点，单元和单元之间通过铰接连接成为整体。这样就得到了原来连续结构的替代分析结构，称为原结构的有限单元法计算模型。

平面问题的有限单元法计算模型由若干个平面单元通过结点铰接连接构成，空间问题的有限单元法计算模型由若干个空间单元通过结点铰接连接构成。空间问题的常用单元包括四面体单元、长方体单元、任意六面体单元和具有曲边的六面体单元等，如图 1.11 所示。

(a) 四面体单元　(b) 长方体单元　(c) 任意六面体单元　(d) 具有曲边的六面体单元

图 1.11　空间问题的单元类型

3. 外荷载转化为等效结点荷载

在有限单元法计算模型中，所有单元所受到的外荷载都按静力等效的原则移置到单元结点上，成为结点荷载，又称为等效结点荷载。对于平面问题，每个结点上作用有两个等效荷载分量，第 i 个结点上的等效结点荷载记为 $\boldsymbol{R}_i = [R_{ix} \quad R_{iy}]^{\mathrm{T}}$ ，则 n 个结点上有 $2n$

个等效结点荷载分量，按照结点的顺序可以排列成一个列阵，记为整体的等效结点荷载列阵 $\boldsymbol{R}$，为

$$\boldsymbol{R} = [R_{1x} \quad R_{1y} \quad R_{2x} \quad R_{2y} \quad \cdots \quad R_{nx} \quad R_{ny}]^{\mathrm{T}} \tag{1.55}$$

在等效结点荷载列阵中，分量的第一个下标表示该结点的编号，第二个下标表示荷载的方向。

4. 外加约束转换成结点约束

原来在弹性体边缘上的约束需要全部转化成有限单元法计算模型边缘上结点的约束，如果某个结点的位移全部被约束或某一个方向的位移被约束，就在该结点上安置一个铰支座或相应方向的链杆支座，如图 1.8 及图 1.9 所示。

5. 求解思路和步骤

在上述有限单元法计算模型的基础上，便可以开展有限单元法的计算求解。有限单元法一般以位移法为基础求解结构的结点位移反应，以结点位移反应为基础，得到单元应变和单元应力。首先，取结点位移为基本未知量，在平面问题中，每个结点有两个未知位移分量，记 i 结点的位移为 $\boldsymbol{a}_i = [u_i \quad v_i]^{\mathrm{T}}$，则 n 个结点上有 $2n$ 个位移分量，按照结点的顺序可以排列成一个列阵，记为整体结点位移列阵 $\boldsymbol{a}$，为

$$\boldsymbol{a} = [u_1 \quad v_1 \quad u_2 \quad v_2 \quad \cdots \quad u_n \quad v_n]^{\mathrm{T}} \tag{1.56}$$

整体结点位移列阵中分量的下标表示该结点的整体编号。这样，就把原来连续的弹性体受分布体力和分布面力作用，求解位移场的问题，转化为离散结构仅在结点处受等效结点荷载 $\boldsymbol{R}$ 作用，求解各结点位移 $\boldsymbol{a}$ 的问题。在数学上，把一个求解无限自由度的问题转化为求解有限自由度的问题。为了求出各个结点的位移，需要进行单元分析和整体分析。

1.4.2　单元分析

单元分析的目的包括获得单元刚度矩阵、单元的等效结点荷载、应变转换矩阵和应力转换矩阵。其中，求解应变转换矩阵和应力转换矩阵的目的是为了在求出结点位移之后，将结点位移值代入应变转换矩阵和应力转换矩阵，计算得到单元的应变和应力；求解单元刚度矩阵的目的是为了获得单元的结点力和整体刚度矩阵；求解单元的等效结点荷载的目的是为了获得整体的等效结点荷载列阵，在此基础上才能建立整体分析的支配方程，在支配方程中求出所有结点的位移。可见，单元分析中求解单元刚度矩阵和单元的等效结点荷载是为求解整体结点位移列阵 $\boldsymbol{a}$ 所做的前期准备工作，单元分析中的求解应变转换矩阵和应力转换矩阵是为计算单元应力和单元应变所做的前期准备工作。

假设在有限元网格中取出一个三角形单元，如图 1.12 所示，三角形单元的三个结点分别用 i、j、m 表示，i、j、m 在平面中需按逆时针顺序布置。

三角形单元的每个结点上分别有两个位移分量。为了将应力和应变用结点位移来表示，首先采用插值的方法将单元的位移场用结点位移来表示，即

$$\left.\begin{aligned} \boldsymbol{u} &= \begin{Bmatrix} u \\ v \end{Bmatrix} = \boldsymbol{N}\boldsymbol{a}^{\mathrm{e}} \\ \boldsymbol{a}^{\mathrm{e}} &= [u_i \quad v_i \quad u_j \quad v_j \quad u_m \quad v_m]^{\mathrm{T}} \end{aligned}\right\} \tag{1.57}$$

式中：$\boldsymbol{a}^{\mathrm{e}}$ 为单元结点位移列阵；$\boldsymbol{N}$ 为形函数矩阵。

于是，根据几何方程，单元上的应变可表示为

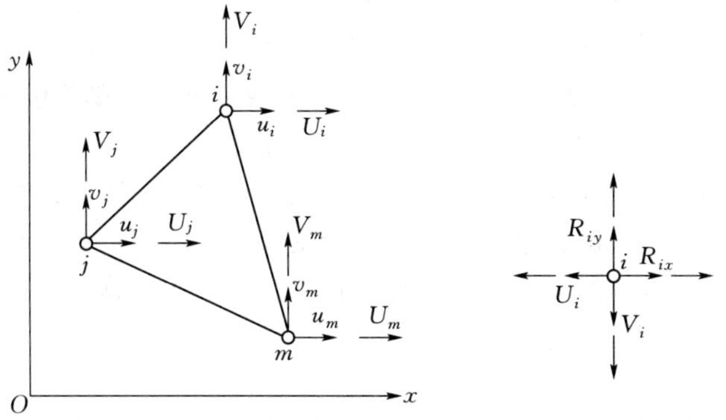

(a) 三角形单元的结点位移和结点力　　(b) 结点的受力平衡

图 1.12　单元分析

$$\boldsymbol{\varepsilon}=\begin{Bmatrix}\varepsilon_x\\ \varepsilon_y\\ \gamma_{xy}\end{Bmatrix}=\boldsymbol{Lu}=\boldsymbol{LN}\,\boldsymbol{a}^{\mathrm{e}}=\boldsymbol{B}\,\boldsymbol{a}^{\mathrm{e}} \tag{1.58}$$

式中：$\boldsymbol{B}$ 为应变转换矩阵。

根据物理方程，单元上的应力可表示为

$$\boldsymbol{\sigma}=\begin{Bmatrix}\sigma_x\\ \sigma_y\\ \tau_{xy}\end{Bmatrix}=\boldsymbol{D\varepsilon}=\boldsymbol{DB}\,\boldsymbol{a}^{\mathrm{e}}=\boldsymbol{S}\,\boldsymbol{a}^{\mathrm{e}} \tag{1.59}$$

式中：$\boldsymbol{D}$ 为弹性矩阵；$\boldsymbol{S}$ 为应力转换矩阵。

对于平面问题，$\boldsymbol{B}$ 是一个 3×6 的矩阵，$\boldsymbol{S}$ 也是一个 3×6 的矩阵。这样，在求出结点位移后，就可以采用式（1.58）通过应变转换矩阵 $\boldsymbol{B}$ 求出单元应变，采用式（1.59）通过应力转换矩阵 $\boldsymbol{S}$ 求出单元应力。

将三角形单元从有限单元网格中取出后，三角形单元的每个结点都将受到作用力，如图 1.12（a）所示，称为单元结点力，以 $\boldsymbol{F}^{\mathrm{e}}$ 来表示，为

$$\boldsymbol{F}^{\mathrm{e}}=\begin{Bmatrix}\boldsymbol{F}_i\\ \boldsymbol{F}_j\\ \boldsymbol{F}_m\end{Bmatrix}=\begin{Bmatrix}U_i\\ V_i\\ U_j\\ V_j\\ U_m\\ V_m\end{Bmatrix} \tag{1.60}$$

单元结点力 $\boldsymbol{F}^{\mathrm{e}}$ 可以用结点位移 $\boldsymbol{a}^{\mathrm{e}}$ 来表示，为

$$\boldsymbol{F}^{\mathrm{e}}=\boldsymbol{k}\,\boldsymbol{a}^{\mathrm{e}} \tag{1.61}$$

式（1.61）可写成矩阵的展开形式，为

$$\begin{Bmatrix}\boldsymbol{F}_i\\ \boldsymbol{F}_j\\ \boldsymbol{F}_m\end{Bmatrix}=\begin{bmatrix}\boldsymbol{k}_{ii} & \boldsymbol{k}_{ij} & \boldsymbol{k}_{im}\\ \boldsymbol{k}_{ji} & \boldsymbol{k}_{jj} & \boldsymbol{k}_{jm}\\ \boldsymbol{k}_{mi} & \boldsymbol{k}_{mj} & \boldsymbol{k}_{mm}\end{bmatrix}\begin{Bmatrix}\boldsymbol{a}_i\\ \boldsymbol{a}_j\\ \boldsymbol{a}_m\end{Bmatrix} \tag{1.62}$$

式（1.61）和式（1.62）中，$\boldsymbol{k}$ 是单元刚度矩阵，它是一个 6×6 的矩阵，可以分成 9 个分

块子矩阵，每个分块子矩阵都是一个 2×2 的矩阵。例如，$\boldsymbol{k}_{ij}$ 是单元刚度矩阵 $\boldsymbol{k}$ 的一个分块子矩阵，$\boldsymbol{k}_{ij}$ 分块子矩阵表示在三角形单元中 j 结点对 i 结点的刚度贡献（或结点力贡献）。具体来说，$\boldsymbol{k}_{ij}$ 中的元素表示 j 结点发生 x 方向或 y 方向的单位位移，在 i 结点 x 方向或 y 方向所产生的结点力。

由以上分析可知，有限单元法以位移法为基础，有限单元法的计算是以结点位移的计算为基础和出发点的。单元的位移场、应力和应变都可以由结点位移来表示和计算，有限单元法计算的关键在于求解所有单元的结点位移。在有限元计算模型中，所有的结点位移在整体分析中通过计算获得最终结果。

1.4.3　整体分析

如图 1.12（b）所示，取出三角形单元的任意一个结点 i，结点 i 将受到环绕该结点的单元对它的作用力，这些作用力与各单元的结点力大小相等而方向相反。另外，结点 i 与多个单元相连接，这些单元环绕着结点 i，从这些单元上有移置到结点 i 的荷载 R_{ix} 和 R_{iy}，称为等效结点荷载，根据结点 i 的平衡条件，有

$$\left.\begin{aligned}\sum_{\mathrm{e}} U_i &= \sum_{\mathrm{e}} R_{ix}\\ \sum_{\mathrm{e}} V_i &= \sum_{\mathrm{e}} R_{iy}\end{aligned}\right\}\tag{1.63}$$

式中，$\sum\limits_{\mathrm{e}}$ 表示对那些环绕结点 i 的所有单元的作用力求和。式（1.63）的平衡方程可用矩阵表示为

$$\sum_{\mathrm{e}} \boldsymbol{F}_i = \sum_{\mathrm{e}} \boldsymbol{R}_i \tag{1.64}$$

式（1.64）表示，i 结点的结点力等于结点荷载，对每个结点都可以建立这样的平衡方程，对于平面问题，n 个结点一共可以建立 $2n$ 个方程，采用式（1.61），可以将结点力 $\boldsymbol{F}_i$ 用结点位移来表示，将其代入式（1.64）的平衡方程，就可以得到以结点位移为未知量的线性代数方程组，为

$$\boldsymbol{Ka} = \boldsymbol{R} \tag{1.65}$$

式中：$\boldsymbol{K}$ 为整体刚度矩阵，又称为总体刚度矩阵；$\boldsymbol{R}$ 为整体等效结点荷载列阵，又称为总体等效结点荷载列阵；$\boldsymbol{a}$ 为整体结点位移列阵，又称为总体结点位移列阵。

通过单元分析可获得单元刚度矩阵和单元等效结点荷载，整体刚度矩阵和整体等效结点荷载列阵可分别由单元刚度矩阵和单元等效结点荷载通过一定的方式组集得到。考虑位移约束条件后，联立求解上述线性代数方程组，可得到结点位移。再将结点位移代入应变转换矩阵和应力转换矩阵，就可以得到各个单元的应变和应力。

1.5　拉格朗日插值方法

有限单元法的计算以插值原理为基础。在构造单元的位移模式、整理有限单元法的计算结果时，都需要用到插值原理。本节对拉格朗日插值方法进行分析推导，并说明它的应用。本节也是有限单元法计算的基础知识，需要牢固掌握。

设 $f=f(x)$ 是实变量 x 的单值连续函数，已知它在不同的点 x_1，x_2，x_3，…处分别

取值 f_1，f_2，f_3，…，如图 1.13 所示。插值的目的在于得到一个 $f(x)$ 的近似表达式。该表达式在给定点 x_1，x_2，x_3，…处的值等于已知值 f_1，f_2，f_3，…。该表达式可以用来求解在其他点 x_i 处的函数值 $f(x_i)$。给定点 x_1，x_2，x_3，…称为插值点，给定点的个数称为插值点的个数，不同插值点个数对应的 $f(x)$ 表达式是不同的。$f(x)$ 表达式采用多项式表示，称为拉格朗日插值多项式，或称为拉格朗日多项式。

如果插值点个数是 2 个，即已知 x_1、x_2 和 f_1、f_2，那么 $f(x)$ 的多项式是 x 的一次式，$f(x)$ 是一条直线，于是有

$$\frac{f-f_1}{x-x_1}=\frac{f_2-f_1}{x_2-x_1} \tag{1.66}$$

从而得到

$$f=\frac{x-x_1}{x_2-x_1}(f_2-f_1)+f_1 \tag{1.67}$$

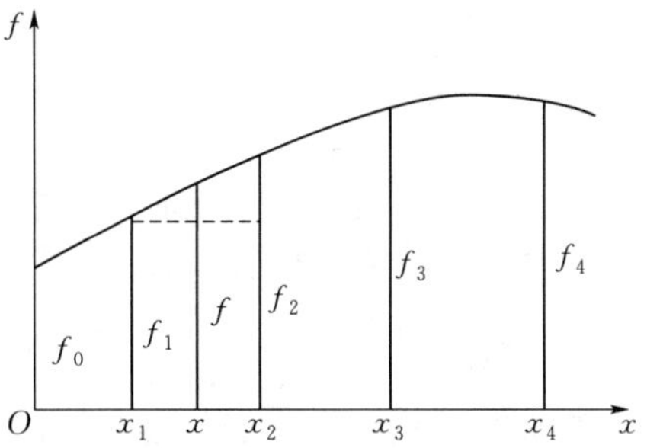

图 1.13 不同插值点个数的插值计算

将式（1.67）进行改写，可得到线性插值的计算公式，为

$$f=\frac{x-x_2}{x_1-x_2}f_1+\frac{x-x_1}{x_2-x_1}f_2 \tag{1.68}$$

有了上述插值公式，就可以近似获得在 x_i 处的函数值 $f(x_i)=\frac{x_i-x_2}{x_1-x_2}f_1+\frac{x_i-x_1}{x_2-x_1}f_2$。

如果插值点个数是 3 个，即已知 x_1、x_2、x_3 和 f_1、f_2、f_3，那么 $f(x)$ 的多项式是 x 的二次式，$f(x)$ 是一条抛物线，可以通过计算得到抛物线的插值公式，为

$$f=\frac{x-x_2}{x_1-x_2}\frac{x-x_3}{x_1-x_3}f_1+\frac{x-x_1}{x_2-x_1}\frac{x-x_3}{x_2-x_3}f_2+\frac{x-x_1}{x_3-x_1}\frac{x-x_2}{x_3-x_2}f_3 \tag{1.69}$$

同理，还可以写出 4 个插值点的插值公式，为

$$\begin{aligned}f=&\frac{x-x_2}{x_1-x_2}\frac{x-x_3}{x_1-x_3}\frac{x-x_4}{x_1-x_4}f_1+\frac{x-x_1}{x_2-x_1}\frac{x-x_3}{x_2-x_3}\frac{x-x_4}{x_2-x_4}f_2\\&+\frac{x-x_1}{x_3-x_1}\frac{x-x_2}{x_3-x_2}\frac{x-x_4}{x_3-x_4}f_3+\frac{x-x_1}{x_4-x_1}\frac{x-x_2}{x_4-x_2}\frac{x-x_3}{x_4-x_3}f_4\end{aligned} \tag{1.70}$$

以此类推，可以得到 n 个插值点的拉格朗日插值多项式，为

$$f(x)=\sum_{i=1}^{n}l_i^{n-1}(x)f_i \tag{1.71}$$

可将式（1.71）写成展开式的形式，为

$$f(x)=l_1^{n-1}(x)f_1+l_2^{n-1}(x)f_2+\cdots+l_n^{n-1}(x)f_n \tag{1.72}$$

式（1.71）和式（1.72）就是拉格朗日插值多项式的通用形式。其中，$l_i^{n-1}(x)$ 称为拉格朗日插值基函数，又称为拉格朗日插值函数；下标 i 表示第 i 个函数值 f_i 前的插值基函数，上标 $n-1$ 表示 $l_i^{n-1}(x)$ 是一个关于 x 的 $n-1$ 次的多项式。$l_i^{n-1}(x)$ 的表达式为

$$l_i^{n-1}(x) = \frac{x-x_1}{x_i-x_1}\frac{x-x_2}{x_i-x_2}\cdots\frac{x-x_{i-1}}{x_i-x_{i-1}}\frac{x-x_{i+1}}{x_i-x_{i+1}}\cdots\frac{x-x_n}{x_i-x_n} \tag{1.73}$$

拉格朗日插值函数的性质有两条，为

$$l_i^{n-1}(x_j) = \begin{cases}1 & (i=j)\\0 & (i\neq j)\end{cases} \tag{1.74}$$

$$\sum_{i=1}^{n} l_i^{n-1}(x) = 1 \tag{1.75}$$

式（1.74）表明，$i=j$ 时，拉格朗日插值函数在 x_i 本点取值为 1；$i\neq j$ 时，在其他点 x_j，拉格朗日插值函数的值为 0。式（1.75）表明，n 个插值点插值计算对应的拉格朗日插值函数，其总和为 1。

例 1.1　试证明 $\sum_{i=1}^{n} l_i^{n-1}(x) = 1$ 。

证明：令 $f(x)=1$，则对应 n 个插值点插值计算，$f_1=f_2=\cdots=f_n=1$，代入式(1.72)，可得到：$f(x) = l_1^{n-1}(x)\times 1 + l_2^{n-1}(x)\times 1 + \cdots + l_n^{n-1}(x)\times 1 = 1$，即有 $\sum_{i=1}^{n} l_i^{n-1}(x) = 1$。

例 1.2　已知 $f(x)$ 的观测数据为：$f(0)=1$，$f(1)=9$，$f(2)=23$，$f(4)=3$。写出 4 个插值点的拉格朗日插值多项式，试计算 $f(5)$ 的值。

解：$l_1(x) = \dfrac{(x-1)(x-2)(x-4)}{(0-1)(0-2)(0-4)} = -\dfrac{1}{8}x^3 + \dfrac{7}{8}x^2 - \dfrac{7}{4}x + 1$

$l_2(x) = \dfrac{(x-0)(x-2)(x-4)}{(1-0)(1-2)(1-4)} = \dfrac{1}{3}x^3 - 2x^2 + \dfrac{8}{3}x$

$l_3(x) = \dfrac{(x-0)(x-1)(x-4)}{(2-0)(2-1)(2-4)} = -\dfrac{1}{4}x^3 + \dfrac{5}{4}x^2 - x$

$l_4(x) = \dfrac{(x-0)(x-1)(x-2)}{(4-0)(4-1)(4-2)} = \dfrac{1}{24}x^3 - \dfrac{1}{8}x^2 + \dfrac{1}{12}x$

拉格朗日插值多项式为

$$f = l_1(x) + 9l_2(x) + 23l_3(x) + 3l_4(x) = -\frac{11}{4}x^3 + \frac{45}{4}x^2 - \frac{1}{2}x + 1$$

于是有

$$f(5) = -343.75 + 281.25 - 2.5 + 1 = -64$$

一般来说，线性插值公式的计算结果往往精度不高，而采用抛物线插值公式，其计算精度已经足够。除了在应力高度集中的区域，一般情况下，没有必要采用比抛物线插值公式更高次的插值公式进行计算。

习　题

1.1　写出位移列阵、体力列阵、面力列阵、应力列阵和应变列阵。

1.2　写出平衡微分方程和几何方程，并进行推导证明。

习　题

1.3　写出两种形式的物理方程。

1.4　写出空间问题的弹性矩阵。

1.5　根据物理方程推导平面应力问题和平面应变问题的弹性矩阵。

1.6　写出位移边界条件和应力边界条件的表达式。

1.7　写出有限元计算模型需满足的条件。

1.8　简述有限单元法的分析计算过程。

1.9　单元分析的任务有哪些？整体分析的目的是什么？

1.10　分别写出 2 个插值点、3 个插值点和 4 个插值点的插值多项式计算公式。

1.11　写出拉格朗日插值多项式和插值基函数。

第2章　平面三角形单元

有限单元法将连续结构划分为有限多个单元，单元之间通过结点的铰接进行连接，形成有限单元法的网格计算模型，通过求解结点位移获得计算模型在外荷载作用下的应力和应变等结构反应。在平面问题中，三角形单元是最古老和最经典的单元形式，本章将以三角形单元为例，详细介绍应用三角形单元求解平面问题的有限单元法计算理论。

2.1　单元划分与计算网格的自动生成

2.1.1　单元划分

因为实际结构划分的单元较多，单元结点总数较大，有限单元法计算求解的工作量非常大，一般都是采用事先编好的计算程序或者商业有限元软件进行计算。但是，单元的划分和计算成果的整理仍然需要人工来完成，这是很重要的两步工作，其中，单元的划分是有限单元法计算的开始，单元划分决定了计算过程和最终计算结果。因此，为了有利于计算，对结构进行单元划分时，需要遵循以下原则，希望读者牢牢记住这些原则，并学会思考为了有利计算而如何划分实际结构的单元。

1. 单元的数量问题

单元数量的多少决定了单元的大小，即划分网格的疏密，单元总数的多少由计算精度要求、计算机存储能力和计算程序而定。根据误差分析的结果，应力的计算误差与单元的尺寸成正比，位移的计算误差与单元尺寸的平方成正比。单元越多，单元的尺寸越小，计算结果越精确，但是，单元越多，计算需要的时间就越长，要求的计算容量也越大。单元个数的最小值由计算精度决定，计算机的存储量及计算程序决定了单元个数的最大值。

2. 单元的形状问题

单元形状可通过单元的长细比控制，单元的长细比指的是单元最大尺寸与最小尺寸的比值。理论和计算实践都表明，单元的长细比应控制在1～2之间，最佳单元长细比为1；若长细比大于2，则计算结果的可靠性将不能保证；长细比为1时，单元为等边三角形。事实上，为了适应弹性体的边界和单元由大到小的过渡，不可能所有单元都采用等边三角形，为了便于整理和分析计算结果，往往采用等边直角三角形单元。

3. 单元的分布问题

对弹性体不同部位应采取不同大小的单元，在应力梯度较大的区域应采用较小尺寸的单元，在应力梯度较小的区域可采用较大尺寸的单元，大小单元的过度要缓慢。有时，对应力分布不易事前预估时，可采用均匀尺寸的单元先进行一次计算，然后采用上述原则根据应力计算结果重新划分单元，进行第二次计算。

4. 利用结构的对称性

当结构具有对称面而荷载对称或反对称于该对称面时，可利用对称性或反对称性，减少计算工作量，应当使单元的划分也对称于该面。在实际计算时，只要结构和约束对称，即使荷载不对称，也把荷载分解为对称荷载和反对称荷载两组，分别计算一半结构的两种荷载下的结构反应，再进行计算结果的叠加。

2.1.2　计算网格的自动生成

在有限元计算中需要准备的信息有结点总数与各结点的坐标、单元总数与各单元的3个结点码，这些信息的准备和输入的工作量很大，而且很容易出错，因此，对弹性体的区域进行网格自动划分，由计算机自动生成这些信息，显得十分必要。

目前，人们已经对不同结构对象提出了不少相应的自动划分程序，称为前处理程序，但由于它们的通用性太差或程序过分复杂，因此在具体计算中大都根据计算对象的特征编制相应的网格自动划分程序。

例 2.1　如图2.1所示的平面矩形结构，试编制该矩形结构的网格自动划分程序。

解：(1) 整个求解区域可由角点 A、B、C、D 完全确定，为此引入角点坐标数组 $DZ(4, 2)$，则它完全确定区域。

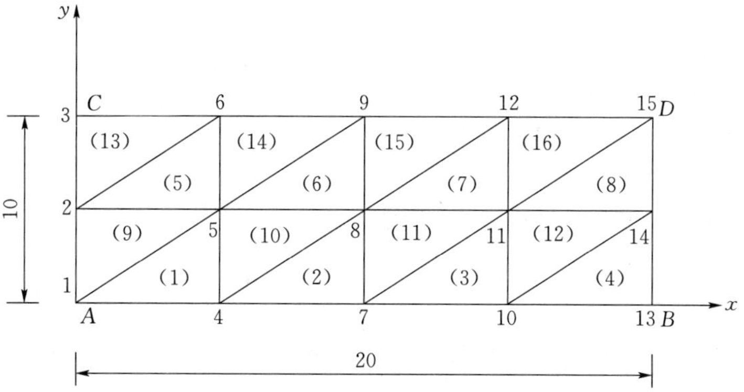

图2.1　平面矩形的网格划分

(2) 将区域用直线划分为若干矩形子块，记角点 A、B 之间的分段数为 $N12$，记角点 A、C 之间的分段数为 $N13$，则矩形子块完全确定。

(3) 采用逐线依次的方法进行结点编码，形成结点坐标数组 $JZ(NJ, 2)$，其中 NJ 为结点总数，$NJ=(N12+1)\times(N13+1)$，为减少存储量，应按 $\min(N12, N13)$ 对应直线依次编码。

(4) 两个三角形在一个矩形子块间形成，单元号的排列以编程方便为宜。单元的三个结点码 (i, j, m) 按逆时针顺序，形成单元结点码数组 $JM(NE, 3)$，其中 $NE=2\times N12\times N13$。

网格自动划分的计算程序如下：

```
INPUT N12, N13
NJ= (N12+1) * (N13+1): NE=2 * N12 * N13
DIM  DZ (4, 2), JZ (NJ, 2), JM (NE, 3)
DATA 0, 0, 20, 0, 0,10,20,10
FOR I=1 TO 4
FOR J= 1 TO 2
```

```
READ DZ (I, J)
NEXT J
NEXT I
LPRINT TAB (11);"J"; TAB (26); "X"; TAB (41); "Y"
FOR I= 1 TO N12+1
FOR P= 1 TO N13+1
J= (N13+1) * (I-1) +P
JZ (J, 1) = DZ (1, 1) + (I-1) * (DZ (2, 1)-DZ (1, 1))/N12
JZ (J, 2) = DZ (1, 2) + (P-1) * (DZ (3, 2)-DZ (1, 2))/N13
LPRINT TAB (11); J; TAB (25);JZ (J, 1); TAB (40); JZ (J, 2)
NEXT P
NEXT I
LPRINT TAB (11);"E"; TAB (26); "I"; TAB (41); "J"; TAB (56); "M"
FOR K= 1 TO 2
FOR I= 1 TO N13
FOR P= 1 TO N12
J= (N12 * N13) * (K-1) +N12 * (I-1) +P
JM (J, 1) = (N13+1) * (P-1)+I+(K-1)
JM (J, 2) = JM (J, 1) + (N13+1) * (2-K)-(K-1)
JM (J, 3) = JM (J, 2) + 1+ (N13+1) * (K-1)
LPRINT TAB (10); J; TAB (25);JM (J, 1); TAB (40); JM (J, 2); TAB (55); JM (J, 3)
NEXT P
NEXT I
NEXT K
```

2.2　位移模式与解答的收敛性

2.2.1　位移模式

在对弹性体划分网格后，接下来就是对三角形单元的分析。由 1.4 节有限单元法的概念和基本理论可知，如果弹性体的位移分量是坐标的已知函数，就可以通过应变转换矩阵求出单元应变，再通过应力转换矩阵求出单元的应力。但是，在有限单元法中，通常已知的是单元的结点位移，即以单元结点位移作为基本未知量，通过整体分析和支配方程求解出结点位移。于是，就带来一个问题，由单元结点位移不能获得单元应变和单元应力。因此，需要确定单元位移分量和单元结点位移的关系。通常，这个关系是一个假定的关系，即假定一个位移模式，使得假定的单元位移分量的函数，在单元结点处的取值应等于已知的结点位移。这样所获得的单元位移分量的表达式，称为单元位移模式。通过插值计算可以用 3 个结点位移分量的值来获得单元位移分量的函数。

在有限单元法中，位移模式一般取为多项式，用多项式来逼近真实的单元位移函数。平面二维单元的位移模式一般形式为

$$\left.\begin{aligned} u &= \alpha_1 + \alpha_2 x + \alpha_3 y + \beta_1 x^2 + \beta_2 xy + \beta_3 y^2 + \cdots \\ v &= \alpha_4 + \alpha_5 x + \alpha_6 y + \beta_4 x^2 + \beta_5 xy + \beta_6 y^2 + \cdots \end{aligned}\right\} \tag{2.1}$$

式中：α_i、β_i 为待定参数。

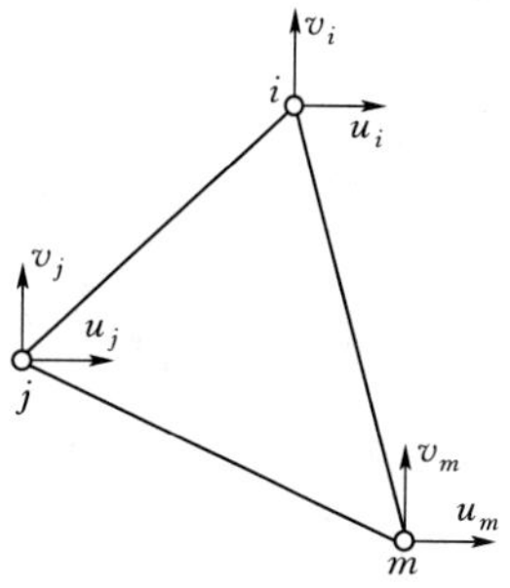

图 2.2　平面三角形三结点单元

位移多项式的项数由单元的自由度数决定。平面三角形三结点单元简称三角形单元，如图 2.2 所示，每个结点的自由度数是 2，单元的总自由度数是 6，位移模式应取为

$$\left.\begin{aligned} u &= \alpha_1 + \alpha_2 x + \alpha_3 y \\ v &= \alpha_4 + \alpha_5 x + \alpha_6 y \end{aligned}\right\} \tag{2.2}$$

式中：$\alpha_1 \sim \alpha_6$ 为待定系数。

已知 3 个结点的坐标分别是（x_i，y_i）（x_j，y_j）（x_m，y_m），考虑 x 方向的位移 u，在 i、j、m 这 3 个结点处，有

$$\left.\begin{aligned} u_i &= \alpha_1 + \alpha_2 x_i + \alpha_3 y_i \\ u_j &= \alpha_1 + \alpha_2 x_j + \alpha_3 y_j \\ u_m &= \alpha_1 + \alpha_2 x_m + \alpha_3 y_m \end{aligned}\right\} \tag{2.3}$$

求解式（2.3）可得到

$$\alpha_1 = \frac{1}{2A}\begin{vmatrix} u_i & x_i & y_i \\ u_j & x_j & y_j \\ u_m & x_m & y_m \end{vmatrix} = \frac{1}{2A}(a_i u_i + a_j u_j + a_m u_m) \tag{2.4}$$

$$\alpha_2 = \frac{1}{2A}\begin{vmatrix} 1 & u_i & y_i \\ 1 & u_j & y_j \\ 1 & u_m & y_m \end{vmatrix} = \frac{1}{2A}(b_i u_i + b_j u_j + b_m u_m) \tag{2.5}$$

$$\alpha_3 = \frac{1}{2A}\begin{vmatrix} 1 & x_i & u_i \\ 1 & x_j & u_j \\ 1 & x_m & u_m \end{vmatrix} = \frac{1}{2A}(c_i u_i + c_j u_j + c_m u_m) \tag{2.6}$$

可将式（2.4）～式（2.6）合并，写为

$$\begin{Bmatrix} \alpha_1 \\ \alpha_2 \\ \alpha_3 \end{Bmatrix} = \frac{1}{2A}\begin{bmatrix} a_i & a_j & a_m \\ b_i & b_j & b_m \\ c_i & c_j & c_m \end{bmatrix}\begin{Bmatrix} u_i \\ u_j \\ u_m \end{Bmatrix} \tag{2.7}$$

式（2.7）等号右边第一个矩阵中的元素可由行列式展开计算得到。

同理，考虑 y 方向的位移 v，可求出 α_4、α_5、α_6，为

$$\alpha_4 = \frac{1}{2A}\begin{vmatrix} v_i & x_i & y_i \\ v_j & x_j & y_j \\ v_m & x_m & y_m \end{vmatrix} = \frac{1}{2A}(a_i v_i + a_j v_j + a_m v_m) \tag{2.8}$$

$$\alpha_5 = \frac{1}{2A}\begin{vmatrix} 1 & v_i & y_i \\ 1 & v_j & y_j \\ 1 & v_m & y_m \end{vmatrix} = \frac{1}{2A}(b_i v_i + b_j v_j + b_m v_m) \tag{2.9}$$

$$\alpha_6 = \frac{1}{2A}\begin{vmatrix} 1 & x_i & v_i \\ 1 & x_j & v_j \\ 1 & x_m & v_m \end{vmatrix} = \frac{1}{2A}(c_i v_i + c_j v_j + c_m v_m) \tag{2.10}$$

可将式（2.8）～式（2.10）合并，写为

$$\begin{Bmatrix}\alpha_4\\\alpha_5\\\alpha_6\end{Bmatrix}=\frac{1}{2A}\begin{bmatrix}a_i & a_j & a_m\\b_i & b_j & b_m\\c_i & c_j & c_m\end{bmatrix}\begin{Bmatrix}v_i\\v_j\\v_m\end{Bmatrix} \tag{2.11}$$

将 $\alpha_1 \sim \alpha_6$ 的计算结果代入到式（2.2），可得到

$$\left.\begin{aligned}u&=\frac{1}{2A}[(a_i+b_ix+c_iy)u_i+(a_j+b_jx+c_jy)u_j+(a_m+b_mx+c_my)u_m]\\v&=\frac{1}{2A}[(a_i+b_ix+c_iy)v_i+(a_j+b_jx+c_jy)v_j+(a_m+b_mx+c_my)v_m]\end{aligned}\right\} \tag{2.12}$$

式（2.12）可以简写为

$$\left.\begin{aligned}u&=N_iu_i+N_ju_j+N_mu_m\\v&=N_iv_i+N_jv_j+N_mv_m\end{aligned}\right\} \tag{2.13}$$

其中

$$N_i=\frac{a_i+b_ix+c_iy}{2A},\quad N_j=\frac{a_j+b_jx+c_jy}{2A},\quad N_m=\frac{a_m+b_mx+c_my}{2A} \tag{2.14}$$

式（2.14）中，N_i、N_j、N_m 是坐标 x、y 的函数，称为插值函数，它们反映了单元的位移形态，因而也称为单元的位移形态函数，或简称为形函数。式（2.14）中，等号右边分子中的系数分别是

$$\left.\begin{aligned}a_i&=x_jy_m-x_my_j\\b_i&=y_j-y_m\\c_i&=-(x_j-x_m)\end{aligned}\right\},\quad \left.\begin{aligned}a_j&=x_my_i-x_iy_m\\b_j&=y_m-y_i\\c_j&=-(x_m-x_i)\end{aligned}\right\},\quad \left.\begin{aligned}a_m&=x_iy_j-x_jy_i\\b_m&=y_i-y_j\\c_m&=-(x_i-x_j)\end{aligned}\right\} \tag{2.15}$$

式（2.14）中，A 是三角形单元的面积，为

$$A=\frac{1}{2}\begin{vmatrix}1 & x_i & y_i\\1 & x_j & y_j\\1 & x_m & y_m\end{vmatrix} \tag{2.16}$$

事实上，面积 A 可以由三角形两个边长的向量叉乘得到，即

$$\begin{aligned}A&=\frac{1}{2}\{x_m-x_j,y_m-y_j,0\}\times\{x_i-x_j,y_i-y_j,0\}=\frac{1}{2}\{c_i,-b_i,0\}\times\{-c_m,b_m,0\}\\&=\frac{1}{2}\begin{vmatrix}1 & 1 & 1\\c_i & -b_i & 0\\-c_m & b_m & 0\end{vmatrix}=\frac{1}{2}(c_ib_m-b_ic_m)=\frac{1}{2}(c_jb_i-b_jc_i)=\frac{1}{2}(c_mb_j-b_mc_j)\end{aligned} \tag{2.17}$$

式（2.13）的位移模式可以写成矩阵的形式，即

$$\boldsymbol{u}=\begin{Bmatrix}u\\v\end{Bmatrix}=\begin{bmatrix}N_i & 0 & N_j & 0 & N_m & 0\\0 & N_i & 0 & N_j & 0 & N_m\end{bmatrix}\begin{Bmatrix}u_i\\v_i\\u_j\\v_j\\u_m\\v_m\end{Bmatrix}$$

$$= [\boldsymbol{I}N_i \quad \boldsymbol{I}N_j \quad \boldsymbol{I}N_m]\begin{Bmatrix} \boldsymbol{a}_i \\ \boldsymbol{a}_j \\ \boldsymbol{a}_m \end{Bmatrix}$$

$$= [\boldsymbol{N}_i \quad \boldsymbol{N}_j \quad \boldsymbol{N}_m]\boldsymbol{a}^{\mathrm{e}} = \boldsymbol{N}\boldsymbol{a}^{\mathrm{e}} \tag{2.18}$$

其中，$\boldsymbol{I} = \begin{bmatrix} 1 & 0 \\ 0 & 1 \end{bmatrix}$，为二阶单位矩阵；矩阵 **N** 称为形函数矩阵。

式（2.14）表示的形函数，都可以写成行列式的形式，比如

$$N_i = \frac{a_i + b_i x + c_i y}{2A} = \frac{1}{2A}\begin{vmatrix} 1 & x & y \\ 1 & x_j & y_j \\ 1 & x_m & y_m \end{vmatrix} \tag{2.19}$$

注意到 $\frac{1}{2}\begin{vmatrix} 1 & x & y \\ 1 & x_j & y_j \\ 1 & x_m & y_m \end{vmatrix}$ 表示的是 p 点［坐标值为 (x,y)］和 j 结点、m 结点构成的三角形的面积，于是，形函数 N_i 又可写为

$$N_i = \frac{S_{\Delta pjm}}{S_{\Delta ijm}} \tag{2.20}$$

式（2.20）表明了形函数的几何意义，即形函数是单元内任一点与另外两个结点构成的三角形面积与三角形单元面积的比值，于是，可以得到结论，形函数的取值为 $[0,1]$，即：$0 \leqslant N_i \leqslant 1$ 。

在计算中为了保证三角形面积 A 恒大于 0，规定结点 i 、j 、m 在平面中的位置须按逆时针方向布置。

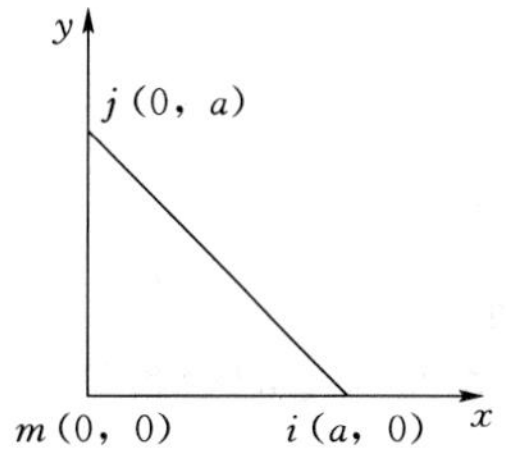

图 2.3　等腰直角三角形单元

例 2.2　如图 2.3 所示，单元形状为等腰直角三角形，已知单元结点坐标，试计算该等腰直角三角形单元的形函数矩阵。

解： 图 2.3 所示等腰直角三角形单元，边长为 a ，则单元面积为 $A = \frac{1}{2}a^2$ ，有

$$\left.\begin{aligned} a_i &= x_j y_m - x_m y_j = 0 \\ b_i &= y_j - y_m = a \\ c_i &= -(x_j - x_m) = 0 \end{aligned}\right\},\quad \left.\begin{aligned} a_j &= x_m y_i - x_i y_m = 0 \\ b_j &= y_m - y_i = 0 \\ c_j &= -(x_m - x_i) = a \end{aligned}\right\},\quad \left.\begin{aligned} a_m &= x_i y_j - x_j y_i = a^2 \\ b_m &= y_i - y_j = -a \\ c_m &= -(x_i - x_j) = -a \end{aligned}\right\}$$

$$N_i = \frac{a_i + b_i x + c_i y}{2A} = \frac{x}{a}$$

$$N_j = \frac{a_j + b_j x + c_j y}{2A} = \frac{y}{a}$$

$$N_m = \frac{a_m + b_m x + c_m y}{2A} = 1 - \frac{x}{a} - \frac{y}{a}$$

于是，可得到该等腰直角三角形单元的形函数矩阵，为

$$\boldsymbol{N} = \begin{bmatrix} N_i & 0 & N_j & 0 & N_m & 0 \\ 0 & N_i & 0 & N_j & 0 & N_m \end{bmatrix}$$

$$
= \begin{bmatrix} \frac{x}{a} & 0 & \frac{y}{a} & 0 & 1-\frac{x}{a}-\frac{y}{a} & 0 \\ 0 & \frac{x}{a} & 0 & \frac{y}{a} & 0 & 1-\frac{x}{a}-\frac{y}{a} \end{bmatrix}
$$

2.2.2　形函数的性质

形函数具有如下性质。

（1）形函数是 x 、y 的线性函数，这一性质和位移模式相同。

（2）在单元结点上，形函数的取值为

$$
N_i(x_j, y_j) = \begin{cases} 1 & (i = j) \\ 0 & (i \neq j) \end{cases} \tag{2.21}
$$

式（2.21）表明，在结点 i 上，$N_i(x_i, y_i) = 1$ ，在结点 j 和结点 m 上，$N_i(x_j, y_j) = 0$，$N_i(x_m, y_m) = 0$ 。可概括为，形函数在本结点取值为 1，在其他结点取值为 0。形函数的这个性质是由插值函数的性质决定的，从式（2.13）可以看出，当坐标取为 (x_i, y_i) 时，在结点 i 处，必然要求 $u = u_i$ ，因此，有 $N_i = 1$ ，$N_j = 0$ ，$N_m = 0$ 。由该性质可以导出形函数在三角形单元上的积分值和在边界上的积分值，为

$$
\iint_{\Omega^e} N_i \mathrm{d}x\mathrm{d}y = \frac{1}{3}A \tag{2.22}
$$

$$
\int_{ij} N_i \mathrm{d}s = \frac{1}{2} l_{ij} \tag{2.23}
$$

式（2.22）表示，形函数在单元面积上的积分值为 $\frac{1}{3}A$ 。这是因为，形函数在三角形单元面积上的分布是一个空间四面体，空间四面体的底面积 $S = A$ ，高度为 $h = 1$ ，所以，形函数在面积上的积分值就等于该空间四面体的体积，为 $\frac{1}{3}Sh = \frac{1}{3}A$ 。

式（2.23）中，l_{ij} 为边界 ij 的长度，形函数在单元边界上的积分值为 $\frac{1}{2}l_{ij}$ 。这是因为，形函数在单元边界上的分布是一个平面直角三角形形状，该直角三角形的底边长度为 l_{ij} ，高度为 $h = 1$，所以，形函数在边界上的积分值就等于该直角三角形的面积，即 $\frac{1}{2}l_{ij}h = \frac{1}{2}l_{ij}$ 。

（3）在三角形单元中，任意一点的各个形函数值之和等于 1，即

$$
N_i + N_j + N_m = 1 \tag{2.24}
$$

这是因为，如果单元发生刚体位移，比如，单元在 x 方向有刚体位移 $u = u_0$ ，那么，单元中的任意一点都具有相同的位移 u_0 ，在 3 个结点处，有 $u_i = u_j = u_m = u_0$ ，代入式（2.13），得到 $u = N_i u_i + N_j u_j + N_m u_m = (N_i + N_j + N_m) u_0 = u_0$ 。因此，有必要要求 $N_i + N_j + N_m = 1$ 。满足这个要求是形函数的必要条件，如果形函数不能满足这个要求，那么，位移模式就不能反映单元的刚体位移。

（4）形函数的值在 0～1 之间变化，形函数在本结点处取值为 1，在其他结点处取值为 0，这是由形函数的几何意义决定的。

2.2.3 位移模式的收敛性条件

在有限单元法中，位移模式的选取决定了计算的误差。在单元形状确定之后，等效结点荷载、单元分析、整体分析的计算结果都与位移模式密切相关。因此，位移模式的选择是有限元计算结果正确与否，是否收敛于真实解的关键。具体来说，为了保证有限元解答的收敛性，位移模式必须要满足以下 3 个方面的条件。

（1）位移模式必须能反映单元的刚体位移。每个单元的位移一般总是包含着两部分：①由单元本身的形变引起的位移；②与本单元的变形无关，由于其他单元的形变通过结点的牵连而引起的刚体位移。比如，在悬臂梁的自由端，单元的变形很小，单元的位移主要是由其他单元发生变形而引起的刚体位移。因此，为了正确反映单元位移的这种特征，位移模式必须要能反映单元的刚体位移。

（2）位移模式必须能反映单元的常量应变。每个单元的应变一般也总是包含着两部分：①与单元中各点的位置坐标有关，各点有不同的应变，即变量应变；②与位置坐标无关，各点有相同的应变，即常量应变。随着单元尺寸的减小，单元中各点的应变趋于相同，即单元的变形趋于均匀，常量应变成为应变的主要部分，常量应变应趋于一点的真实应变。因此，为了正确反映单元应变的这种特征，位移模式必须要能反映单元的常量应变。

（3）位移模式应尽量反映相邻单元位移的连续性。弹性体的实际位移是连续的，不会发生相邻部分的脱离或侵入现象。位移模式应尽量反映相邻单元位移的连续性，即在单元内部，位移模式取坐标的单值连续函数，在公共结点上具有相同的位移，在公共边界上也具有相同的位移。当单元非常小时，相邻单元在公共结点处具有相同的位移就能保证相邻单元在整个公共边界上具有近似相等的位移。在实际计算中，不可能将单元取得非常小，因此在选取位移模式时，应当尽可能反映位移的连续性。

条件（1）和条件（2）是有限元解答收敛的必要条件，又称为完备性条件，满足完备性条件的单元称为完备单元。条件（3）称为协调条件或保续条件，满足此条件的单元称为协调单元或保续单元。条件（1）、条件（2）和条件（3）是位移模式收敛的充要条件。

完备保续单元的刚度较实际结构的刚度要大，它从下方收敛于真实解。完备不保续单元的收敛性也是令人满意的，但其收敛方向难以判定。

下面来说明，式（2.2）所表示的位移模式是反映了三角形单元的刚体位移和常量应变的。首先将式（2.2）改写为

$$\left.\begin{aligned} u &= \alpha_1 + \alpha_2 x - \frac{\alpha_5 - \alpha_3}{2} y + \frac{\alpha_3 + \alpha_5}{2} y \\ v &= \alpha_4 + \alpha_6 y + \frac{\alpha_5 - \alpha_3}{2} x + \frac{\alpha_5 + \alpha_3}{2} x \end{aligned}\right\} \tag{2.25}$$

将式（2.25）与弹性力学的刚体位移表达式 $u = u_0 - \omega y$，$v = v_0 + \omega x$ 作比较，可得到

$$u_0 = \alpha_1, \quad v_0 = \alpha_4, \quad \omega = \frac{\alpha_5 - \alpha_3}{2}$$

可见，式（2.2）采用的位移模式包含了刚体移动和刚体转动。

将式（2.25）代入几何方程，可得到

$$\varepsilon_x = \alpha_2, \quad \varepsilon_y = \alpha_6, \quad \gamma_{xy} = \alpha_3 + \alpha_5$$

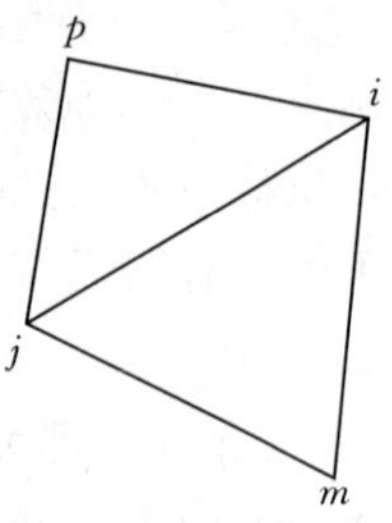

图 2.4　相邻的两个三角形单元

可见，α_2 、α_3 、α_5 、α_6 反映了单元的常量应变。

以上说明，式（2.2）所采用的位移模式满足完备性条件的要求。

同时，式（2.2）采用的位移模式也反映了相邻单元位移的连续性。如图 2.4 所示，两个相邻的单元 ipj 和 ijm ，在 i 结点和 j 结点具有相同的位移。由于位移是坐标的线性函数，在公共边界 ij 上也是线性变化，因此上述两个相邻单元在 ij 边上的任一点都有相同的位移值。这就保证了相邻单元之间位移的连续性。同时，式（2.2）采用的位移模式是坐标的单值连续函数，在单元内部位移也是连续的。说明所采用的位移模式满足连续性条件。

2.3　等效结点荷载计算

有限单元法的计算过程需要将分布体力和分布面力移置到单元结点上形成结点荷载。由结点荷载代替原来的实际荷载，称为等效结点荷载。这种荷载的替代基于静力等效原则。所谓静力等效原则，是指原来的实际荷载和等效结点荷载在任何虚位移上所做的虚功相等。在一定的位移模式之下，这样移置的结果是唯一的。三角形单元按静力等效原则进行荷载移置后，原荷载与等效结点荷载在任一轴上的投影之和相等，对任一轴的力矩之和也相等。也就是说，在向任一点简化时，原荷载和等效结点荷载将具有相同的主矢量和主矩。

2.3.1　集中力的等效结点荷载

在三角形单元 ijm 中，任意一点 M 受集中荷载 $\boldsymbol{P}$ 作用，如图 2.5 所示，M 点的坐标为 (x, y) 。

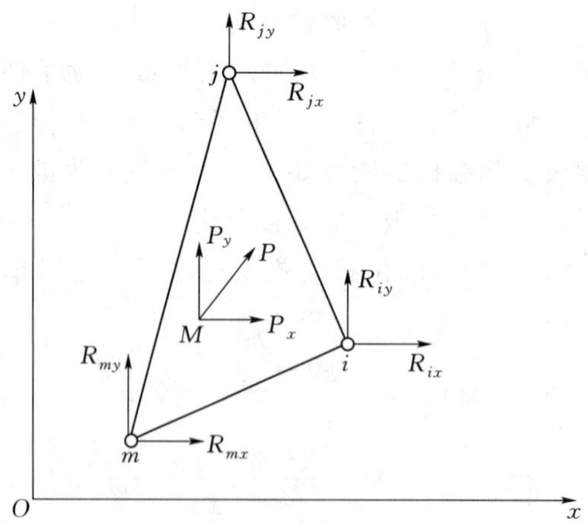

图 2.5　集中荷载向单元结点移置

已知

$$\boldsymbol{P}=\begin{Bmatrix}P_x\\P_y\end{Bmatrix}=[P_x \quad P_y]^{\mathrm{T}} \tag{2.26}$$

移置到单元各结点上的等效结点荷载，记为 $\boldsymbol{R}^e$ ，用荷载列阵表示为

$$\boldsymbol{R}^{\mathrm{e}} = [R_{ix} \quad R_{iy} \quad R_{jx} \quad R_{jy} \quad R_{mx} \quad R_{my}]^{\mathrm{T}} \tag{2.27}$$

假设单元发生了虚位移，M 点的虚位移为

$$\delta\boldsymbol{u} = [\delta u \quad \delta v]^{\mathrm{T}} \tag{2.28}$$

单元三个结点上的虚位移为

$$\delta\boldsymbol{a}^{\mathrm{e}} = [\delta u_i \quad \delta v_i \quad \delta u_j \quad \delta v_j \quad \delta u_m \quad \delta v_m]^{\mathrm{T}} \tag{2.29}$$

按照静力等效原则，结点荷载和原荷载在相应虚位移上所做的虚功相等，有

$$(\delta\boldsymbol{a}^{\mathrm{e}})^{\mathrm{T}}\boldsymbol{R}^{\mathrm{e}} = (\delta\boldsymbol{u})^{\mathrm{T}}\boldsymbol{P} \tag{2.30}$$

由于虚位移满足相容条件，在单元内部满足位移模式，所以有

$$\delta\boldsymbol{u} = \boldsymbol{N}\delta\boldsymbol{a}^{\mathrm{e}} \tag{2.31}$$

将其代入虚功方程，得到

$$(\delta\boldsymbol{a}^{\mathrm{e}})^{\mathrm{T}}\boldsymbol{R}^{\mathrm{e}} = (\delta\boldsymbol{a}^{\mathrm{e}})^{\mathrm{T}}\boldsymbol{N}^{\mathrm{T}}\boldsymbol{P} \tag{2.32}$$

由于虚位移 $\delta\boldsymbol{a}^{\mathrm{e}}$ 是任意的，于是有

$$\boldsymbol{R}^{\mathrm{e}} = \boldsymbol{N}^{\mathrm{T}}\boldsymbol{P} \tag{2.33}$$

式（2.33）可以展开，写为

$$\begin{Bmatrix} R_{ix} \\ R_{iy} \\ R_{jx} \\ R_{jy} \\ R_{mx} \\ R_{my} \end{Bmatrix} = \begin{Bmatrix} N_i & 0 \\ 0 & N_i \\ N_j & 0 \\ 0 & N_j \\ N_m & 0 \\ 0 & N_m \end{Bmatrix} \begin{Bmatrix} P_x \\ P_y \end{Bmatrix} \tag{2.34}$$

也可以写为

$$[R_{ix} \quad R_{iy} \quad R_{jx} \quad R_{jy} \quad R_{mx} \quad R_{my}]^{\mathrm{T}} = [N_iP_x \quad N_iP_y \quad N_jP_x \quad N_jP_y \quad N_mP_x \quad N_mP_y]^{\mathrm{T}} \tag{2.35}$$

$$\left.\begin{aligned} R_{ix} &= N_i\big|_{M(x,y)}P_x, & R_{iy} &= N_i\big|_{M(x,y)}P_y \\ R_{jx} &= N_j\big|_{M(x,y)}P_x, & R_{jy} &= N_j\big|_{M(x,y)}P_y \\ R_{mx} &= N_m\big|_{M(x,y)}P_x, & R_{my} &= N_m\big|_{M(x,y)}P_y \end{aligned}\right\} \tag{2.36}$$

式（2.33）就是集中荷载对应的等效结点荷载计算公式，又称为集中荷载的移置公式。可见，等效结点荷载的取值与形函数矩阵 $\boldsymbol{N}$ 有关，而形函数矩阵是由选取的位移模式决定的，因此，等效结点荷载的计算依赖于位移模式的选取。集中荷载的等效结点荷载需要计算集中荷载所在点坐标对应的形函数值，它是形函数值与荷载分量乘积的结果。

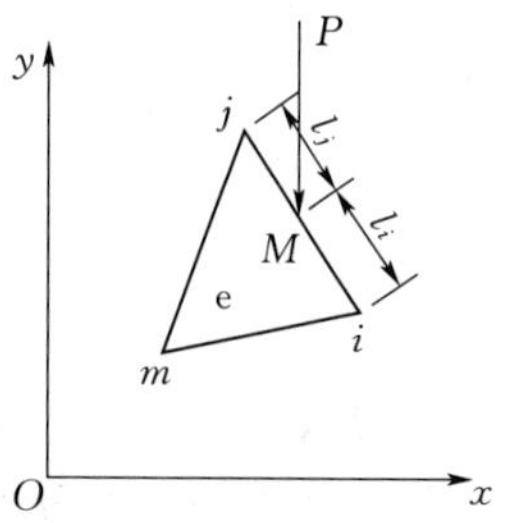

图 2.6 竖向集中荷载计算

例 2.3 如图 2.6 所示，在三角形单元 e 上，竖向集中荷载 P 作用于 ij 边上的点 M 处，ij 边长为 l，试求该竖向集中荷载对应的等效结点荷载。

解： 将 $P_x = 0$，$P_y = -P$ 代入式（2.33），得到

$$R_{ix} = R_{jx} = R_{mx} = 0$$

$$R_{iy} = -N_i\big|_{M(x,y)}P$$

$$R_{jy} = -N_j\big|_{M(x,y)}P$$

$$R_{my} = -N_m|_{M(x,y)}P$$

根据形函数的性质，有

$$N_i|_{M(x,y)} = \frac{l_j}{l}, \quad N_j|_{M(x,y)} = \frac{l_i}{l}, \quad N_m|_{M(x,y)} = 0$$

从而得到

$$R_{iy} = -\frac{l_j}{l}P, \quad R_{jy} = -\frac{l_i}{l}P, \quad R_{my} = 0$$

因此，该竖向集中荷载对应的等效结点荷载向量为

$$\boldsymbol{R}^{\mathrm{e}} = [R_{ix} \quad R_{iy} \quad R_{jx} \quad R_{jy} \quad R_{mx} \quad R_{my}]^{\mathrm{T}} = \left[0 \quad -\frac{l_j}{l}P \quad 0 \quad -\frac{l_i}{l}P \quad 0 \quad 0\right]^{\mathrm{T}}$$

特别地，当 M 点位于 ij 边中点时，$l_i = l_j = \frac{1}{2}l$，此时有

$$\boldsymbol{R}^{\mathrm{e}} = \left[0 \quad -\frac{1}{2}P \quad 0 \quad -\frac{1}{2}P \quad 0 \quad 0\right]^{\mathrm{T}}$$

即相当于把 P 平均分配给其所作用边界的两个结点上。

2.3.2　分布体力的等效结点荷载

集中力的等效结点荷载计算是分布力等效结点荷载计算的基础。有了集中力作用下的等效结点荷载，任意分布力作用下的等效结点荷载都可以通过积分计算得到。

设三角形单元上作用有分布体力 $\boldsymbol{f} = [f_x \quad f_y]^{\mathrm{T}}$，其中 f_x、f_y 为体力分量的集度，设单元厚度为 t，可将微分体积 $t\mathrm{d}x\mathrm{d}y$ 上的体力 $\boldsymbol{f}t\mathrm{d}x\mathrm{d}y$ 作为集中荷载 $\mathrm{d}\boldsymbol{P}$，代入式（2.33）得到

$$\boldsymbol{R}^{\mathrm{e}} = \iint_{\Omega^{\mathrm{e}}} \boldsymbol{N}^{\mathrm{T}}\mathrm{d}\boldsymbol{P} = \iint_{\Omega^{\mathrm{e}}} \boldsymbol{N}^{\mathrm{T}}\boldsymbol{f}t\,\mathrm{d}x\mathrm{d}y \tag{2.37}$$

式（2.37）可写成展开式的形式，为

$$\left.\begin{aligned} R_{ix} &= \iint_{\Omega^{\mathrm{e}}} N_i f_x t\,\mathrm{d}x\mathrm{d}y, & R_{iy} &= \iint_{\Omega^{\mathrm{e}}} N_i f_y t\,\mathrm{d}x\mathrm{d}y \\ R_{jx} &= \iint_{\Omega^{\mathrm{e}}} N_j f_x t\,\mathrm{d}x\mathrm{d}y, & R_{jy} &= \iint_{\Omega^{\mathrm{e}}} N_j f_y t\,\mathrm{d}x\mathrm{d}y \\ R_{mx} &= \iint_{\Omega^{\mathrm{e}}} N_m f_x t\,\mathrm{d}x\mathrm{d}y, & R_{my} &= \iint_{\Omega^{\mathrm{e}}} N_m f_y t\,\mathrm{d}x\mathrm{d}y \end{aligned}\right\} \tag{2.38}$$

式（2.37）～式（2.38）是分布体力的等效结点荷载的计算公式。

例 2.4　计算重力作用下的三角形单元的等效结点荷载。

解：首先计算重力的荷载集度，取坐标系 y 轴竖直向上，则体力集度为

$$f_x = 0, \quad f_y = -\gamma = -\rho g, \quad \boldsymbol{f} = [0 \quad -\rho g]^{\mathrm{T}}$$

式中：γ 为材料的容重；ρ 为材料密度；g 为重力加速度。

将体力集度代入式（2.37），有

$$\boldsymbol{R}^{\mathrm{e}} = \iint_{\Omega^{\mathrm{e}}} \boldsymbol{N}^{\mathrm{T}}\boldsymbol{f}t\,\mathrm{d}x\mathrm{d}y = \iint_{\Omega^{\mathrm{e}}} \boldsymbol{N}^{\mathrm{T}}\begin{Bmatrix} 0 \\ -\rho g \end{Bmatrix} t\,\mathrm{d}x\mathrm{d}y = -\rho g t \iint_{\Omega^{\mathrm{e}}} [0 \quad N_i \quad 0 \quad N_j \quad 0 \quad N_m]^{\mathrm{T}}\mathrm{d}x\mathrm{d}y$$

根据形函数的性质，见式（2.22），有 $\iint\limits_{\Omega^e} N_i \mathrm{d}x\mathrm{d}y = \frac{1}{3}A$ ，代入上式，得到

$$\boldsymbol{R}^{\mathrm{e}} = -\frac{1}{3}\rho g t A \begin{bmatrix} 0 & 1 & 0 & 1 & 0 & 1 \end{bmatrix}^{\mathrm{T}}$$

上式表明，对于三角形三结点单元，重力的等效结点荷载是将单元的总重量平均分配到单元的 3 个结点上，每个结点获得自重的 $\frac{1}{3}$ 作为等效结点荷载。

2.3.3 分布面力的等效结点荷载

设三角形单元的边界上作用有分布面力 $\bar{\boldsymbol{f}} = \begin{bmatrix} \bar{f}_x & \bar{f}_y \end{bmatrix}^{\mathrm{T}}$ ，其中 $\bar{f}_x$ 、$\bar{f}_y$ 为面力分量的集度，设单元厚度为 t ，可将微分面积 $t\mathrm{d}s$ 上的面力 $\bar{\boldsymbol{f}}t\mathrm{d}s$ 作为集中荷载 $\mathrm{d}\boldsymbol{P}$ ，代入式（2.33）得到

$$\boldsymbol{R}^{\mathrm{e}} = \int_{ij} \boldsymbol{N}^{\mathrm{T}} \mathrm{d}\boldsymbol{P} = \int_{ij} \boldsymbol{N}^{\mathrm{T}} \bar{\boldsymbol{f}} t \mathrm{d}s \tag{2.39}$$

写成展开式的形式为

$$\left.\begin{aligned} R_{ix} &= \int_{ij} N_i \bar{f}_x t \mathrm{d}s, & R_{iy} &= \int_{ij} N_i \bar{f}_y t \mathrm{d}s \\ R_{jx} &= \int_{jm} N_j \bar{f}_x t \mathrm{d}s, & R_{jy} &= \int_{jm} N_j \bar{f}_y t \mathrm{d}s \\ R_{mx} &= \int_{mi} N_m \bar{f}_x t \mathrm{d}s, & R_{my} &= \int_{mi} N_m \bar{f}_y t \mathrm{d}s \end{aligned}\right\} \tag{2.40}$$

式（2.39）～式（2.40）是分布面力的等效结点荷载的计算公式。

例 2.5 如图 2.7 所示，三角形单元在 ij 边界上受 x 方向均布力 q 作用，ij 边界长度为 l_{ij} ，试计算该分布面力对应的等效结点荷载。

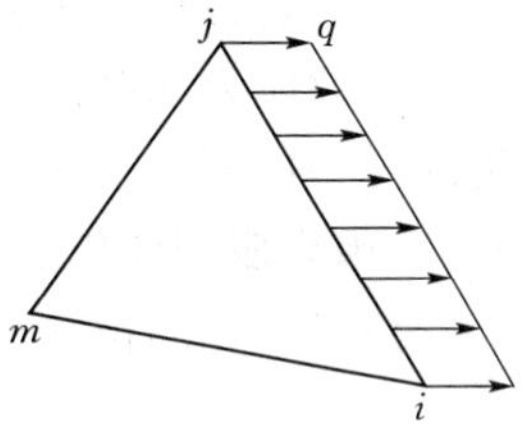

图 2.7 三角形单元边界受均布荷载作用

解： 分布面力为 $\bar{\boldsymbol{f}} = \begin{Bmatrix} q \\ 0 \end{Bmatrix}$ ，代入式（2.39），有

$$\boldsymbol{R}^{\mathrm{e}} = \int_{ij} \boldsymbol{N}^{\mathrm{T}} \begin{Bmatrix} q \\ 0 \end{Bmatrix} t \mathrm{d}s = qt \int_{ij} \begin{bmatrix} N_i & 0 & N_j & 0 & N_m & 0 \end{bmatrix}^{\mathrm{T}} \mathrm{d}s$$

根据形函数的性质，见式（2.23），有

$$\int_{ij} N_i \mathrm{d}s = \frac{1}{2} l_{ij}$$

将上式代入到等效结点荷载的计算式，得到

$$\boldsymbol{R}^{\mathrm{e}} = \frac{1}{2} q t l_{ij} \begin{bmatrix} 1 & 0 & 1 & 0 & 0 & 0 \end{bmatrix}^{\mathrm{T}}$$

上式表明，对于三角形三结点单元，均布面力的等效结点荷载是将均布面力的合力平均分配到该边界的 2 个结点上，剩下的第 3 个结点上的等效结点荷载为 0。

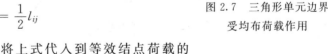

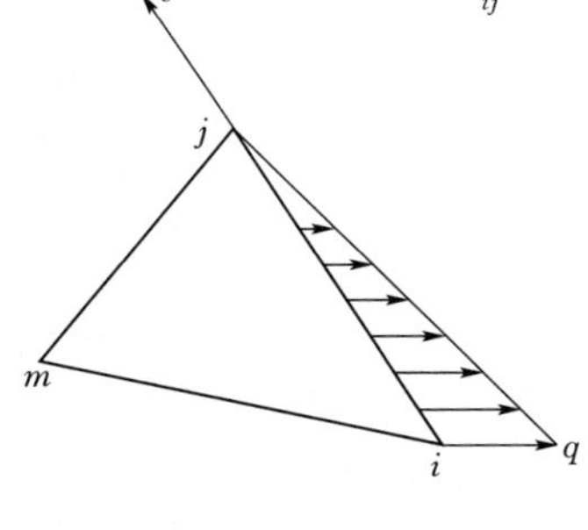

图 2.8 三角形单元边界受三角形分布荷载作用

例 2.6 如图 2.8 所示，三角形单元在 ij 边界上受 x 方向三角形分布荷载作用，q 为最大分布力集度，ij 边界长

度为 l_{ij} ，试计算等效结点荷载。

解：为了方便积分计算，在 ij 边界上建立局部坐标系 s ，如图 2.8 所示，i 结点为坐标原点，则三角形分布面力可以表示为 $\bar{\boldsymbol{f}}=\begin{Bmatrix}(1-\dfrac{s}{l_{ij}})q\\0\end{Bmatrix}$。

在 ij 边界上，根据形函数的几何意义，见式（2.20），有

$$N_i=1-\frac{s}{l_{ij}},\quad N_j=\frac{s}{l_{ij}},\quad N_m=0$$

代入式（2.39）有

$$\begin{aligned}\boldsymbol{R}^{\mathrm{e}}&=\int_{ij}\boldsymbol{N}^{\mathrm{T}}\begin{Bmatrix}\left(1-\dfrac{s}{l_{ij}}\right)q\\0\end{Bmatrix}t\mathrm{d}s=qt\int_{ij}\left(1-\frac{s}{l_{ij}}\right)[N_i\quad 0\quad N_j\quad 0\quad N_m\quad 0]^{\mathrm{T}}\mathrm{d}s\\&=qt\int_{ij}\left[\left(1-\frac{s}{l_{ij}}\right)\left(1-\frac{s}{l_{ij}}\right)\quad 0\quad \left(1-\frac{s}{l_{ij}}\right)\frac{s}{l_{ij}}\quad 0\quad 0\quad 0\right]^{\mathrm{T}}\mathrm{d}s\\&=\frac{1}{2}qtl_{ij}\left[\frac{2}{3}\quad 0\quad \frac{1}{3}\quad 0\quad 0\quad 0\right]^{\mathrm{T}}\end{aligned}$$

上式表明，三角形分布面力的等效结点荷载是将分布面力的合力的 $\frac{2}{3}$ 分配到边界的 i 结点，合力的 $\frac{1}{3}$ 分配到边界的 j 结点上，m 结点的等效结点荷载为 0。

2.4 单元分析

单元分析包括 4 个方面的内容：单元应变和结点位移的关系，单元应力和单元应变的关系，单元应力和结点位移的关系，单元结点力和结点位移的关系。本节将逐个介绍单元分析的这些内容。

2.4.1 单元应变和结点位移的关系

三角形单元的位移模式为

$$\left.\begin{aligned}u&=N_iu_i+N_ju_j+N_mu_m\\v&=N_iv_i+N_jv_j+N_mv_m\end{aligned}\right\}\tag{2.41}$$

将上述位移模式代入平面问题的几何方程，为

$$\varepsilon_x=\frac{\partial u}{\partial x},\quad \varepsilon_y=\frac{\partial v}{\partial y},\quad \gamma_{xy}=\frac{\partial v}{\partial x}+\frac{\partial u}{\partial y}\tag{2.42}$$

得到

$$\begin{Bmatrix}\varepsilon_x\\\varepsilon_y\\\gamma_{xy}\end{Bmatrix}=\begin{Bmatrix}\dfrac{\partial u}{\partial x}\\\dfrac{\partial v}{\partial y}\\\dfrac{\partial u}{\partial y}+\dfrac{\partial v}{\partial x}\end{Bmatrix}=\begin{bmatrix}\dfrac{\partial}{\partial x}&0\\0&\dfrac{\partial}{\partial y}\\\dfrac{\partial}{\partial y}&\dfrac{\partial}{\partial x}\end{bmatrix}\begin{Bmatrix}u\\v\end{Bmatrix}=\begin{bmatrix}\dfrac{\partial}{\partial x}&0\\0&\dfrac{\partial}{\partial y}\\\dfrac{\partial}{\partial y}&\dfrac{\partial}{\partial x}\end{bmatrix}\begin{bmatrix}N_i&0&N_j&0&N_m&0\\0&N_i&0&N_j&0&N_m\end{bmatrix}\begin{Bmatrix}u_i\\v_i\\u_j\\v_j\\u_m\\v_m\end{Bmatrix}$$

$$
=\begin{bmatrix}\dfrac{\partial N_i}{\partial x} & 0 & \dfrac{\partial N_j}{\partial x} & 0 & \dfrac{\partial N_m}{\partial x} & 0\\ 0 & \dfrac{\partial N_i}{\partial y} & 0 & \dfrac{\partial N_j}{\partial y} & 0 & \dfrac{\partial N_m}{\partial y}\\ \dfrac{\partial N_i}{\partial y} & \dfrac{\partial N_i}{\partial x} & \dfrac{\partial N_j}{\partial y} & \dfrac{\partial N_j}{\partial x} & \dfrac{\partial N_m}{\partial y} & \dfrac{\partial N_m}{\partial x}\end{bmatrix}\begin{Bmatrix}u_i\\ v_i\\ u_j\\ v_j\\ u_m\\ v_m\end{Bmatrix} \tag{2.43}
$$

因为 $N_i=\dfrac{a_i+b_ix+c_iy}{2A}$，于是有

$$
\frac{\partial N_i}{\partial x}=\frac{b_i}{2A},\qquad \frac{\partial N_i}{\partial y}=\frac{c_i}{2A} \tag{2.43a}
$$

$$
\frac{\partial N_j}{\partial x}=\frac{b_j}{2A},\qquad \frac{\partial N_j}{\partial y}=\frac{c_j}{2A} \tag{2.43b}
$$

$$
\frac{\partial N_m}{\partial x}=\frac{b_m}{2A},\qquad \frac{\partial N_m}{\partial x}=\frac{c_m}{2A} \tag{2.43c}
$$

将式（2.43a）～式（2.43c）代入式（2.43），得到

$$
\begin{Bmatrix}\varepsilon_x\\ \varepsilon_y\\ \gamma_{xy}\end{Bmatrix}=\frac{1}{2A}\begin{bmatrix}b_i & 0 & b_j & 0 & b_m & 0\\ 0 & c_i & 0 & c_j & 0 & c_m\\ c_i & b_i & c_j & b_j & c_m & b_m\end{bmatrix}\begin{Bmatrix}u_i\\ v_i\\ u_j\\ v_j\\ u_m\\ v_m\end{Bmatrix} \tag{2.44}
$$

将式（2.44）等号右边的系数和第一个矩阵记为

$$
\boldsymbol{B}=\frac{1}{2A}\begin{bmatrix}b_i & 0 & b_j & 0 & b_m & 0\\ 0 & c_i & 0 & c_j & 0 & c_m\\ c_i & b_i & c_j & b_j & c_m & b_m\end{bmatrix} \tag{2.45}
$$

于是，可得到

$$
\boldsymbol{\varepsilon}=\boldsymbol{B}\boldsymbol{a}^{\mathrm{e}} \tag{2.46}
$$

式中：$\boldsymbol{B}$ 为应变转换矩阵，又称为应变矩阵。

注意到，应变转换矩阵 $\boldsymbol{B}$ 可以写为分块矩阵的形式，即 $\boldsymbol{B}=[\boldsymbol{B}_i\quad \boldsymbol{B}_j\quad \boldsymbol{B}_m]$，其分块子矩阵为

$$
\left.\begin{aligned}
\boldsymbol{B}_i=\boldsymbol{L}\boldsymbol{N}_i&=\begin{bmatrix}\dfrac{\partial}{\partial x} & 0\\ 0 & \dfrac{\partial}{\partial y}\\ \dfrac{\partial}{\partial y} & \dfrac{\partial}{\partial x}\end{bmatrix}\begin{bmatrix}N_i & 0\\ 0 & N_i\end{bmatrix}=\frac{1}{2A}\begin{bmatrix}b_i & 0\\ 0 & c_i\\ c_i & b_i\end{bmatrix}\\
\boldsymbol{B}_j=\boldsymbol{L}\boldsymbol{N}_j&=\begin{bmatrix}\dfrac{\partial}{\partial x} & 0\\ 0 & \dfrac{\partial}{\partial y}\\ \dfrac{\partial}{\partial y} & \dfrac{\partial}{\partial x}\end{bmatrix}\begin{bmatrix}N_j & 0\\ 0 & N_j\end{bmatrix}=\frac{1}{2A}\begin{bmatrix}b_j & 0\\ 0 & c_j\\ c_j & b_j\end{bmatrix}\\
\boldsymbol{B}_m=\boldsymbol{L}\boldsymbol{N}_m&=\begin{bmatrix}\dfrac{\partial}{\partial x} & 0\\ 0 & \dfrac{\partial}{\partial y}\\ \dfrac{\partial}{\partial y} & \dfrac{\partial}{\partial x}\end{bmatrix}\begin{bmatrix}N_m & 0\\ 0 & N_m\end{bmatrix}=\frac{1}{2A}\begin{bmatrix}b_m & 0\\ 0 & c_m\\ c_m & b_m\end{bmatrix}
\end{aligned}\right\} \tag{2.47}
$$

在实际计算中，可先求出 $\boldsymbol{B}$ 矩阵的分块子矩阵 $\boldsymbol{B}_i$、$\boldsymbol{B}_j$、$\boldsymbol{B}_m$，再合成得到 $\boldsymbol{B}$ 矩阵。$\boldsymbol{B}$ 矩阵是个 3×6 的矩阵，其转置矩阵 $\boldsymbol{B}^{\mathrm{T}}$ 是个 6×3 的矩阵，见式（2.48）。$\boldsymbol{B}^{\mathrm{T}}$ 矩阵在后面计算单元结点力时要用到。

$$\boldsymbol{B}^{\mathrm{T}}=\frac{1}{2A}\begin{bmatrix} b_i & 0 & c_i \\ 0 & c_i & b_i \\ b_j & 0 & c_j \\ 0 & c_j & b_j \\ b_m & 0 & c_m \\ 0 & c_m & b_m \end{bmatrix} \tag{2.48}$$

注意到单元面积 A 及 b_i 和 c_i 都是常量，因此，应变转换矩阵 $\boldsymbol{B}$ 的元素全是常量，它是常量矩阵。由式（2.46）可知，单元的应变 ε 的 3 个分量也是常量，单元的 3 个应变分量并不随坐标的变化而变化。也就是说，在每一个三角形单元中，3 个应变分量 ε_x 、ε_y 和 γ_{xy} 都是常量。因此，三角形三结点单元又被称为常应变单元，这是由于采用的位移模式是线性位移模式。常应变单元是指离散网格的每一个单元的三个应变分量是三个常数。对同一个单元，这三个应变分量一般是不相等的；对不同的单元，它们的应变分量一般来说也是不相等的。

2.4.2　单元应力与单元应变的关系

物理方程是联系应力和应变的方程，对于平面应力问题，可将物理方程写成矩阵的形式，为

$$\begin{Bmatrix} \sigma_x \\ \sigma_y \\ \tau_{xy} \end{Bmatrix}=\frac{E}{1-\mu^2}\begin{bmatrix} 1 & \mu & 0 \\ \mu & 1 & 0 \\ 0 & 0 & \dfrac{1-\mu}{2} \end{bmatrix}\begin{Bmatrix} \varepsilon_x \\ \varepsilon_y \\ \gamma_{xy} \end{Bmatrix} \tag{2.49}$$

式（2.49）可简写为

$$\boldsymbol{\sigma}=\boldsymbol{D\varepsilon} \tag{2.50}$$

其中

$$\boldsymbol{D}=\frac{E}{1-\mu^2}\begin{bmatrix} 1 & \mu & 0 \\ \mu & 1 & 0 \\ 0 & 0 & \dfrac{1-\mu}{2} \end{bmatrix} \tag{2.51}$$

$\boldsymbol{D}$ 称为弹性矩阵，它是一个对称常量矩阵。对于平面应变问题，只要把弹性矩阵中的 E 换成 $\dfrac{E}{1-\mu^2}$，μ 换成 $\dfrac{\mu}{1-\mu}$ 即可。

2.4.3　单元应力和结点位移的关系

将式（2.46）带入物理方程（2.50），就可以用单元结点位移来获得单元应力，为

$$\boldsymbol{\sigma}=\boldsymbol{D\varepsilon}=\boldsymbol{DBa}^{\mathrm{e}}=\boldsymbol{Sa}^{\mathrm{e}} \tag{2.52}$$

式中，$\boldsymbol{S}$ 称为应力转换矩阵，也称为应力矩阵。

$\boldsymbol{S}$ 表达式如下：

$$\boldsymbol{S}=\boldsymbol{DB}=\boldsymbol{D}[\boldsymbol{B}_i \quad \boldsymbol{B}_j \quad \boldsymbol{B}_m]=[\boldsymbol{S}_i \quad \boldsymbol{S}_j \quad \boldsymbol{S}_m] \tag{2.53}$$

式中：$\boldsymbol{S}_i$、$\boldsymbol{S}_j$ 和 $\boldsymbol{S}_m$ 为应力矩阵 $\boldsymbol{S}$ 的分块子矩阵。

将上面的平面应力问题的弹性矩阵代入式（2.53），可得

$$\left.\begin{aligned}
\boldsymbol{S}_i &= \frac{E}{2A(1-\mu^2)}\begin{bmatrix} b_i & \mu c_i \\ \mu b_i & c_i \\ \frac{1-\mu}{2}c_i & \frac{1-\mu}{2}b_i \end{bmatrix} \\
\boldsymbol{S}_j &= \frac{E}{2A(1-\mu^2)}\begin{bmatrix} b_j & \mu c_j \\ \mu b_j & c_j \\ \frac{1-\mu}{2}c_j & \frac{1-\mu}{2}b_j \end{bmatrix} \\
\boldsymbol{S}_m &= \frac{E}{2A(1-\mu^2)}\begin{bmatrix} b_m & \mu c_m \\ \mu b_m & c_m \\ \frac{1-\mu}{2}c_m & \frac{1-\mu}{2}b_m \end{bmatrix}
\end{aligned}\right\} \tag{2.54}$$

对于平面应变问题，将 E 换成 $\dfrac{E}{1-\mu^2}$，μ 换成 $\dfrac{\mu}{1-\mu}$，可得到平面应变问题的应力矩阵，为

$$\left.\begin{aligned}
\boldsymbol{S}_i &= \frac{E(1-\mu)}{2A(1+\mu)(1-2\mu)}\begin{bmatrix} b_i & \frac{\mu}{1-\mu}c_i \\ \frac{\mu}{1-\mu}b_i & c_i \\ \frac{1-2\mu}{2(1-\mu)}c_i & \frac{1-2\mu}{2(1-\mu)}b_i \end{bmatrix} \\
\boldsymbol{S}_j &= \frac{E(1-\mu)}{2A(1+\mu)(1-2\mu)}\begin{bmatrix} b_j & \frac{\mu}{1-\mu}c_j \\ \frac{\mu}{1-\mu}b_j & c_j \\ \frac{1-2\mu}{2(1-\mu)}c_j & \frac{1-2\mu}{2(1-\mu)}b_j \end{bmatrix} \\
\boldsymbol{S}_m &= \frac{E(1-\mu)}{2A(1+\mu)(1-2\mu)}\begin{bmatrix} b_m & \frac{\mu}{1-\mu}c_m \\ \frac{\mu}{1-\mu}b_m & c_m \\ \frac{1-2\mu}{2(1-\mu)}c_m & \frac{1-2\mu}{2(1-\mu)}b_m \end{bmatrix}
\end{aligned}\right\} \tag{2.55}$$

可见，三角形三结点单元的应力转换矩阵也是一个常量矩阵。在每一个单元中，应力分量都是常量，单元内部应力处处相等。这种单元又称为常应力单元。但是，相邻单元一般有不同的应力，因此，在单元之间的公共边界上，应力具有突变。但是，随着单元尺寸的逐渐减小，这种突变也将减小，有限单元法的解答将收敛于正确解。

单元应力和主应力、主方向的计算公式为

$$\left.\begin{aligned}\sigma_x &= [b_i u_i + b_j u_j + b_m u_m + \mu(c_i v_i + c_j v_j + c_m v_m)]R \\ \sigma_y &= [\mu(b_i u_i + b_j u_j + b_m u_m) + c_i v_i + c_j v_j + c_m v_m]R \\ \tau_{xy} &= [c_i u_i + c_j u_j + c_m u_m + b_i v_i + b_j v_j + b_m v_m]\frac{1-\mu}{2}R \\ \sigma_{1,2} &= \frac{1}{2}\left[(\sigma_x+\sigma_y) \pm \sqrt{(\sigma_x-\sigma_y)^2+4\tau_{xy}^2}\right] \\ \alpha_1 &= \arctan\left(\frac{\sigma_1-\sigma_x}{\tau_{xy}}\right)\end{aligned}\right\} \tag{2.56}$$

其中，$R=\dfrac{E}{2A(1-\mu^2)}$，α_1 为 σ_1 与 x 轴正向之间的夹角。

2.4.4 单元结点力和结点位移的关系

下面来推导用结点位移表示结点力的计算公式。推导计算基于虚位移原理，即：对处于平衡状态的弹性体，任意给出满足相容条件的虚位移，外力在虚位移上所做的虚功等于内应力在虚应变上所做的虚功。满足相容条件是指虚位移在内部满足几何方程，在边界上满足位移边界条件。

采用虚位移原理建立单元结点力和结点位移的关系。设三角形单元 ijm 的虚位移为 $\delta\boldsymbol{u}$，相应的结点虚位移为 $\delta\boldsymbol{a}^e$，引起单元的虚应变为 $\delta\boldsymbol{\varepsilon}$，其中

$$(\delta\boldsymbol{a}^e)^T = [\delta u_i \quad \delta v_i \quad \delta u_j \quad \delta v_j \quad \delta u_m \quad \delta v_m] \tag{2.57}$$

$$(\delta\boldsymbol{\varepsilon})^T = [\delta\varepsilon_x \quad \delta\varepsilon_y \quad \delta\tau_{xy}] \tag{2.58}$$

结点虚位移和单元虚应变满足几何方程：

$$\delta\boldsymbol{\varepsilon} = \boldsymbol{B}\delta\boldsymbol{a}^e \tag{2.59}$$

单元所受的外力只有结点力 $\boldsymbol{F}^e$，即将单元从有限元网格分离出来后，结点对单元的作用力。单元的内应力为 $\boldsymbol{\sigma}$。因此，单元的实际荷载为

$$\boldsymbol{F}^e = [U_i \quad V_i \quad U_j \quad V_j \quad U_m \quad V_m]^T \tag{2.60}$$

$$\boldsymbol{\sigma} = [\sigma_x \quad \sigma_y \quad \tau_{xy}]^T \tag{2.61}$$

由外力虚功等于内应力虚功，得到方程

$$(\delta\boldsymbol{a}^e)^T\boldsymbol{F}^e = \iint_{\Omega^e}(\delta\boldsymbol{\varepsilon})^T\boldsymbol{\sigma}t\,dx\,dy = (\delta\boldsymbol{a}^e)^T\iint_{\Omega^e}\boldsymbol{B}^T\boldsymbol{\sigma}t\,dx\,dy \tag{2.62}$$

式中：t 为单元的厚度，若单元厚度为单位厚度，则 $t=1$，t 将被省略。

式（2.62）中，因为 $(\delta\boldsymbol{a}^e)^T$ 与坐标无关，所以，可以从积分号中提出。因为虚位移 $\delta\boldsymbol{a}^e$ 是任意的，所以有

$$\boldsymbol{F}^e = \iint_{\Omega^e}\boldsymbol{B}^T\boldsymbol{\sigma}t\,dx\,dy \tag{2.63}$$

将式（2.52）中的 $\boldsymbol{\sigma}=\boldsymbol{DBa}^e=\boldsymbol{Sa}^e$ 代入式（2.63），得到

$$\boldsymbol{F}^e = \iint_{\Omega^e}\boldsymbol{B}^T\boldsymbol{DBa}^e t\,dx\,dy = \iint_{\Omega^e}\boldsymbol{B}^T\boldsymbol{Sa}^e t\,dx\,dy \tag{2.64}$$

由于结点位移 $\boldsymbol{a}^e$ 与坐标无关，所以可以从积分号中提出，得到

$$\boldsymbol{F}^e = \iint_{\Omega^e}\boldsymbol{B}^T\boldsymbol{DB}t\,dx\,dy\,\boldsymbol{a}^e = \boldsymbol{ka}^e \tag{2.65}$$

式中：$\boldsymbol{k}$ 为单元刚度矩阵。

$\boldsymbol{k}$ 表达式如下：

$$\boldsymbol{k} = \iint_{\Omega^e} \boldsymbol{B}^{\mathrm{T}} \boldsymbol{D} \boldsymbol{B} t \, \mathrm{d}x \mathrm{d}y \tag{2.66}$$

以上就建立了单元结点力和结点位移的关系。注意到，在推导式（2.65）和式（2.66）过程中，只应用了虚位移原理。虚位移原理不仅适用于弹性体，也适用于塑性体，只要处于小变形状态，变形不太大就行。因而，式（2.65）和式（2.66）具有一般意义，可以广泛采用，且无论采用什么单元形状，都可以应用。

对三结点三角形单元，弹性矩阵 $\boldsymbol{D}$ 和应变矩阵 $\boldsymbol{B}$ 都是常量矩阵，当单元厚度 t 为常数时，积分变量可以从积分号中提出，再注意到 $\iint_{\Omega^e} \mathrm{d}x\mathrm{d}y = A$ ，因此，式（2.66）可以简写为

$$\boldsymbol{k} = \boldsymbol{B}^{\mathrm{T}} \boldsymbol{D} \boldsymbol{B} t A = \begin{bmatrix} \boldsymbol{k}_{ii} & \boldsymbol{k}_{ij} & \boldsymbol{k}_{im} \\ \boldsymbol{k}_{ji} & \boldsymbol{k}_{jj} & \boldsymbol{k}_{jm} \\ \boldsymbol{k}_{mi} & \boldsymbol{k}_{mj} & \boldsymbol{k}_{mm} \end{bmatrix} \tag{2.67}$$

将三角形单元的弹性矩阵 $\boldsymbol{D}$ 和应变矩阵 $\boldsymbol{B}$ 代入后，可得到平面应力问题中的三角形单元的刚度矩阵，单元刚度矩阵是 6×6 的矩阵，可写成 9 个 2×2 分块矩阵的形式，分块子矩阵为

$$\boldsymbol{k}_{rs} = \frac{Et}{4A(1-\mu^2)} \begin{bmatrix} b_r b_s + \frac{1-\mu}{2} c_r c_s & \mu b_r c_s + \frac{1-\mu}{2} c_r b_s \\ \mu c_r b_s + \frac{1-\mu}{2} b_r c_s & c_r c_s + \frac{1-\mu}{2} b_r b_s \end{bmatrix} \quad (r = i,j,m; \quad s = i,j,m) \tag{2.68}$$

对于平面应变问题，将 E 换成 $\frac{E}{1-\mu^2}$ ，μ 换成 $\frac{\mu}{1-\mu}$ ，可得到平面应变问题的单元刚度矩阵的分块矩阵，为

$$\boldsymbol{k}_{rs} = \frac{Et(1-\mu)}{4A(1+\mu)(1-2\mu)} \begin{bmatrix} b_r b_s + \frac{1-2\mu}{2(1-\mu)} c_r c_s & \frac{\mu}{1-\mu} b_r c_s + \frac{1-2\mu}{2(1-\mu)} c_r b_s \\ \frac{\mu}{1-\mu} c_r b_s + \frac{1-2\mu}{2(1-\mu)} b_r c_s & c_r c_s + \frac{1-2\mu}{2(1-\mu)} b_r b_s \end{bmatrix}$$
$$(r = i,j,m; \ s = i,j,m) \tag{2.69}$$

例 2.7 平面应力情况下的三角形单元 ijm ，如图 2.9 所示，当 i 结点发生 x 方向位移 u_i 时，试计算单元的结点力和单元应力。

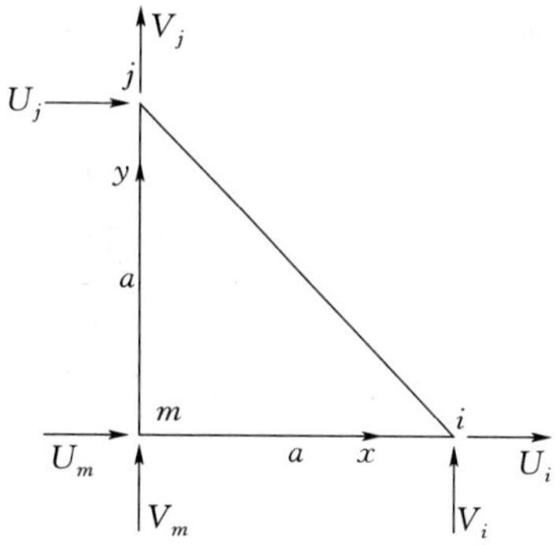

图 2.9　三角形单元的结点力及应力计算

解：在图 2.9 所示坐标系下，单元三个结点的坐标为 $i(a,0)$ ，$j(0,a)$ ，$m(0,0)$ ，单元面积为 $A = \frac{a^2}{2}$ ，应用式（2.15）计算得到

$$b_i = a, \quad b_j = 0, \quad b_m = -a$$
$$c_i = 0, \quad c_j = a, \quad c_m = -a$$

应用式（2.68）计算得到对称的单元刚度矩

阵，为

$$\boldsymbol{k}=\frac{Et}{2(1-\mu^2)}\begin{bmatrix}1 & 0 & 0 & \mu & -1 & -\mu\\ 0 & \frac{1-\mu}{2} & \frac{1-\mu}{2} & 0 & -\frac{1-\mu}{2} & -\frac{1-\mu}{2}\\ 0 & \frac{1-\mu}{2} & \frac{1-\mu}{2} & 0 & -\frac{1-\mu}{2} & -\frac{1-\mu}{2}\\ \mu & 0 & 0 & 1 & -\mu & -1\\ -1 & -\frac{1-\mu}{2} & -\frac{1-\mu}{2} & -\mu & \frac{3-\mu}{2} & \frac{1+\mu}{2}\\ -\mu & -\frac{1-\mu}{2} & -\frac{1-\mu}{2} & -1 & \frac{1+\mu}{2} & \frac{3-\mu}{2}\end{bmatrix} \tag{2.70}$$

应用式（2.65）计算得到单元的结点力，为

$$\boldsymbol{F}^{e}=\begin{Bmatrix}U_i\\V_i\\U_j\\V_j\\U_m\\V_m\end{Bmatrix}=\frac{Et}{2(1-\mu^2)}\begin{bmatrix}1 & & & & & \\ 0 & \frac{1-\mu}{2} & & \text{对} & & \\ 0 & \frac{1-\mu}{2} & \frac{1-\mu}{2} & & \text{称} & \\ \mu & 0 & 0 & 1 & & \\ -1 & -\frac{1-\mu}{2} & -\frac{1-\mu}{2} & -\mu & \frac{3-\mu}{2} & \\ -\mu & -\frac{1-\mu}{2} & -\frac{1-\mu}{2} & -1 & \frac{1+\mu}{2} & \frac{3-\mu}{2}\end{bmatrix}\begin{Bmatrix}u_i\\v_i\\u_j\\v_j\\u_m\\v_m\end{Bmatrix} \tag{2.71}$$

应用式（2.54）计算得到单元应力，为

$$\boldsymbol{\sigma}=\begin{Bmatrix}\sigma_x\\\sigma_y\\\tau_{xy}\end{Bmatrix}=\frac{E}{a(1-\mu^2)}\begin{bmatrix}1 & 0 & 0 & \mu & -1 & -\mu\\ \mu & 0 & 0 & 1 & -\mu & -1\\ 0 & \frac{1-\mu}{2} & \frac{1-\mu}{2} & 0 & -\frac{1-\mu}{2} & -\frac{1-\mu}{2}\end{bmatrix}\begin{Bmatrix}u_i\\v_i\\u_j\\v_j\\u_m\\v_m\end{Bmatrix} \tag{2.72}$$

当 i 结点发生 x 方向位移 u_i 时，由式（2.71）计算得到单元的结点力，为

$$\begin{Bmatrix}U_i\\V_i\\U_j\\V_j\\U_m\\V_m\end{Bmatrix}=\frac{Etu_i}{2(1-\mu^2)}\begin{Bmatrix}1\\0\\0\\\mu\\-1\\-\mu\end{Bmatrix}=P\begin{Bmatrix}1\\0\\0\\\mu\\-1\\-\mu\end{Bmatrix}$$

其中
$$P=\frac{Etu_i}{2(1-\mu^2)}$$

相应的结点位移和结点力如图 2.10 所示。当 i 结点发生 x 方向位移 u_i 时，由式

(2.72) 计算得到单元的应力，为

$$\begin{Bmatrix}\sigma_x\\ \sigma_y\\ \tau_{xy}\end{Bmatrix}=\frac{Eu_i}{a(1-\mu^2)}\begin{Bmatrix}1\\ \mu\\ 0\end{Bmatrix}=\frac{2P}{ta}\begin{Bmatrix}1\\ \mu\\ 0\end{Bmatrix}$$

单元应力如图 2.11 所示，根据单元的平衡条件，还可以得出斜面 ij 上的应力，如图 2.11 所示。

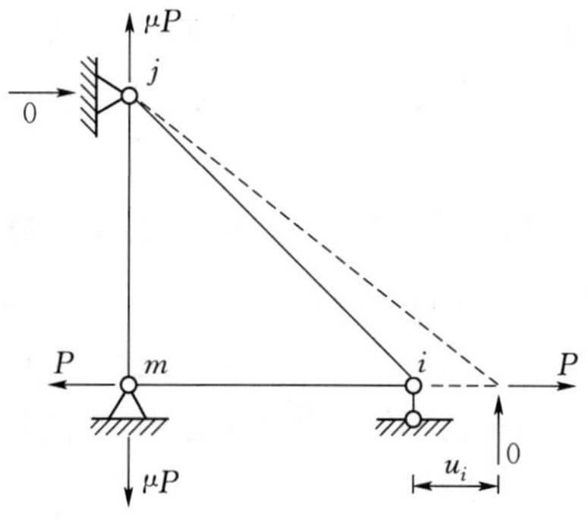

图 2.10 单元结点力

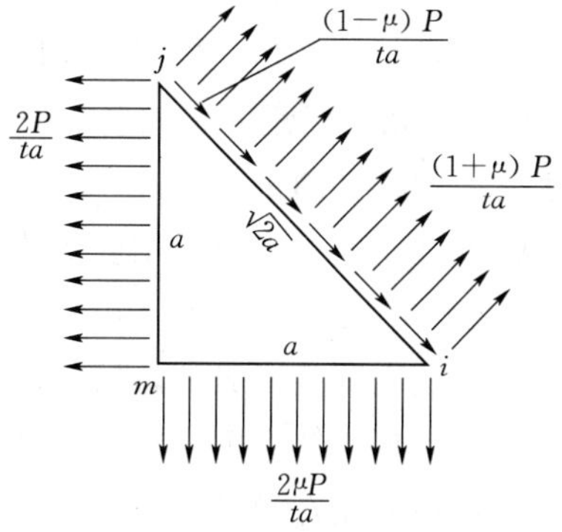

图 2.11 单元应力

2.4.5 单元刚度矩阵的力学意义和性质

1. 单元刚度矩阵的力学意义

通过例 2.7，不难发现，单元刚度矩阵的第一列元素的力学意义是，当 i 结点发生 x 方向单位位移 $u_i=1$，其他结点位移为 0 时所产生的结点力。可以将单元刚度矩阵写成展开式，见式 (2.74)，因为结点力的平衡，单元刚度矩阵的每一列元素之和都等于 0，且在 x 方向和 y 方向的结点力之和也为 0，对单元刚度矩阵的第一列元素，有

$$\left.\begin{aligned}&k_{ii}^{xx}+k_{ii}^{yx}+k_{ji}^{xx}+k_{ji}^{yx}+k_{mi}^{xx}+k_{mi}^{yx}=0\\&k_{ii}^{xx}+k_{ji}^{xx}+k_{mi}^{xx}=0\\&k_{ii}^{yx}+k_{ji}^{yx}+k_{mi}^{yx}=0\end{aligned}\right\}\tag{2.73}$$

单元刚度矩阵的其他列也具有和第一列相同的结论和规律。

$$\boldsymbol{F}^{\mathrm{e}}=\begin{Bmatrix}U_i\\ V_i\\ U_j\\ V_j\\ U_m\\ V_m\end{Bmatrix}=\begin{bmatrix}k_{ii}^{xx}&k_{ii}^{xy}&k_{ij}^{xx}&k_{ij}^{xy}&k_{im}^{xx}&k_{im}^{xy}\\k_{ii}^{yx}&k_{ii}^{yy}&k_{ij}^{yx}&k_{ij}^{yy}&k_{im}^{yx}&k_{im}^{yy}\\k_{ji}^{xx}&k_{ji}^{xy}&k_{jj}^{xx}&k_{jj}^{xy}&k_{jm}^{xx}&k_{jm}^{xy}\\k_{ji}^{yx}&k_{ji}^{yy}&k_{jj}^{yx}&k_{jj}^{yy}&k_{jm}^{yx}&k_{jm}^{yy}\\k_{mi}^{xx}&k_{mi}^{xy}&k_{mj}^{xx}&k_{mj}^{xy}&k_{mm}^{xx}&k_{mm}^{xy}\\k_{mi}^{yx}&k_{mi}^{yy}&k_{mj}^{yx}&k_{mj}^{yy}&k_{mm}^{yx}&k_{mm}^{yy}\end{bmatrix}\begin{Bmatrix}u_i\\ v_i\\ u_j\\ v_j\\ u_m\\ v_m\end{Bmatrix}\tag{2.74}$$

单元刚度矩阵中的任意一个元素 k_{ij}^{xy} 表示 j 结点发生 y 方向单位位移 $v_j=1$ 时，在 i 结点 x 方向产生的结点力，表示 j 结点位移 v_j 对 i 结点的结点力 U_i 的贡献。

式 (2.74) 还可以写成分块子矩阵的形式，为

$$\boldsymbol{F}^{\mathrm{e}}=\begin{Bmatrix}\boldsymbol{F}_i\\ \boldsymbol{F}_j\\ \boldsymbol{F}_m\end{Bmatrix}=\begin{bmatrix}\boldsymbol{k}_{ii}&\boldsymbol{k}_{ij}&\boldsymbol{k}_{im}\\\boldsymbol{k}_{ji}&\boldsymbol{k}_{jj}&\boldsymbol{k}_{jm}\\\boldsymbol{k}_{mi}&\boldsymbol{k}_{mj}&\boldsymbol{k}_{mm}\end{bmatrix}\begin{Bmatrix}\boldsymbol{a}_i\\ \boldsymbol{a}_j\\ \boldsymbol{a}_m\end{Bmatrix}\tag{2.75}$$

单元刚度矩阵中有 9 个分块子矩阵，每个分块子矩阵是 2×2 矩阵，子矩阵 $\boldsymbol{k}_{ij}$ 的 4 个元素分别表示 j 结点 x 方向、y 方向发生单位位移在 i 结点 x 方向、y 方向产生的结点力，表示 j 结点位移 u_j 、v_j 对 i 结点的结点力 U_i 、V_i 的贡献。

2. 单元刚度矩阵的性质

（1）对称性。由式（2.66）有，$\boldsymbol{k}^{\mathrm{T}} = \left(\iint\limits_{\Omega^e}\boldsymbol{B}^{\mathrm{T}}\boldsymbol{DB}t\,\mathrm{d}x\mathrm{d}y\right)^{\mathrm{T}} = \iint\limits_{\Omega^e}\boldsymbol{B}^{\mathrm{T}}\boldsymbol{DB}t\,\mathrm{d}x\mathrm{d}y = \boldsymbol{k}$。因此，单元刚度矩阵是对称矩阵。根据单元刚度矩阵的对称性，单元刚度矩阵的各行元素之和也等于 0。利用单元刚度矩阵的对称性，需要计算的单元刚度矩阵元素的个数减少，因而，可以减小有限元计算的工作量。

（2）奇异性。通过对单元刚度矩阵力学意义的分析，我们知道，单元刚度矩阵的各列元素之和等于 0；根据单元刚度矩阵的对称性，单元刚度矩阵的各行元素之和也等于 0。因此，单元刚度矩阵是奇异的，即 $|\boldsymbol{k}| = 0$ 。于是，可以得到结论，由任意结点位移通过式（2.65）可以求出结点力，但是由结点力不能由该公式计算确定单元的结点位移。这是由于单元刚度矩阵是奇异的，单元还可以有任意的刚体位移。

（3）单元刚度矩阵的主元素恒正，即：$k_{ii}^{xx} > 0$ ，$k_{ii}^{yy} > 0$ ；$k_{jj}^{xx} > 0$ ，$k_{jj}^{yy} > 0$ ；$k_{mm}^{xx} > 0$，$k_{mm}^{yy} > 0$。这是因为在结点某个方向上施加单位位移，必然会在该结点同一方向产生相应的结点力。

以上性质对各种形式的单元都是普遍成立的。三角形单元还有如下两个特有的性质：

（1）单元的均匀放大或缩小不会改变单元刚度矩阵。也就是说，两个相似三角形单元，它们的单元刚度矩阵是相等的。如图 2.9 所示的三角形单元，其单元刚度矩阵式（2.70）当中并没有出现单元尺寸 a 。

（2）三角形单元水平或竖向移动，单元刚度矩阵保持不变。这是因为单元刚度矩阵的计算公式（2.68）、式（2.69）只与单元的相对长度 b_r 和 c_s 有关。当单元发生水平和竖向移动时，b_r 和 c_s 的值保持不变。因此，对于形状相同或相似的三角形单元，单元刚度矩阵可取相同值。在有限元计算中，采用形状相同的多个三角形单元，不论单元位置发生怎样的水平和竖向移动，单元刚度矩阵只需计算一次。注意，单元只能发生平动，不能发生转动。

例 2.8　已知平面矩形结构的结点位移，如图 2.12 所示，试编程计算单元应力。

解：首先定义以下数组：

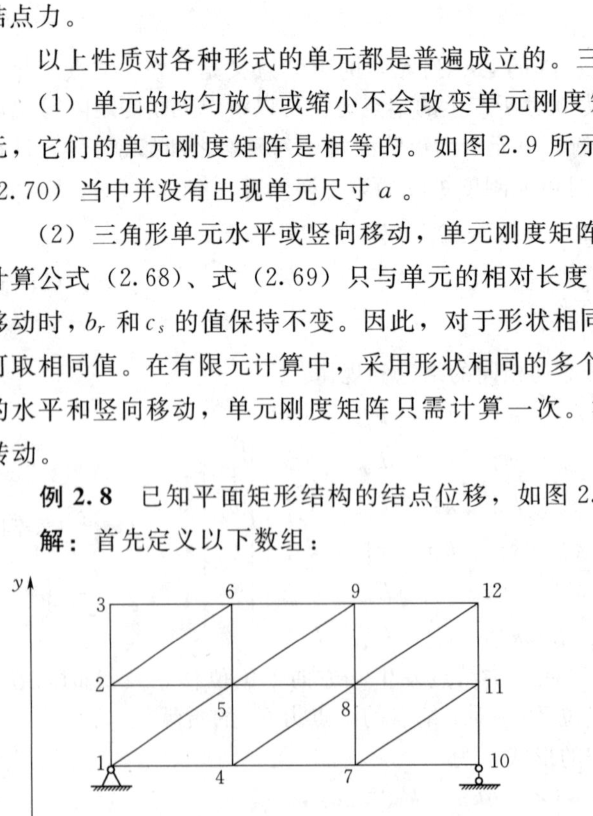

图 2.12　平面矩形结构的计算网格

$\boldsymbol{RR}(NJ, 2)$是结构自由度编码矩阵，其中第 i 行的 1、2 列数字分别表示 i 结点的 x、y 方向自由度序号；$\boldsymbol{U}(N)$是结构的位移列阵 $\boldsymbol{a}$ ，$U(i)$为自由度序号 i 的相应方向的位移；$\boldsymbol{UU}(6)$是单元结点位移列阵 $\boldsymbol{a}^e$ ；$\boldsymbol{BI}(3)$、$\boldsymbol{CI}(3)$是单元坐标差向量。

对于图 2.12 所示结构，有

$$\boldsymbol{RR}(12,2)=\begin{bmatrix}1 & 2\\ 3 & 4\\ 5 & 6\\ \vdots & \vdots\\ 23 & 24\end{bmatrix}, U(1)=u_1, U(2)=v_1, U(3)=u_2, U(4)=v_2, \cdots, U(23)=u_{12},$$

$$U(24)=v_{12}, \boldsymbol{BI}(3)=\begin{Bmatrix}b_i\\ b_j\\ b_m\end{Bmatrix}, \boldsymbol{CI}(3)=\begin{Bmatrix}c_i\\ c_j\\ c_m\end{Bmatrix}$$

计算单元应力的程序如下：

```
LPRINT TAB(2);"E"; TAB(15); "SX"; TAB(26); "SY"; TAB(41); "TXY";
LPRINT TAB(54);"S1"; TAB(67); "S2"; TAB(80); "AFA1";
FOR E=1 TO NE
GOSUB 100
R=E0/1-MU*MU/S/2
C****************************************************
LPRINT TAB(2);"从位移列阵中取出单元结点位移"
FOR P=1 TO 3
FOR Q= 1 TO 2
UU(2*(P-1)+Q)=U(RR(JM(E,P),Q))
NEXT Q
NEXT P
C****************************************************
LPRINT TAB(2);"由应力矩阵求单元应力"
H1=0: H2=0:H3=0
FOR I=1 TO 3
H1= H1+BI(I)*UU(2*I-1)
H2= H2+CI(I)*UU(2*I)
H3= H3+BI(I)*UU(2*I)+ CI(I)*UU(2*I-1)
NEXT I
A1=R*(H1+MU*H2)
A2=R*(H2+MU*H1)
A3=R*(1-MU)*H3/2
C****************************************************
LPRINT TAB(2);"由单元应力求主应力和主方向"
H1=A1+A2
H2=SQR((A1-A2)*(A1-A2)+4*A3*A3)
B1=(H1+H2)/2
B2=(H1-H2)/2
IF ABS(A3)>0.0001 THEN GOTO 200
B3=90
GOTO 300
```

```
200 B3=57.3*ATN((B1-A1)/A3)
300
A1=INT(A1)+INT((A1-INT(A1))*100)/100
A2=INT(A2)+INT((A2-INT(A2))*100)/100
A3=INT(A3)+INT((A3-INT(A3))*100)/100
B1=INT(B1)+INT((B1-INT(B1))*100)/100
B2=INT(B2)+INT((B2-INT(B2))*100)/100
B3=INT(B3)+INT((B3-INT(B3))*100)/100
LPRINT TAB(1); E; TAB(13); A1; TAB(25); A2; TAB(37); A3
LPRINT TAB(49); B1; TAB(61); B2; TAB(73); B3
NEXT E
END
C**************************************************
100 LPRINT TAB(2);"取单元结点码,计算坐标差和单元面积"
I=JM(E,1): J=JM(E,2): M=JM(E,3)
BI(1)=JZ(J,2)-JZ(M,2): CI(1)=JZ(M,1)-JZ(J,1)
BI(2)=JZ(M,2)-JZ(I,2): CI(2)=JZ(I,1)-JZ(M,1)
BI(3)=JZ(I,2)-JZ(J,2): CI(3)=JZ(J,1)-JZ(I,1)
S=(BI(2)*CI(3)-CI(2)*BI(3))/2
RETURN
```

注：JZ（NJ，2）是按照结点编码得到的结点坐标数组；JM（NE，3）是按逆时针顺序形成的单元结点码数组，具体见例 2.1。

2.5　整　体　分　析

在有限元的计算网格中，任意选择一个结点 i，如图 2.13（a）所示。该结点所受到的力包括环绕该结点的所有单元对该结点作用的多个作用力 $-\boldsymbol{F}_i$，这些作用力与各单元在 i 结点的结点力 $\boldsymbol{F}_i$ 是大小相等而方向相反的。另外，该结点还受到环绕该结点的那些单元移置而来的等效结点荷载 $\boldsymbol{R}_i$。根据结点的平衡条件，有

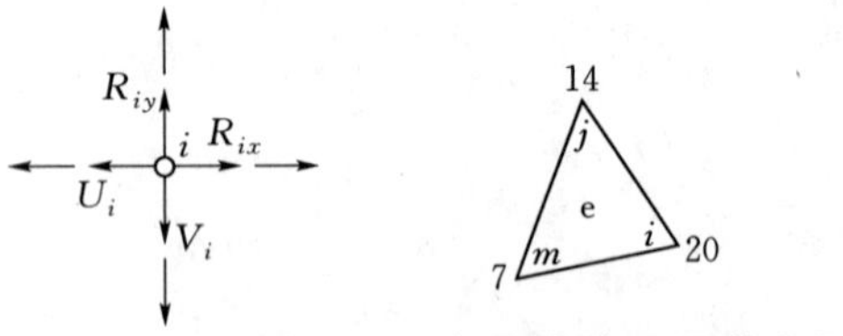

（a）结点力的平衡　（b）单元局部编码和整体编码

图 2.13　单元整体分析

$$\sum_{e}(-\boldsymbol{F}_i)+\sum_{e}\boldsymbol{R}_i=0 \tag{2.76}$$

即环绕结点所有单元对该结点的作用力与环绕该结点的单元移置而来的结点荷载之和等于 0。于是，得到

$$\sum_{e}\boldsymbol{F}_i=\sum_{e}\boldsymbol{R}_i \tag{2.77}$$

式（2.77）表明，i 结点要获得平衡，必然要求各个单元在 i 结点的结点力之和等于各个单元移置到 i 结点的等效结点荷载之和。

对所有结点都可以写出上述平衡条件，将这些平衡条件写在一起，可得全部结点的平衡条件式，可表示为

$$\begin{Bmatrix} \sum_e \boldsymbol{F}_1 \\ \vdots \\ \sum_e \boldsymbol{F}_i \\ \vdots \\ \sum_e \boldsymbol{F}_n \end{Bmatrix} = \begin{Bmatrix} \sum_e \boldsymbol{R}_1 \\ \vdots \\ \sum_e \boldsymbol{R}_i \\ \vdots \\ \sum_e \boldsymbol{R}_n \end{Bmatrix} = \boldsymbol{R} \tag{2.78}$$

式中：n 为结点总数。

对于任意单元，设局部编码为 i、j、m，对整体结构所有结点的依次编码称为整体编码或总体编码，整体编码为 $1\sim n$，局部编码 i、j、m 有唯一对应的整体结点编码，如图 2.13（b）所示，该单元的局部编码和整体编码的对应关系为：i—20、j—14、m—7。

记单元的局部编码 i、j、m 对应的整体编码为 p、q、r，则图 2.13 所示单元的结点力公式（2.75）可写为

$$\boldsymbol{F}^e = \begin{Bmatrix} \boldsymbol{F}_p \\ \boldsymbol{F}_q \\ \boldsymbol{F}_r \end{Bmatrix} = \begin{bmatrix} \boldsymbol{k}_{pp} & \boldsymbol{k}_{pq} & \boldsymbol{k}_{pr} \\ \boldsymbol{k}_{qp} & \boldsymbol{k}_{qq} & \boldsymbol{k}_{qr} \\ \boldsymbol{k}_{rp} & \boldsymbol{k}_{rq} & \boldsymbol{k}_{rr} \end{bmatrix} \begin{Bmatrix} \boldsymbol{a}_p \\ \boldsymbol{a}_q \\ \boldsymbol{a}_r \end{Bmatrix} \tag{2.79}$$

或者写为

$$\begin{Bmatrix} \boldsymbol{F}_1 \\ \vdots \\ \boldsymbol{F}_p \\ \vdots \\ \boldsymbol{F}_q \\ \vdots \\ \boldsymbol{F}_r \\ \vdots \\ \boldsymbol{F}_n \end{Bmatrix} = \begin{bmatrix} \boldsymbol{A} & \boldsymbol{A} & \boldsymbol{A} & \boldsymbol{A} & \boldsymbol{A} & \boldsymbol{A} & \boldsymbol{A} & \boldsymbol{A} & \boldsymbol{A} \\ \boldsymbol{A} & \boldsymbol{A} & \boldsymbol{A} & \boldsymbol{A} & \boldsymbol{A} & \boldsymbol{A} & \boldsymbol{A} & \boldsymbol{A} & \boldsymbol{A} \\ \boldsymbol{A} & \boldsymbol{A} & \boldsymbol{k}_{pp} & \boldsymbol{A} & \boldsymbol{k}_{pq} & \boldsymbol{A} & \boldsymbol{k}_{pr} & \boldsymbol{A} & \boldsymbol{A} \\ \boldsymbol{A} & \boldsymbol{A} & \boldsymbol{A} & \boldsymbol{A} & \boldsymbol{A} & \boldsymbol{A} & \boldsymbol{A} & \boldsymbol{A} & \boldsymbol{A} \\ \boldsymbol{A} & \boldsymbol{A} & \boldsymbol{k}_{qp} & \boldsymbol{A} & \boldsymbol{k}_{qq} & \boldsymbol{A} & \boldsymbol{k}_{qr} & \boldsymbol{A} & \boldsymbol{A} \\ \boldsymbol{A} & \boldsymbol{A} & \boldsymbol{A} & \boldsymbol{A} & \boldsymbol{A} & \boldsymbol{A} & \boldsymbol{A} & \boldsymbol{A} & \boldsymbol{A} \\ \boldsymbol{A} & \boldsymbol{A} & \boldsymbol{k}_{rp} & \boldsymbol{A} & \boldsymbol{k}_{rq} & \boldsymbol{A} & \boldsymbol{k}_{rr} & \boldsymbol{A} & \boldsymbol{A} \\ \boldsymbol{A} & \boldsymbol{A} & \boldsymbol{A} & \boldsymbol{A} & \boldsymbol{A} & \boldsymbol{A} & \boldsymbol{A} & \boldsymbol{A} & \boldsymbol{A} \\ \boldsymbol{A} & \boldsymbol{A} & \boldsymbol{A} & \boldsymbol{A} & \boldsymbol{A} & \boldsymbol{A} & \boldsymbol{A} & \boldsymbol{A} & \boldsymbol{A} \end{bmatrix} \begin{Bmatrix} \boldsymbol{a}_1 \\ \vdots \\ \boldsymbol{a}_p \\ \vdots \\ \boldsymbol{a}_q \\ \vdots \\ \boldsymbol{a}_r \\ \vdots \\ \boldsymbol{a}_n \end{Bmatrix} \tag{2.80}$$

式中：$\boldsymbol{A}$ 为刚度矩阵中的子矩阵，$\boldsymbol{A}$ 矩阵为二阶零矩阵，$\boldsymbol{A}$ 矩阵的 4 个元素全是 0（请读者思考原因）。

式（2.80）可简写为

$$\begin{Bmatrix} \boldsymbol{F}_1 \\ \vdots \\ \boldsymbol{F}_n \end{Bmatrix} = \boldsymbol{K}^e \boldsymbol{a} \tag{2.81}$$

式中：$\boldsymbol{K}^e$ 为一个 $2n \times 2n$ 矩阵，称为单元的贡献矩阵。

式（2.81）是结构任意一个单元的平衡条件式。

对结构的每一个单元都可以列出对应的平衡条件式，将它们两边分别相加后，即可得到

$$\begin{Bmatrix} \sum_e \boldsymbol{F}_1 \\ \vdots \\ \sum_e \boldsymbol{F}_i \\ \vdots \\ \sum_e \boldsymbol{F}_n \end{Bmatrix} = \sum_e \boldsymbol{K}^e \boldsymbol{a} \tag{2.82}$$

式中：$\sum_{e} \boldsymbol{F}_i$ 为结构所有单元对 i 结点作用的结点力。

不含有该结点的单元，对该结点的结点力是没有贡献的，这一点从式（2.80）也可以看出。因此，与式（2.78）中的环绕结点所有单元对该结点的作用力之和是相同的（这里请读者务必思考理解）。将式（2.82）代入式（2.78）有

$$\sum_{e} \boldsymbol{K}^{e} \boldsymbol{a} = \boldsymbol{R} \tag{2.83}$$

记 $\boldsymbol{K} = \sum_{e} \boldsymbol{K}^{e}$，称为整体刚度矩阵或总体刚度矩阵，有

$$\boldsymbol{K}\boldsymbol{a} = \boldsymbol{R} \tag{2.84}$$

式（2.84）称为有限单元法的基本方程，又称为支配方程，它实质上是关于所有单元结点的平衡方程。支配方程是关于整体结点位移 $\boldsymbol{a}$ 的 $2n$ 个线性代数方程组。通过对支配方程进行分析和求解，最终可以获得单元整体结点的结点位移。

按整体结点可将该线性代数方程组写成分块矩阵的形式，为

$$\begin{bmatrix} \boldsymbol{K}_{11} & \boldsymbol{K}_{12} & \cdots & \boldsymbol{K}_{1n} \\ \boldsymbol{K}_{21} & \boldsymbol{K}_{22} & \cdots & \boldsymbol{K}_{2n} \\ \vdots & \vdots & \ddots & \vdots \\ \boldsymbol{K}_{n1} & \boldsymbol{K}_{n2} & \cdots & \boldsymbol{K}_{nn} \end{bmatrix} \begin{Bmatrix} \boldsymbol{a}_1 \\ \boldsymbol{a}_2 \\ \vdots \\ \boldsymbol{a}_n \end{Bmatrix} = \begin{Bmatrix} \boldsymbol{R}_1 \\ \boldsymbol{R}_2 \\ \vdots \\ \boldsymbol{R}_n \end{Bmatrix} \tag{2.85}$$

式中：$\boldsymbol{K}_{ij}$ 为整体刚度矩阵 $\boldsymbol{K}$ 的分块子矩阵。

$\boldsymbol{K}_{ij}$ 是一个 2×2 的矩阵，其力学意义是：j 结点发生 x 方向或 y 方向的单位位移时，在 i 结点 x 方向或 y 方向产生的结点力。$\boldsymbol{K}_{ij}$ 表示 j 结点对 i 结点的刚度贡献。需要注意的是，这里的 i 和 j 都是整体编码，而不再是单元局部编码。

可见，整体刚度矩阵各元素的力学意义与单元刚度矩阵各元素的力学意义相同，并且，整体刚度矩阵是由各个单元刚度矩阵的子矩阵集合而成的，又称叠加形成或组集形成，因此，整体刚度矩阵也是对称矩阵。

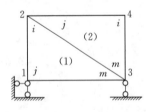

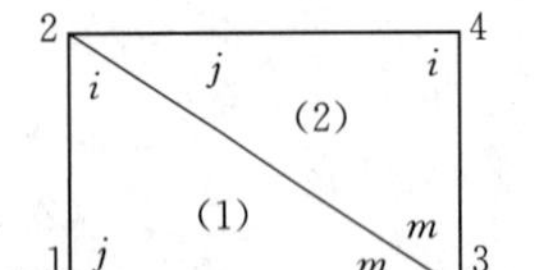

图 2.14　两个单元的整体刚度矩阵求解

由整体刚度矩阵的推导过程可知，整体刚度矩阵的形成过程是先计算单元刚度矩阵，建立单元局部编码和整体编码的对应表，将单元刚度矩阵子矩阵的局部结点码转换成整体编码，按照整体编码把单元刚度矩阵的各个子矩阵组集到整体刚度矩阵，重叠的子块进行叠加。

例 2.9　已知图 2.14 所示结构的单元局部编码、单元刚度矩阵和整体编码，试求结构的整体刚度矩阵。

解： 设单元（1）和单元（2）的单元刚度矩阵为

$$\boldsymbol{k}^{1} = \begin{bmatrix} \boldsymbol{k}_{ii}^{1} & \boldsymbol{k}_{ij}^{1} & \boldsymbol{k}_{im}^{1} \\ \boldsymbol{k}_{ji}^{1} & \boldsymbol{k}_{jj}^{1} & \boldsymbol{k}_{jm}^{1} \\ \boldsymbol{k}_{mi}^{1} & \boldsymbol{k}_{mj}^{1} & \boldsymbol{k}_{mm}^{1} \end{bmatrix}, \quad \boldsymbol{k}^{2} = \begin{bmatrix} \boldsymbol{k}_{ii}^{2} & \boldsymbol{k}_{ij}^{2} & \boldsymbol{k}_{im}^{2} \\ \boldsymbol{k}_{ji}^{2} & \boldsymbol{k}_{jj}^{2} & \boldsymbol{k}_{jm}^{2} \\ \boldsymbol{k}_{mi}^{2} & \boldsymbol{k}_{mj}^{2} & \boldsymbol{k}_{mm}^{2} \end{bmatrix}$$

建立单元局部编码和整体编码的对应表，见表 2.1。

表 2.1 单元的局部编码和整体编码

单元号	(1)	(2)
局部编码	整体编码	
i	2	4
j	1	2
m	3	3

将单元刚度矩阵的局部编码改成整体编码，得到以整体编码表示的单元刚度矩阵，为

$$\boldsymbol{k}^1=\begin{bmatrix}\boldsymbol{k}_{22}^1 & \boldsymbol{k}_{21}^1 & \boldsymbol{k}_{23}^1\\ \boldsymbol{k}_{12}^1 & \boldsymbol{k}_{11}^1 & \boldsymbol{k}_{13}^1\\ \boldsymbol{k}_{32}^1 & \boldsymbol{k}_{31}^1 & \boldsymbol{k}_{33}^1\end{bmatrix},\quad \boldsymbol{k}^2=\begin{bmatrix}\boldsymbol{k}_{44}^2 & \boldsymbol{k}_{42}^2 & \boldsymbol{k}_{43}^2\\ \boldsymbol{k}_{24}^2 & \boldsymbol{k}_{22}^2 & \boldsymbol{k}_{23}^2\\ \boldsymbol{k}_{34}^2 & \boldsymbol{k}_{32}^2 & \boldsymbol{k}_{33}^2\end{bmatrix}$$

按照整体编码把单元刚度矩阵的各个子矩阵组集到整体刚度矩阵，将重叠的子块进行叠加，得到整体刚度矩阵，为

$$\boldsymbol{K}=\begin{bmatrix}\boldsymbol{k}_{11}^1 & \boldsymbol{k}_{12}^1 & \boldsymbol{k}_{13}^1 & 0\\ \boldsymbol{k}_{21}^1 & \boldsymbol{k}_{22}^1+\boldsymbol{k}_{22}^2 & \boldsymbol{k}_{23}^1+\boldsymbol{k}_{23}^2 & \boldsymbol{k}_{24}^2\\ \boldsymbol{k}_{31}^1 & \boldsymbol{k}_{32}^1+\boldsymbol{k}_{32}^2 & \boldsymbol{k}_{33}^1+\boldsymbol{k}_{33}^2 & \boldsymbol{k}_{34}^2\\ 0 & \boldsymbol{k}_{42}^2 & \boldsymbol{k}_{43}^2 & \boldsymbol{k}_{44}^2\end{bmatrix}$$

除了上述的由单元刚度矩阵的子矩阵组集得到整体刚度矩阵，整体刚度矩阵还可以由单元刚度矩阵的元素组集得到。后面介绍的整体刚度矩阵的计算程序即是按照元素组集的方法来编制的。由于总体结点编码和总体自由度编码有如下关系：

$$p\left\langle\begin{matrix}2p-1\\2p\end{matrix}\right.,\quad q\left\langle\begin{matrix}2q-1\\2q\end{matrix}\right.,\quad r\left\langle\begin{matrix}2r-1\\2r\end{matrix}\right.$$

所以，式（2.80）中任一子矩阵的 4 个元素都可以按照总体自由度编码的下标来表示，有

$$\boldsymbol{k}_{pq}=\begin{bmatrix}k_{2p-1,2q-1} & k_{2p-1,2q}\\ k_{2p,2q-1} & k_{2p,2q}\end{bmatrix}$$

例如：$\boldsymbol{k}_{11}=\begin{bmatrix}k_{11} & k_{12}\\ k_{21} & k_{22}\end{bmatrix}$，$\boldsymbol{k}_{23}=\begin{bmatrix}k_{35} & k_{36}\\ k_{45} & k_{46}\end{bmatrix}$。

整体刚度矩阵由单元刚度矩阵的子矩阵组集得到相当于子矩阵对应的四个元素按照总体自由度编码为下标进行组集。按元素组集整体刚度矩阵的计算步骤为：①将单元刚度矩阵中的元素下标取为总体自由度编码；②按元素的总体自由度编码将元素组集到整体刚度矩阵中。

2.6 支承条件的引入

2.6.1 修改基本方程的划行划列法

在有限单元法的支配方程中，整体刚度矩阵 $\boldsymbol{K}$ 是一个奇异矩阵，$\boldsymbol{K}\boldsymbol{a}=\boldsymbol{R}$ 有无穷多个解，这是因为，此时的弹性体是一个悬空结构，缺少支承和约束条件。

引入支承条件，即考虑实际结构的约束，如下：

（1）被约束的自由度方向的结点位移为 0 或已知（如地基沉陷或支座位移等，这里暂

不考虑这种情况），因此这些结点位移不需要通过支配方程（2.85）求解。

（2）被约束的自由度方向的结点荷载为未知量，即 $\boldsymbol{R}$ 中有未知元素。

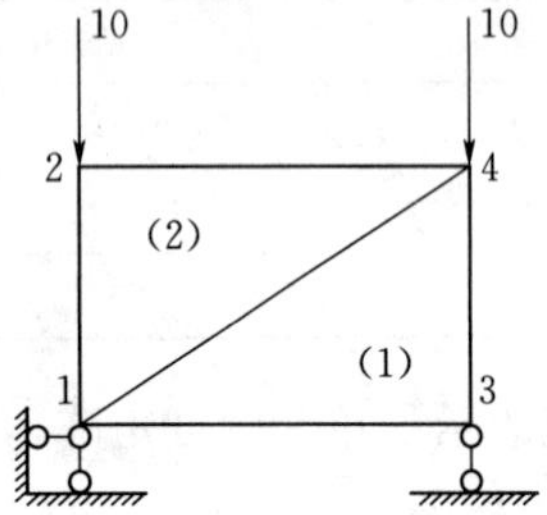

图 2.15　两个单元的有限元基本方程求解

因此，引入支承条件后，应对支配方程（2.85）进行修正，以求解未知的结点位移，下面用例 2.10 来说明，如何对支配方程（2.85）进行修正，获得引入支承条件后的有限元支配方程。

例 2.10　如图 2.15 所示，试求图示结构在引入支承条件后的有限元支配方程。

解：如图 2.15 所示，结构在结点 1 和结点 3 有支承，约束条件是 $u_1 = v_1 = v_3 = 0$，在没有引入约束条件之前，结构的基本方程为

$$\begin{bmatrix} K_{11} & K_{12} & K_{13} & K_{14} & K_{15} & K_{16} & K_{17} & K_{18} \\ K_{21} & K_{22} & K_{23} & K_{24} & K_{25} & K_{26} & K_{27} & K_{28} \\ K_{31} & K_{32} & K_{33} & K_{34} & K_{35} & K_{36} & K_{37} & K_{38} \\ K_{41} & K_{42} & K_{43} & K_{44} & K_{45} & K_{46} & K_{47} & K_{48} \\ K_{51} & K_{52} & K_{53} & K_{54} & K_{55} & K_{56} & K_{57} & K_{58} \\ K_{61} & K_{62} & K_{63} & K_{64} & K_{65} & K_{66} & K_{67} & K_{68} \\ K_{71} & K_{72} & K_{73} & K_{74} & K_{75} & K_{76} & K_{77} & K_{78} \\ K_{81} & K_{82} & K_{83} & K_{84} & K_{85} & K_{86} & K_{87} & K_{88} \end{bmatrix} \begin{Bmatrix} u_1 \\ v_1 \\ u_2 \\ v_2 \\ u_3 \\ v_3 \\ u_4 \\ v_4 \end{Bmatrix} = \begin{Bmatrix} R_{1x} \\ R_{1y} \\ R_{2x} \\ R_{2y} \\ R_{3x} \\ R_{3y} \\ R_{4x} \\ R_{4y} \end{Bmatrix} \tag{2.86}$$

由于 $u_1 = v_1 = v_3 = 0$，与这 3 个位移分量相应的 3 个平衡方程不必建立，因此先划去上式的第 1 行、第 2 行和第 6 行；同时，因为上述三个位移值为 0，整体刚度矩阵中与这三个位移对应的三列要划去，这是由于 $x \times 0 = 0$；在剩下的 5 个平衡方程中要划去整体刚度矩阵的第 1 列、第 2 列和第 6 列。于是，上面的基本方程就可以修改为

$$\begin{bmatrix} K_{33} & K_{34} & K_{35} & K_{37} & K_{38} \\ K_{43} & K_{44} & K_{45} & K_{47} & K_{48} \\ K_{53} & K_{54} & K_{55} & K_{57} & K_{58} \\ K_{73} & K_{74} & K_{75} & K_{77} & K_{78} \\ K_{83} & K_{84} & K_{85} & K_{87} & K_{88} \end{bmatrix} \begin{Bmatrix} u_2 \\ v_2 \\ u_3 \\ u_4 \\ v_4 \end{Bmatrix} = \begin{Bmatrix} R_{2x} \\ R_{2y} \\ R_{3x} \\ R_{4x} \\ R_{4y} \end{Bmatrix} \tag{2.86a}$$

和

$$\begin{bmatrix} K_{13} & K_{14} & K_{15} & K_{17} & K_{18} \\ K_{23} & K_{24} & K_{25} & K_{27} & K_{28} \\ K_{63} & K_{64} & K_{65} & K_{67} & K_{68} \end{bmatrix} \begin{Bmatrix} u_2 \\ v_2 \\ u_3 \\ u_4 \\ v_4 \end{Bmatrix} = \begin{Bmatrix} R_{1x} \\ R_{1y} \\ R_{3y} \end{Bmatrix} \tag{2.86b}$$

可见，基本方程分成了两组，一组是仅含未知结点位移的方程（2.86a），一组是仅含未知结点荷载的方程（2.86b），通过方程（2.86a）可由已知的结点荷载求出未知的结点位移，在方程（2.86a）求解完成后，可由全部已知的结点位移求出未知的结点荷载。

有限单元法以结点位移为基本未知量和求解关键点，只要把原来的基本方程修改为仅含未知结点位移的方程（2.86a）即可，修改的步骤如下：

（1）划去结点位移为 0 对应的整体刚度矩阵 $\boldsymbol{K}$ 中的列元素。

（2）划去未知结点荷载对应的整体刚度矩阵 $\boldsymbol{K}$ 中的行元素。

（3）在结点位移列阵中划去与约束相应的位移，即去除结点位移为 0 的元素。

（4）在结点荷载列阵中划去与约束相应的荷载，即去除结点位移为 0 对应的结点荷载列阵中的行元素，或划去未知结点荷载的元素。

该修改基本方程的方法称为划行划列法，修改后的方程为

$$\widetilde{\boldsymbol{K}}\widetilde{\boldsymbol{a}} = \widetilde{\boldsymbol{R}} \tag{2.87}$$

通过修改后的方程可计算获得未知的结点位移，它具有唯一解。

2.6.2 划行划列法的计算程序

上述划行划列法可以通过对结构自由度编码进行修改，对基本方程中元素下标按新编结构自由度编码放置来实现。

1. 修改结构自由度编码向量

未引入支承条件时，结构自由度编码向量为 $\boldsymbol{RR}(NJ, 2)$，它是按每个结点两个自由度从结点 1 到最末结点 n 的顺序排列的。对于例 2.10 中图 2.15 所示的结构，有

$$\boldsymbol{RR}(4,2) = \begin{bmatrix} 1 & 2 \\ 3 & 4 \\ 5 & 6 \\ 7 & 8 \end{bmatrix} \tag{2.88}$$

引入支承条件后，结构自由度数将减少，减少的数目等于支承提供的约束的数目。为此需对结构自由度编码向量进行修改。修改后，结构自由度编码的顺序仍然不变，从结点 1 到最后最末结点 n 的顺序排列，每个结点按 x 、y 两个方向计算。对有相应约束的，其自由度编码一律取为 0。因此，原来的结构自由度编码向量将变为

$$\boldsymbol{RR}(4,2) = \begin{bmatrix} 0 & 0 \\ 1 & 2 \\ 3 & 0 \\ 4 & 5 \end{bmatrix} \tag{2.89}$$

式（2.88）是未引入支承条件的结构自由度编码向量，式（2.89）则是引入支承条件后的结构自由度编码向量。

2. 按新编自由度编码得到修改后的基本方程

引入约束后，新编自由度编码和原自由度编码有着确定的对应关系。根据这种对应关系，原来基本方程中所有元素的下标可以改写为新编自由度编码。以新编自由度编码为下标的元素，如果下标含 0 时，应从基本方程中去除，根据划行划列法得到修改后的基本方程。例 2.10 中的基本方程将变为

$$\begin{bmatrix} K'_{11} & K'_{12} & K'_{13} & K'_{14} & K'_{15} \\ K'_{21} & K'_{22} & K'_{23} & K'_{24} & K'_{25} \\ K'_{31} & K'_{32} & K'_{33} & K'_{34} & K'_{35} \\ K'_{41} & K'_{42} & K'_{43} & K'_{44} & K'_{45} \\ K'_{51} & K'_{52} & K'_{53} & K'_{54} & K'_{55} \end{bmatrix} \begin{Bmatrix} u'_1 \\ u'_2 \\ u'_3 \\ u'_4 \\ u'_5 \end{Bmatrix} = \begin{Bmatrix} R'_1 \\ R'_2 \\ R'_3 \\ R'_4 \\ R'_5 \end{Bmatrix} \tag{2.86c}$$

式中：u'_i 、R'_i 分别为自由度编号为 i 的结点位移和等效结点荷载；K'_{ij} 为按照新编自由度编

码为下标的刚度矩阵的元素。

3. 引入支承条件后，得到新编自由度编码向量的程序

定义数组 **R0**(NB)，该数组中的元素是约束结点的信息，NB 为约束结点的个数，**R0**(NB) 中元素的形式为 $a.bc$，a 为约束结点号，小数点后的 bc 分别表示 x 方向和 y 方向的约束信息，填 0 表示该方向约束，填 1 表示该方向无约束。对于例 2.10 中图 2.15 所示的结构，有

$$\boldsymbol{R0}(NB) = \boldsymbol{R0}(2) = \begin{Bmatrix} 1.00 \\ 3.10 \end{Bmatrix}$$

约束结点个数和约束结点信息应作为已知信息输入。

得到新编自由度编码向量的程序如下：

```
LPRINT TAB(2);"输入约束结点个数 NB,约束结点信息列阵"
INPUT NB
DIM RR(NJ, 2), R0(NB)
DATA 1.00, 3.10
FOR I =1 TO NB
READ R0(I)
NEXT I
C* * * * * * * * * * * * * * * * * * * * * * * * * * * * * * * * * * * * * * * * * * * * * * * * * *
LPRINT TAB(2);"将结点自由度编码向量元素全部赋值 1"
FOR I=1 TO NJ
FOR J=1 TO 2
RR(I, J)=1
NEXT J
NEXT I
C* * * * * * * * * * * * * * * * * * * * * * * * * * * * * * * * * * * * * * * * * * * * * * * * * *
LPRINT TAB(2);"从 R0(NB)中分离出约束结点码及 xy 向约束信息,RR(NJ, 2)中元素有约束变为 0,没有约束仍然保留为 1"
FOR I=1 TO NB
A=R0(I): J=INT(A+0.5)
A=(A-J)*10: K=INT(A+0.5)
A=(A-K)*10: L=INT(A+0.5)
RR(J, 1)=K: RR(J, 2)=L
NEXT I
C* * * * * * * * * * * * * * * * * * * * * * * * * * * * * * * * * * * * * * * * * * * * * * * * * *
LPRINT TAB(2);"形成新的自由度编码列阵,计算总自由度 N"
N=0
FOR I=1 TO NJ
FOR J=1 TO 2
IF RR(I, J)=0 THEN GOTO 100
N=N+1: RR(I, J)=N
100: NEXT J: NEXT I
```

下面结合一个平面结构说明如何进行整体分析，计算整体刚度矩阵和整体结点荷载列阵，建立整体结点平衡方程组，通过划行划列，得到修改后的基本方程，解出结点位移，

最终求出单元应力。

例 2.11 有对角受压的正方形薄板，如图 2.16（a）所示，荷载沿厚度均匀分布，为 2 N/m，采用有限单元法计算薄板应力。

解： 因为薄板是对称结构，且荷载也是对称的，因此可以利用对称性简化计算，如图 2.16（b）所示，取薄板的 1/4 部分作为计算对象，将该对象划分为 4 个单元，总共有 6 个结点。

在对称面上的结点没有垂直于对称面的位移分量，因此，在 1、2、4 三个结点设置了水平连杆支座，在 4、5、6 三个结点设置了竖直连杆支座，得到含支承条件的离散有限元计算网格。根据约束情况得到位移边界条件：$u_1 = u_2 = u_4 = 0$，$v_4 = v_5 = v_6 = 0$。

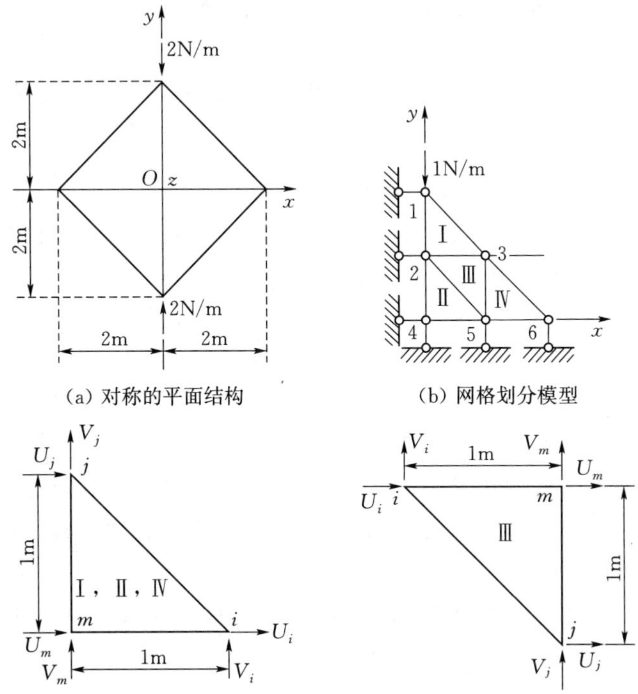

(a) 对称的平面结构　(b) 网格划分模型

(c) 第一种单元　(d) 第二种单元

图 2.16　简单对称结构的有限元分析

根据三结点三角形单元的性质，在图 2.16（b）中，Ⅰ、Ⅱ、Ⅳ三个单元的单元刚度矩阵是相等的，图 2.16（c）给出了这三个单元的结点局部编码，图 2.16（d）给出了Ⅲ单元的结点局部编码。对比单元局部编码和图 2.16（b）中的总体编码，可以得到单元局部编码和总体结点编码的对应表，见表 2.2。在由单元刚度矩阵组集计算整体刚度矩阵时，需要用到表 2.2。

表 2.2　单元局部编码和总体结点编码

单元号	Ⅰ	Ⅱ	Ⅲ	Ⅳ
局部编码	整体编码			
i	3	5	2	6
j	1	2	5	3
m	2	4	3	5

在计算整体刚度矩阵之前，先要计算出各个单元的单元刚度矩阵。根据三角形单元的单元刚度矩阵的性质，Ⅰ、Ⅱ、Ⅳ三个单元的单元刚度矩阵相等。对于图 2.16（b）所示的有限元计算网格，单元刚度矩阵需要计算两次，分别是图 2.16（c）的Ⅰ、Ⅱ、Ⅳ单元和图 2.16（d）的Ⅲ单元。

对于单元Ⅰ、Ⅱ、Ⅳ，$A=0.5\text{m}^2$，有

$$b_i = 1\text{m},\quad b_j = 0,\quad b_m = -1\text{m}$$
$$c_i = 0,\quad c_j = 1\text{m},\quad c_m = -1\text{m}$$

对于单元Ⅲ，$A=0.5\text{m}^2$，有

$$b_i = -1\text{m},\quad b_j = 0,\quad b_m = 1\text{m}$$
$$c_i = 0,\quad c_j = -1\text{m},\quad c_m = 1\text{m}$$

取泊松比 $\mu=0$，薄板厚度 $t=1\text{m}$，应用式（2.68）进行计算，计算结果表明，上述两种单元的单元刚度矩阵是相等的，均为

$$\boldsymbol{k} = E\begin{bmatrix} 0.5 & 0 & 0 & 0 & -0.5 & 0 \\ 0 & 0.25 & 0.25 & 0 & -0.25 & -0.25 \\ 0 & 0.25 & 0.25 & 0 & -0.25 & -0.25 \\ 0 & 0 & 0 & 0.5 & 0 & -0.5 \\ -0.5 & -0.25 & -0.25 & 0 & 0.75 & 0.25 \\ 0 & -0.25 & -0.25 & -0.5 & 0.25 & 0.75 \end{bmatrix}$$

其中，单元刚度矩阵用虚线隔开形成了 9 个 2×2 的子矩阵，从左到右、从上到下分别是 $\boldsymbol{k}_{ii}$、$\boldsymbol{k}_{ij}$、$\boldsymbol{k}_{im}$、$\boldsymbol{k}_{ji}$、$\boldsymbol{k}_{jj}$、$\boldsymbol{k}_{jm}$、$\boldsymbol{k}_{mi}$、$\boldsymbol{k}_{mj}$、$\boldsymbol{k}_{mm}$，单元刚度矩阵的这些 2×2 的子矩阵在组集整体刚度矩阵时要用到。

同时，根据 $\mu=0$，单元的 A 值，b_i 值和 c_i 值，应用式（2.54）可计算得到上述两种单元的应力转换矩阵。对于单元Ⅰ、Ⅱ、Ⅳ，有

$$\boldsymbol{S}^1 = E\begin{bmatrix} 1 & 0 & 0 & 0 & -1 & 0 \\ 0 & 0 & 0 & 1 & 0 & -1 \\ 0 & 0.5 & 0.5 & 0 & -0.5 & -0.5 \end{bmatrix}$$

对于单元Ⅲ，有

$$\boldsymbol{S}^2 = E\begin{bmatrix} -1 & 0 & 0 & 0 & 1 & 0 \\ 0 & 0 & 0 & -1 & 0 & 1 \\ 0 & -0.5 & -0.5 & 0 & 0.5 & 0.5 \end{bmatrix}$$

单元的应力转换矩阵 $\boldsymbol{S}^1$ 和 $\boldsymbol{S}^2$ 的作用是在求解出整体结点位移后，由单元结点位移计算出相应的单元应力。

下面组集整体刚度矩阵，同时根据支承约束条件，按照划行划列法得到修改的支配方程，再求解结点位移。

根据单元局部编码和总体结点编码的对应表，将上述单元刚度矩阵的 2×2 的子矩阵组集叠加到整体刚度矩阵 $\boldsymbol{K}$ 的相应位置上，对 $\boldsymbol{K}$ 中的所有子矩阵位置逐个进行上述组集叠加操作，最终形成了整体刚度矩阵。例如，$\boldsymbol{K}_{11}$ 表示 1 结点对 1 结点的刚度贡献，1 结点

在单元Ⅰ中，1 结点对于的局部编码为 j ，因此 $\boldsymbol{K}_{11}=\boldsymbol{k}_{jj}^{\mathrm{I}}$ ；$\boldsymbol{K}_{23}$ 表示 3 结点对 2 结点的刚度贡献，结点 2 和结点 3 在结构中通过单元Ⅰ和单元Ⅲ这两个单元相联系，因此，$\boldsymbol{K}_{23}=\boldsymbol{k}_{23}^{\mathrm{I}}+\boldsymbol{k}_{23}^{\mathrm{III}}$，根据单元局部编码和总体结点编码的对应表，在单元Ⅰ中，$\boldsymbol{k}_{23}^{\mathrm{I}}=\boldsymbol{k}_{mi}^{\mathrm{III}}$ ，在单元Ⅲ中，$\boldsymbol{k}_{23}^{\mathrm{III}}=\boldsymbol{k}_{im}^{\mathrm{III}}$ ，因此 $\boldsymbol{K}_{23}=\boldsymbol{k}_{mi}^{\mathrm{III}}+\boldsymbol{k}_{im}^{\mathrm{III}}$ ，得到整体刚度矩阵的组集表达式，为

$$
K=\left[\begin{array}{c:c:c:c:c:c}
\boldsymbol{k}_{jj}^{\mathrm{I}} & \boldsymbol{k}_{jm}^{\mathrm{I}} & \boldsymbol{k}_{ji}^{\mathrm{I}} & & & \\ \hdashline
\boldsymbol{k}_{mj}^{\mathrm{I}} & \boldsymbol{k}_{mm}^{\mathrm{I}}+\boldsymbol{k}_{jj}^{\mathrm{II}}+\boldsymbol{k}_{ii}^{\mathrm{III}} & \boldsymbol{k}_{mi}^{\mathrm{I}}+\boldsymbol{k}_{im}^{\mathrm{III}} & \boldsymbol{k}_{jm}^{\mathrm{II}} & \boldsymbol{k}_{ji}^{\mathrm{II}}+\boldsymbol{k}_{ij}^{\mathrm{III}} & \\ \hdashline
\boldsymbol{k}_{ji}^{\mathrm{I}} & \boldsymbol{k}_{im}^{\mathrm{I}}+\boldsymbol{k}_{mi}^{\mathrm{III}} & \boldsymbol{k}_{ii}^{\mathrm{I}}+\boldsymbol{k}_{mm}^{\mathrm{III}}+\boldsymbol{k}_{jj}^{\mathrm{IV}} & & \boldsymbol{k}_{mj}^{\mathrm{II}}+\boldsymbol{k}_{jm}^{\mathrm{IV}} & \boldsymbol{k}_{ji}^{\mathrm{IV}} \\ \hdashline
 & \boldsymbol{k}_{mj}^{\mathrm{II}} & & \boldsymbol{k}_{mm}^{\mathrm{II}} & \boldsymbol{k}_{mi}^{\mathrm{II}} & \\ \hdashline
 & \boldsymbol{k}_{ij}^{\mathrm{II}}+\boldsymbol{k}_{ji}^{\mathrm{III}} & \boldsymbol{k}_{jm}^{\mathrm{III}}+\boldsymbol{k}_{mj}^{\mathrm{IV}} & \boldsymbol{k}_{im}^{\mathrm{II}} & \boldsymbol{k}_{ii}^{\mathrm{II}}+\boldsymbol{k}_{jj}^{\mathrm{III}}+\boldsymbol{k}_{mm}^{\mathrm{IV}} & \boldsymbol{k}_{mi}^{\mathrm{IV}} \\ \hdashline
 & & \boldsymbol{k}_{ij}^{\mathrm{III}} & & \boldsymbol{k}_{im}^{\mathrm{IV}} & \boldsymbol{k}_{ii}^{\mathrm{IV}}
\end{array}\right]
$$

其中，$\boldsymbol{K}$ 有 6 行 6 列分布的子矩阵，每一个子矩阵都是 2×2 的矩阵，每个子矩阵由单元刚度矩阵的子矩阵叠加形成。$\boldsymbol{k}$ 的上标表示的是单元号，下标表示该单元刚度矩阵的子矩阵。$\boldsymbol{K}$ 中空白处是 2×2 的零矩阵。代入上面已经求出的单元刚度矩阵的子矩阵 $\boldsymbol{k}_{ii}$ 、$\boldsymbol{k}_{ij}$ 、$\boldsymbol{k}_{im}$ 、$\boldsymbol{k}_{ji}$ 、$\boldsymbol{k}_{jj}$ 、$\boldsymbol{k}_{jm}$ 、$\boldsymbol{k}_{mi}$ 、$\boldsymbol{k}_{mj}$ 、$\boldsymbol{k}_{mm}$ ，可得到整体刚度矩阵，为

$$
\boldsymbol{K}=E\left[\begin{array}{cc:cc:cc:cc:cc:cc}
0.25 & 0 & -0.25 & -0.25 & 0 & 0.25 & & & & & & \\
0 & 0.5 & 0 & -0.5 & 0 & 0 & & & & & & \\ \hdashline
-0.25 & 0 & 1.5 & 0.25 & -1 & -0.25 & -0.25 & -0.25 & 0 & 0.25 & & \\
-0.25 & -0.5 & 0.25 & 1.5 & -0.25 & -0.5 & 0 & -0.5 & 0.25 & 0 & & \\ \hdashline
0 & 0 & -1 & -0.25 & 1.5 & 0.25 & & & -0.5 & -0.25 & 0 & 0.25 \\
0.25 & 0 & -0.25 & -0.5 & 0.25 & 1.5 & & & -0.25 & -1 & 0 & 0 \\ \hdashline
 & & -0.25 & 0 & & & 0.75 & 0.25 & -0.5 & -0.25 & & \\
 & & -0.25 & -0.5 & & & 0.25 & 0.75 & 0 & -0.25 & & \\ \hdashline
 & & 0 & 0.25 & -0.5 & -0.25 & -0.5 & 0 & 1.5 & 0.25 & -0.5 & -0.25 \\
 & & 0.25 & 0 & -0.25 & -1 & -0.25 & -0.25 & 0.25 & 1.5 & 0 & -0.25 \\ \hdashline
 & & & & 0 & 0 & & & -0.5 & 0 & 0.5 & 0 \\
 & & & & 0.25 & 0 & & & -0.25 & -0.25 & 0 & 0.25
\end{array}\right]
$$

根据位移边界条件 $u_1=u_2=u_4=0$ ，$v_4=v_5=v_6=0$ ，这 6 个零位移分量的 6 个平衡方程不需要建立，因此划去上式中的第 1、3、7、8、10、12 各行元素，以及第 1、3、7、8、10、12 各列元素，整体刚度矩阵可简化为

$$
K = E\begin{bmatrix} 0.5 & -0.5 & 0 & 0 & 0 & 0 \\ -0.5 & 1.5 & -0.25 & -0.5 & 0.25 & 0 \\ 0 & -0.25 & 1.5 & 0.25 & -0.5 & 0 \\ 0 & -0.5 & 0.25 & 1.5 & -0.25 & 0 \\ 0 & 0.25 & -0.5 & -0.25 & 1.5 & -0.5 \\ 0 & 0 & 0 & 0 & -0.5 & 0.5 \end{bmatrix}
$$

下面来计算结构的整体结点荷载列阵。对于图 2.16（b）所示的有限元网格模型，在不考虑位移边界条件时，根据各个单元的结点局部编码和整体编码的对应关系，有

$$
\boldsymbol{R} = \begin{Bmatrix} \boldsymbol{R}_1 \\ \boldsymbol{R}_2 \\ \boldsymbol{R}_3 \\ \boldsymbol{R}_4 \\ \boldsymbol{R}_5 \\ \boldsymbol{R}_6 \end{Bmatrix} = \begin{Bmatrix} \boldsymbol{R}_j^{\mathrm{I}} \\ \boldsymbol{R}_m^{\mathrm{I}} + \boldsymbol{R}_j^{\mathrm{II}} + \boldsymbol{R}_i^{\mathrm{III}} \\ \boldsymbol{R}_i^{\mathrm{I}} + \boldsymbol{R}_m^{\mathrm{III}} + \boldsymbol{R}_j^{\mathrm{IV}} \\ \boldsymbol{R}_m^{\mathrm{II}} \\ \boldsymbol{R}_i^{\mathrm{II}} + \boldsymbol{R}_j^{\mathrm{III}} + \boldsymbol{R}_m^{\mathrm{IV}} \\ \boldsymbol{R}_i^{\mathrm{IV}} \end{Bmatrix}
$$

实际上，除了结点 1，其他结点都没有结点荷载（体力荷载没有考虑）。因此，上式中具有非零元素的子块只有 $\boldsymbol{R}_1$，有

$$
\boldsymbol{R}_1 = \boldsymbol{R}_j^{\mathrm{I}} = \begin{Bmatrix} 0 \\ -1 \end{Bmatrix}
$$

考虑位移边界条件之后，整体结点荷载列阵被划去了 1、3、7、8、10、12 各行元素，有

$$
\boldsymbol{R} = [-1 \quad 0 \quad 0 \quad 0 \quad 0 \quad 0]^{\mathrm{T}}
$$

因此，得到结构的整体平衡方程组，为

$$
E\begin{bmatrix} 0.5 & -0.5 & 0 & 0 & 0 & 0 \\ -0.5 & 1.5 & -0.25 & -0.5 & 0.25 & 0 \\ 0 & -0.25 & 1.5 & 0.25 & -0.5 & 0 \\ 0 & -0.5 & 0.25 & 1.5 & -0.25 & 0 \\ 0 & 0.25 & -0.5 & -0.25 & 1.5 & -0.5 \\ 0 & 0 & 0 & 0 & -0.5 & 0.5 \end{bmatrix}\begin{Bmatrix} v_1 \\ v_2 \\ u_3 \\ v_3 \\ u_5 \\ u_6 \end{Bmatrix} = \begin{Bmatrix} -1 \\ 0 \\ 0 \\ 0 \\ 0 \\ 0 \end{Bmatrix}
$$

求解上述线性方程组，可得

$$
\begin{Bmatrix} v_1 \\ v_2 \\ u_3 \\ v_3 \\ u_5 \\ u_6 \end{Bmatrix} = \frac{1}{E}\begin{Bmatrix} -3.253 \\ -1.253 \\ -0.088 \\ -0.374 \\ 0.176 \\ 0.176 \end{Bmatrix}
$$

根据各单元结点的位移，结合上面求解得到的应力转换矩阵，可以求出各个单元的应力，为

$$\begin{Bmatrix}\sigma_x\\\sigma_y\\\tau_{xy}\end{Bmatrix}_{\mathrm{I}}=E\begin{bmatrix}1&0&0&0&-1&0\\0&0&0&1&0&-1\\0&0.5&0.5&0&-0.5&-0.5\end{bmatrix}\begin{Bmatrix}u_3\\v_3\\0\\v_1\\0\\v_2\end{Bmatrix}=\begin{Bmatrix}-0.088\\-2\\0.44\end{Bmatrix}\ (\mathrm{N/m^2})$$

$$\begin{Bmatrix}\sigma_x\\\sigma_y\\\tau_{xy}\end{Bmatrix}_{\mathrm{II}}=E\begin{bmatrix}1&0&0&0&-1&0\\0&0&0&1&0&-1\\0&0.5&0.5&0&-0.5&-0.5\end{bmatrix}\begin{Bmatrix}u_5\\0\\0\\v_2\\0\\0\end{Bmatrix}=\begin{Bmatrix}0.176\\-1.253\\0\end{Bmatrix}\ (\mathrm{N/m^2})$$

$$\begin{Bmatrix}\sigma_x\\\sigma_y\\\tau_{xy}\end{Bmatrix}_{\mathrm{III}}=E\begin{bmatrix}-1&0&0&0&1&0\\0&0&0&-1&0&1\\0&-0.5&-0.5&0&0.5&0.5\end{bmatrix}\begin{Bmatrix}0\\v_2\\u_5\\0\\u_3\\v_3\end{Bmatrix}=\begin{Bmatrix}-0.088\\-0.374\\0.308\end{Bmatrix}\ (\mathrm{N/m^2})$$

$$\begin{Bmatrix}\sigma_x\\\sigma_y\\\tau_{xy}\end{Bmatrix}_{\mathrm{IV}}=E\begin{bmatrix}1&0&0&0&-1&0\\0&0&0&1&0&-1\\0&0.5&0.5&0&-0.5&-0.5\end{bmatrix}\begin{Bmatrix}u_6\\0\\u_3\\v_3\\u_5\\0\end{Bmatrix}=\begin{Bmatrix}0\\-0.374\\-0.132\end{Bmatrix}\ (\mathrm{N/m^2})$$

2.7　整体刚度矩阵的一维压缩存储及程序

在实际的有限元计算中，单元数目众多，有限元支配方程的规模也很庞大。在计算求解中，整体刚度矩阵的形成和存储是一个重要的问题。为了较好的解决这个问题，下面先讨论整体刚度矩阵的性质，然后再根据整体刚度矩阵的性质给出一维压缩存储的方法和程序。

2.7.1　整体刚度矩阵的性质

1. 对称性

整体刚度矩阵是由各单元刚度矩阵组集得到的，因为单元刚度矩阵是对称矩阵，所以，整体刚度矩阵也是对称矩阵。引入支承条件后，由于划行划列是对称进行的，所以划行划列修改后的整体刚度矩阵仍为对称矩阵。根据这个特点，在存储整体刚度矩阵时只要

存储其对角线以上或以下部分即可。

2. 稀疏性

所谓的稀疏性，指的是整体刚度矩阵中只有很少的非零元素，在整体刚度矩阵的众多 2×2 分块子矩阵中，有很多子矩阵是零矩阵。2×2 分块子矩阵的 4 个元素全是 0。这是因为分块子矩阵 $\boldsymbol{K}_{ij}$ 表示 j 结点位移对 i 结点结点力的贡献。在总体结点编码中，只有 i 结点和 j 结点位于同一个单元中时，$\boldsymbol{K}_{ij}$ 的元素才不为 0，此时，i 结点和 j 结点称为相关结点。i 结点的结点力只和本结点位移以及环绕该结点的单元内的其他结点位移有关，因此，i 结点的相关结点是有限的，也是很少的。虽然总体结点编码很多，但是很多结点对 i 结点的结点力没有贡献，因此，整体刚度矩阵很多 2×2 分块子矩阵的 4 个元素全是 0，称为整体刚度矩阵的稀疏性。根据这个特点，在存储整体刚度矩阵时只需存储非零元素即可，可显著地节省计算机内存空间。

3. 非零元素呈带状分布

通过对总体结点编码的合理编号，可使得整体刚度矩阵的非零元素主要集中在主对角线附近的一条带状区域范围内，在带状区域之外都是零元素。因此，整体刚度矩阵的存储只需要将每一行第一个非零元素到对角线元素进行存储即可，定义每一行第一个非零元素到对角线元素的个数为半带宽，根据这个特点，在存储整体刚度矩阵时只需存储半带宽以内的元素。

半带宽越小，计算求解效率越高。半带宽的大小与总体结点编码的次序有关，它取决于每个单元中的总体结点编码的最大差值。设 D 为每个单元任意两个总体结点编码的最大差值，半带宽 MX 为

$$MX = (D+1)m \tag{2.90}$$

式中：m 为单元每个结点的自由度数，对于平面问题，$m=2$；对于空间问题，$m=3$。

为使得半带宽数值最小，应当采用 D 最小的总体结点编码系统。

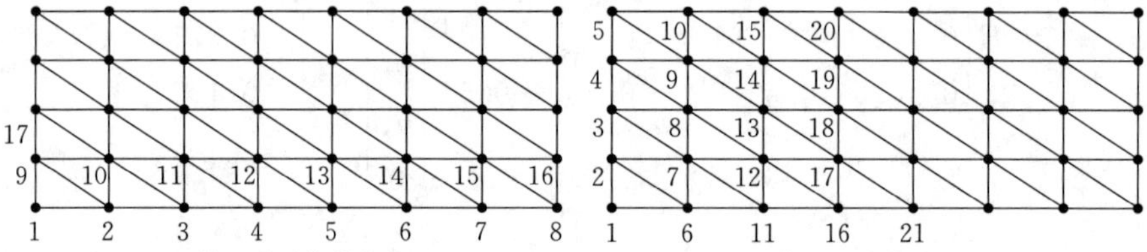

(a) 第一种总体结点编码　　(b) 第二种总体结点编码

图 2.17　同一结构的两种不同的总体结点编码系统

图 2.17 给出了同一个有限元计算网格的两种不同的总体结点编码系统，对于第一种总体结点编码系统，如图 2.17（a）所示，有 $D=8$；对于第二种总体结点编码系统，如图 2.17（b）所示，有 $D=5$。因此，第二种总体结点编码系统要优于第一个。半带宽的值为

$$MX = (D+1)m = 6\times2 = 12$$

实际计算中，为了获得较小的半带宽，可对总体结点编码进行优化。这个工作可由计算机软件自动完成。

2.7.2　整体刚度矩阵的一维压缩存储

目前，整体刚度矩阵的存储方法有整体存储、等半带宽存储和变半带宽一维压缩存储等，各种存储方法与线性方程组的求解方法相匹配。变半带宽一维压缩存储的计算量较

小，目前应用较多，下面进行介绍。

设某结构的整体刚度矩阵为

$$\boldsymbol{K}=\begin{bmatrix} K_{11} & & & & & \\ K_{21} & K_{22} & & \text{对称} & & \\ K_{31} & 0 & K_{33} & & & \\ 0 & 0 & K_{43} & K_{44} & & \\ 0 & 0 & 0 & 0 & K_{55} & \\ 0 & 0 & K_{63} & 0 & K_{65} & K_{66} \end{bmatrix}$$

每一行的半带宽为：$MX_1=1$，$MX_2=2$，$MX_3=3$，$MX_4=2$，$MX_5=1$，$MX_6=4$。各行半带宽之和为 $\sum_{i=1}^{6} MX_i=13$，采用一维压缩存储时，共需要存储 13 个元素，按从上到下、从左至右的顺序，得到整体刚度矩阵的一维矩阵为

$$\boldsymbol{YK}(H)=[K_{11}\quad K_{21}\quad K_{22}\quad K_{31}\quad 0\quad K_{33}\quad K_{43}\quad K_{44}\quad K_{55}\quad K_{63}\quad 0\quad K_{65}\quad K_{66}]$$

式中：H 为一维存储刚度矩阵总长度，这里 $H=13$。

为了能进行一维存储，必须要知道主对角元素在 $\boldsymbol{Y}(H)$ 中的序号，为此引入矩阵 $\boldsymbol{A}(N)$。$\boldsymbol{A}(N)$ 为整体刚度矩阵主对角元素的地址矩阵，其中 N 为 $\boldsymbol{K}$ 的阶数，也是结构的自由度总数。$\boldsymbol{A}(I)$ 表示 $\boldsymbol{K}$ 中第 i 行主对角元素 K_{ii} 在 $\boldsymbol{YK}(H)$ 中的序号。对于上述整体刚度矩阵，有 $\boldsymbol{A}(6)=[1\quad 3\quad 6\quad 8\quad 9\quad 13]$。

可见，地址矩阵和整体刚度矩阵各行的半带宽息息相关，有

$$\boldsymbol{A}(I)=\sum_{i=1}^{I} MX_i \tag{2.91}$$

如果整体刚度矩阵各行的半带宽已知，则地址矩阵就可以通过式（2.91）求得。

为了节省存储空间，先用 $\boldsymbol{A}(N)$ 来表示各行的半带宽信息。半带宽减 1 等于 $A(I)$，有

$$A(I)=I-J \tag{2.92}$$

其中，$A(I)$ 等于第 I 行的半带宽值减 1，J 为与 I 相关的自由度编码中的最小者。对任一单元 e，可从结构自由度编码信息矩阵 $\boldsymbol{RR}(NJ,2)$ 中取出 6 个自由度码 $\boldsymbol{CN}(6)$，这 6 个自由度码两两相关。对任一非零自由度码 I，可求得单元 e 中比 I 小且与 I 有最大差值的自由度码 J^e，从而求得 $A^e(I)=I-J^e$。继续对所有含有自由度码 I 的单元重复上述计算过程。设含有自由度码 I 的单元为 e1，e2，…，em，则通过对单元循环，可求得 $A^{e1}(I)$，$A^{e2}(I)$，…，$A^{em}(I)$，得到 $A(I)=\max[A^{e1}(I)\quad A^{e2}(I)\quad \cdots\quad A^{em}(I)]$，于是，第 I 行的半带宽 MX 等于 $A(I)+1$，即

$$MX=\max[A^{e1}(I)\quad A^{e2}(I)\quad \cdots\quad A^{em}(I)]+1 \tag{2.93}$$

例 2.12 如图 2.18 所示的结构，试求整体刚度矩阵第 12 行的半带宽。

解： 含有自由度码 12 的单元有 2、6、4 三个单元。三个单元对应的最大差值为

$$A^2(12)=12-5=7,\ A^6(12)=12-5=7,\ A^4(12)=12-7=5$$

于是，$A(12)=\max[7\quad 7\quad 5]=7$，则第 12 行的半带宽为 $A(12)+1=8$。

计算获得半带宽信息矩阵后，就可以获得一维压缩存储的地址矩阵了。$\boldsymbol{A}(N)$ 先用来

存储半带宽信息，然后再根据地址矩阵元素和半带宽的关系，用 $\boldsymbol{A}(N)$ 来存储地址矩阵的元素。地址矩阵的元素可由以下计算过程求解获得，为

$$
\begin{aligned}
A(0) &= 0 \\
A(1) &= A(0) + [A(1)+1] \\
A(2) &= A(1) + [A(2)+1] \\
&\vdots \\
A(i) &= A(i-1) + [A(i)+1] \\
&\vdots \\
A(N) &= A(N-1) + [A(N)+1]
\end{aligned}
$$

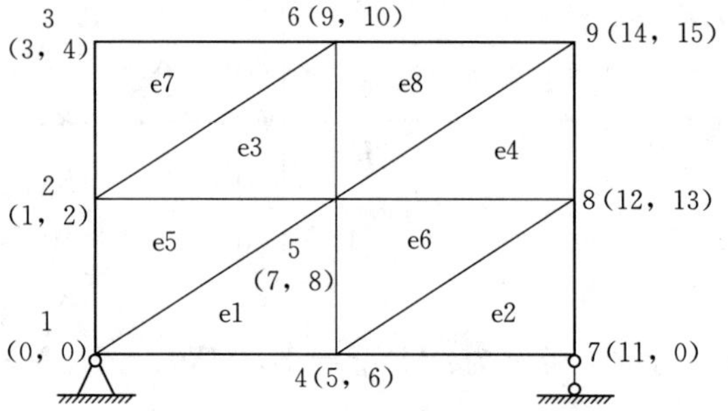

图 2.18　整体刚度矩阵半带宽求解

上述计算过程等号左边的 $A(i)$ 为地址矩阵的元素，等号右边的 $A(i)+1$ 为第 i 行的半带宽。

地址矩阵确定之后，可以确定以下计算内容：

（1）一维存储刚度矩阵 $\boldsymbol{YK}(H)$ 的总长度 H 。

$$H = A(N) \tag{2.94}$$

（2）各行第一个非零元素所在列号。根据地址矩阵 $\boldsymbol{A}(N)$ 和各行半带宽的关系，有第 J 行非零元素的个数为 $A(J)-A(J-1)$ ，因为整体刚度矩阵第 J 行从第一个元素到对角线元素共有 J 个元素，则 $J-[A(J)-A(J-1)]$ 表示第 J 行半带宽之前的零元素个数，所以各行第一个非零元素所在列号为 $J-[A(J)-A(J-1)]+1$ 。

例如，对于本节开头给出的整体刚度矩阵，其地址矩阵为 $A(6) = [1\quad 3\quad 6\quad 8\quad 9\quad 13]$，则第 6 行非零元素的个数为 $A(6)-A(5)=13-9=4$ ，第 6 行半带宽之前的零元素个数为 $6-[A(6)-A(4)]=6-4=2$ ，所以第 6 行第一个非零元素所在列号为 3。

（3）整体刚度矩阵元素与一维压缩矩阵元素的对应关系。整体刚度矩阵的主对角元素 K_{jj} 对应 $YK[A(J)]$，非主对角线元素 K_{ji} 对应 $YK[A(J)-(J-I)]$，其中 $J-[A(J)-A(J-1)]+1 \leqslant i \leqslant j$ 。非主对角线元素 K_{ji} 的对应关系包含了主对角元素 K_{jj} 的对应关系，因此，非主对角线元素 K_{ji} 对应关系将是整体刚度矩阵元素与一维压缩矩阵元素的对应关系的通用计算公式。根据这种对应关系，整体刚度矩阵中的任意元素 K_{ji} 应存储在 $\boldsymbol{YK}(H)$ 的第 $A(J)-(J-I)$ 号位置。

2.7.3　形成一维压缩存储刚度矩阵的程序

首先引入以下记号：

$\boldsymbol{CN}(6)$ 为单元结点 i 、j 、m 的自由度编码信息矩阵，如图 2.18 所示，对单元 2，假设总体结点编码和单元结点编码的对应关系是 $4-i$ ，$7-j$ ，$8-m$ ，则该单元的自由度信息编码信息矩阵为 $\boldsymbol{CN}(6)=[5\quad 6\quad 11\quad 0\quad 12\quad 13]$ 。

$\boldsymbol{A}(N)$ 先是整体刚度矩阵的半带宽信息矩阵，后为地址矩阵，N 为结构自由度总数。

$\boldsymbol{YK}(H)$ 是一维存储刚度矩阵，H 为矩阵总长度，即所含元素个数，等于地址矩阵 $A(N)$ 的元素值。

$\boldsymbol{KE}(6,6)$ 是单元刚度矩阵；$SI1$ 为问题类型码，填“0”为平面应力问题，填“1”为平面应变问题；$E0$ 为材料弹性模量 E ；MU 为材料泊松比 μ 。

整体刚度矩阵集成与一维压缩存储程序如下：

```
INPUT SI1, E0, MU
IF SI1 <=0 THEN GOTO 100
E0=E0/(1-MU*MU): MU=MU/(1-MU)
C*******************************************************
LPRINT TAB(2);"确定半带宽信息矩阵"
100: FOR I=1 TO N
A(I)=0
NEXT I
FOR E=1 TO NE
FOR P=1 TO 3
FOR Q=1 TO 2
CN(2*(P-1)+Q)=RR(JM(E,P),Q)
NEXT Q
NEXT P
FOR P=1 TO 6
FOR Q=1 TO 6
IF CN(P)-CN(Q)<A(CN(P)) GOTO 200
IF CN(P)=0 GOTO 200
IF CN(Q)=0 GOTO 200
A(CN(P))= CN(P)-CN(Q)
200: NEXT Q: NEXT P
NEXT E
C*******************************************************
LPRINT TAB(2);"确定地址矩阵"
MX=0
FOR I=1 TO N
IF A(I)>MX THEN MX=A(I)
A(I)= A(I-1)+ (A(I)+1)
NEXT I
MX=MX+1
H=A(N)
LPRINT "MX="; MX; "H="; H
C*******************************************************
LPRINT TAB(2);"由单元刚度矩阵组集整体刚度矩阵,存入一维压缩矩阵"
DIM YK(H)
FOR I=1 TO H
YK(I)=0
NEXT I
FOR E=1 TO NE
I=JM(E,1): J=JM(E,2): M=JM(E,3)
BI(1)=JZ(J,2)-JZ(M,2): CI(1)=JZ(M,1)-JZ(J,1)
```

```
BI(2)=JZ(M,2)-JZ(I,2): CI(2)=JZ(I,1)-JZ(M,1)
BI(3)=JZ(I,2)-JZ(J,2): CI(3)=JZ(J,1)-JZ(I,1)
S=(BI(2)*CI(3)-CI(2)*BI(3))/2
FOR I=1 TO 3
FOR J=1 TO 3
BR=BI(I): BS=BI(J): CR=CI(I): CS=CI(J)
GOSUB 300
KE(2*I-1, 2*J-1)=H11: KE(2*I-1, 2*J)=H12
KE(2*I, 2*J-1)=H21: KE(2*I, 2*J)=H22
NEXT J
NEXT I
FOR P= 1 TO 3
FOR Q= 1TO 2
CN(2*(P-1)+Q)=RR(JM(E, P), Q)
NEXT Q
NEXT P
FOR P=1 TO 6
FOR Q=1 TO 6
IF CN(P)<CN(Q) GOTO 400
IF CN(Q)=0 GOTO 400
IF CN(P)=0 GOTO 400
CC= A(CN(P))-CN(P)+CN(Q)
YK(CC)=YK(CC)+KE(P, Q)
400: NEXT Q
NEXT P
NEXT E
C*******************************************************
LPRINT TAB(2);"计算单元刚度矩阵子块矩阵四个元素的子程序"
300: ET=E0*T/(1-MU*MU)/S/4: V=(1-MU)/2
H11=ET*(BR*BS+V*CR*CS)
H12=ET*(MU*BR*BS+V*CR*BS)
H21=ET*(MU*CR*BS+V*BR*CS)
H22=ET*(CR*CS+V*BR*BS)
RETURN
```

2.8 等效结点荷载列阵的形成程序

在一般情况下，结构等效结点荷载列阵 $\boldsymbol{R}$ 由三部分荷载叠加组成，分别是集中力的等效结点荷载列阵 $\boldsymbol{R}_{\mathrm{j}}$，面力的等效结点荷载列阵 $\boldsymbol{R}_{\mathrm{m}}$ 和体力的等效结点荷载列阵 $\boldsymbol{R}_{\mathrm{t}}$，于是，有

$$\boldsymbol{R}=\boldsymbol{R}_{\mathrm{j}}+\boldsymbol{R}_{\mathrm{m}}+\boldsymbol{R}_{\mathrm{t}} \tag{2.95}$$

其中，集中力作用点通常为单元的结点，集中力的等效结点荷载一般作为已知信息输

入，并且面力的等效结点荷载也是作为已知信息输入的。

由 2.3 节的分析可知，分布体力的等效结点荷载只要将单元重力平均分配到单元的三个结点上即可，将体力的等效结点荷载列阵与集中力和面力的等效结点荷载列阵叠加即可得到总的等效结点荷载列阵。

首先引入以下的记号：

T 为单元厚度；*W* 为单元材料重度；*SI*2 为体力计算信息，填“1”时计算，填“0”时不计算；*SI*3 为集中力计算信息，填“1”时计算，填“0”时不计算；*NF* 为集中力作用的结点数。

LN(*NF*)为集中力作用的结点码数组，*LN*(*I*)为第 i 个集中力作用的结点号。

LOD(*NF*，2)为集中力数值信息，*LOD*(*I*，1)为集中力作用的第 i 个结点 x 方向分力数值；*LOD*(*I*，2)为集中力作用的第 i 个结点 y 方向分力数值。

U(*N*)为等效结点荷载列阵，*N* 为结点自由度总数。

需要注意的是，当集中荷载对应于约束自由度方向时，由于它在等效结点荷载列阵中不出现，所以不需要存储，这可以由它对应的自由度编码列阵中的元素是否为 0 来判断。

对于图 2.15 所示结构，等效结点荷载列阵的形成程序如下：

```
INPUT T, W, NF, SI2, SI3
DIM LN(NF), LOD(NF, 2), U(N)
IF SI3<=0 THEN GOTO 100
DATA 2, 4
DATA 0, -10, 0, -10
FOR I=1 TO NF
READ LN(I)
NEXT I
FOR I=1 TO NF
FOR J=1 TO 2
READ LOD(I, J)
NEXT J
NEXT I
FOR I=1 TO N
U(I)=0
NEXT I
C**************************************************
LPRINT TAB(2);"计算集中力等效结点荷载列阵"
FOR I=1 TO NF
J=RR(LN(I),1): L=RR(LN(I),2)
IF J=0 THEN GOTO 200
U(J)=U(J)+LOD(I,1)
200: IF L=0 THEN GOTO 300
U(L)=U(L)+LOD(I,2)
300: NEXT I
```

```
100: IF SI2<=0 THEN GOTO 400
C*********************************************************
LPRINT TAB(2);"计算体力等效结点荷载列阵"
FOR E=1 TO NE
I=JM(E,1): J=JM(E,2): M=JM(E,3)
BI(1)=JZ(J,2)-JZ(M,2): CI(1)=JZ(M,1)-JZ(J,1)
BI(2)=JZ(M,2)-JZ(I,2): CI(2)=JZ(I,1)-JZ(M,1)
BI(3)=JZ(I,2)-JZ(J,2): CI(3)=JZ(J,1)-JZ(I,1)
S=(BI(2)*CI(3)-CI(2)*BI(3))/2
FOR Q=1 TO 3
M=RR(JM(E, Q),2)
IF M=0 THEN GOTO 500
U(M)=U(M)-T*W*S/3
500:NEXT Q
NEXT E
400: LPRINT TAB(2);"等效结点荷载列阵计算完毕。"
```

2.9 线性代数方程组的解法及程序

有限单元法在求出整体刚度矩阵后，先进行划行划列，再进行一维压缩存储，结合等效结点荷载列阵求解后，就形成了有限单元法的支配方程，为

$$\boldsymbol{Ka} = \boldsymbol{R} \tag{2.96}$$

这是一个关于结点位移的线性代数方程组，有限元计算网格的单元越多，结点数目就越多，线性代数方程组的阶数也就越高，求解线性代数方程组的计算量就越大。

求解线性方程组的解法可以分为两类，即直接法和迭代法。直接法按规定的算法经过有限次运算可求得方程组的准确解，而迭代法是先假设初值，按一定的算法进行迭代计算，迭代过程中对解的误差进行检查，通过迭代次数的增加不断降低解的误差，直到计算解的精度满足要求为止。

对于阶数较低的线性方程组，采用直接法比较方便；对于高阶方程组，迭代法的存储量较小、程序设计简单、原始系数矩阵始终保持不变，是目前常用的高效计算方法。迭代法需要注意收敛性和收敛速度的问题，本节仅介绍直接法中的改进平方根法。

对于式（2.69）中的线性代数方程组，设阶数为 n，其中 $\boldsymbol{K}$ 为对称正定矩阵，根据矩阵理论，对其可进行三角分解，有

$$\boldsymbol{K} = \boldsymbol{L}\boldsymbol{L}_0\boldsymbol{L}^{\mathrm{T}} \tag{2.97}$$

其中

$$\boldsymbol{K} = \begin{bmatrix} K_{11} & & & & & \\ K_{21} & K_{22} & & & & \\ \vdots & \vdots & \ddots & \text{对称} & & \\ K_{i1} & K_{i2} & \cdots & K_{ii} & & \\ \vdots & \vdots & \ddots & \vdots & \ddots & \\ K_{n1} & K_{n2} & K_{n3} & \cdots & \cdots & K_{nn} \end{bmatrix}, \quad \boldsymbol{L} = \begin{bmatrix} l_{11} & & & & & \\ l_{21} & l_{22} & & & & \\ \vdots & \vdots & \ddots & & & \\ l_{i1} & l_{i2} & l_{ii} & & & \\ \vdots & \vdots & \ddots & \vdots & \ddots & \\ l_{n1} & l_{n2} & l_{n3} & \cdots & \cdots & l_{nn} \end{bmatrix},$$

$$
\boldsymbol{L}_0 = \begin{bmatrix} \frac{1}{l_{11}} & & & & & \\ & \frac{1}{l_{22}} & & & & \\ & & \ddots & & & \\ & & & \frac{1}{l_{ii}} & & \\ & & & & \ddots & \\ & & & & & \frac{1}{l_{nn}} \end{bmatrix}
$$

于是式（2.96）可以写为

$$\boldsymbol{L}\boldsymbol{L}_0\boldsymbol{L}^{\mathrm{T}}\boldsymbol{a} = \boldsymbol{R} \tag{2.98}$$

记

$$\boldsymbol{L}^{\mathrm{T}}\boldsymbol{a} = \boldsymbol{g} \tag{2.99}$$

其中，$\boldsymbol{g}$ 称为中间变量，$\boldsymbol{g} = [g_1 \quad g_2 \quad \cdots \quad g_n]^{\mathrm{T}}$，于是，式（2.98）可写为

$$\boldsymbol{L}\boldsymbol{L}_0\boldsymbol{g} = \boldsymbol{R} \tag{2.100}$$

记

$$\boldsymbol{L}\boldsymbol{L}_0 = \boldsymbol{L}' \tag{2.101}$$

式（2.100）可写为

$$\boldsymbol{L}'\boldsymbol{g} = \boldsymbol{R} \tag{2.102}$$

因此，有限单元法的支配方程可分为 3 步来求解，分别是整体刚度矩阵的三角分解、求解中间变量和求解结点位移，以下对这 3 个步骤分别进行分析。

2.9.1 整体刚度矩阵的三角分解

三角分解的目的是为了获得下三角矩阵 $\boldsymbol{L}$，进而求出 $\boldsymbol{L}'$。根据整体刚度矩阵的元素与 $\boldsymbol{L}\boldsymbol{L}_0\boldsymbol{L}^{\mathrm{T}}$ 乘积矩阵的元素对应相等，可求出 $\boldsymbol{L}$ 的元素。由于

$$
\boldsymbol{L}\boldsymbol{L}_0 = \boldsymbol{L}' = \begin{bmatrix} l_{11} & & & & & \\ l_{21} & l_{22} & & & & \\ \vdots & \vdots & \ddots & & & \\ l_{j1} & l_{j1} & \cdots & l_{jj} & & \\ \vdots & \vdots & \vdots & \vdots & \ddots & \\ l_{n1} & l_{n2} & \cdots & \cdots & \cdots & l_{nn} \end{bmatrix} \times \begin{bmatrix} \frac{1}{l_{11}} & & & & & \\ & \frac{1}{l_{22}} & & & & \\ & & \ddots & & & \\ & & & \frac{1}{l_{ii}} & & \\ & & & & \ddots & \\ & & & & & \frac{1}{l_{nn}} \end{bmatrix}
$$

$$
= \begin{bmatrix} 1 & & & & & \\ \frac{l_{21}}{l_{11}} & 1 & & & & \\ \vdots & \vdots & \ddots & & & \\ \frac{l_{j1}}{l_{11}} & \cdots & \frac{l_{ji}}{l_{ii}} & 1 & & \\ \vdots & \vdots & \vdots & \vdots & \ddots & \\ \frac{l_{n1}}{l_{11}} & \frac{l_{n2}}{l_{22}} & \cdots & \cdots & \frac{l_{n,n-1}}{l_{n-1,n-1}} & 1 \end{bmatrix} \quad (j \geqslant i) \tag{2.103}
$$

$$
\boldsymbol{L}^{\mathrm{T}}=\begin{bmatrix} l_{11} & l_{21} & \cdots & l_{i1} & \cdots & l_{n1} \\ & l_{22} & \cdots & l_{i2} & \cdots & l_{n2} \\ & & \ddots & \vdots & \ddots & \vdots \\ & & & l_{ii} & \cdots & \vdots \\ & & & & \ddots & \vdots \\ & & & & & l_{nn} \end{bmatrix} \tag{2.104}
$$

所以有

$$
\boldsymbol{L}\boldsymbol{L}_0\boldsymbol{L}^{\mathrm{T}}=\begin{bmatrix} l_{11} & & & & & & & \\ l_{21} & \dfrac{l_{21}l_{21}}{l_{11}}+l_{22} & & & & \text{对称} & & \\ & & \ddots & & & & & \\ \vdots & \vdots & \vdots & \ddots & & & & \\ & & & & \ddots & & & \\ l_{j1} & \dfrac{l_{j1}l_{21}}{l_{11}}+\dfrac{l_{j2}l_{22}}{l_{22}} & \cdots & \displaystyle\sum_{p=1}^{i-1}\frac{l_{jp}l_{ip}}{l_{pp}}+l_{ji} & \cdots & \displaystyle\sum_{p=1}^{j-1}\frac{l_{jp}l_{jp}}{l_{pp}}+l_{jj} & & \\ \vdots & \vdots & \ddots & \vdots & \ddots & \vdots & \ddots & \\ l_{n1} & \dfrac{l_{n1}l_{21}}{l_{11}}+\dfrac{l_{n2}l_{22}}{l_{22}} & \cdots & \cdots & \cdots & \cdots & \cdots & \displaystyle\sum_{p=1}^{n-1}\frac{l_{np}l_{np}}{l_{pp}}+l_{nn} \end{bmatrix} \tag{2.105}
$$

将式（2.105）中的元素与 $\boldsymbol{K}$ 的元素比较，可得

$$
\begin{aligned}
l_{11} &= K_{11} \\
l_{21} &= K_{21} \\
l_{22} &= K_{22}-\frac{l_{21}l_{21}}{l_{11}} \\
&\vdots \\
l_{ji} &= K_{ji}-\sum_{p=1}^{i-1}\frac{l_{jp}l_{ip}}{l_{pp}} \\
&\vdots
\end{aligned}
$$

于是，得到 $\boldsymbol{L}$ 的元素计算表达式，为

$$
l_{ji}=K_{ji}-\sum_{p=1}^{i-1}\frac{l_{jp}l_{ip}}{l_{pp}} \quad (j=1,2,\cdots,n;\quad i=1,2,\cdots,j;\quad j\geqslant i) \tag{2.106}
$$

已知 $\boldsymbol{K}$ 时，可根据式（2.106）依次求出 $\boldsymbol{L}$ 的全部元素值。

对比分析 $\boldsymbol{K}$ 和 $\boldsymbol{L}$ 可得出如下的结论：

(1) $\boldsymbol{K}$ 和 $\boldsymbol{L}$ 都是 $n\times n$ 的矩阵，$\boldsymbol{K}$ 存储的是下三角部分，$\boldsymbol{L}$ 也只需存储下三角部分，$\boldsymbol{L}$ 的上三角部分全部都是零元素。

(2) $\boldsymbol{K}$ 和 $\boldsymbol{L}$ 的各行第一个非零元素所在的列号相同。证明如下。

设 $\boldsymbol{K}$ 中第 j 行第一个非零元素在 m 列，则有 $K_{j1}=K_{j2}=\cdots=K_{j,m-1}=0$，$K_{jm}\neq 0$，$\boldsymbol{L}$ 中第 j 行的元素可由式（2.106）求出：

$$
\begin{aligned}
l_{j1} &= K_{j1}=0 \\
l_{j2} &= K_{j2}-l_{j1}l_{21}/l_{11}=0 \\
l_{j3} &= K_{j3}-(l_{j1}l_{31}/l_{11}+l_{j2}l_{32}/l_{22})=0
\end{aligned}
$$

⋮

$$l_{j,m-1}=K_{j,m-1}-(l_{j1}l_{m-1,1}/l_{11}+l_{j2}l_{m-1,2}/l_{22}+l_{j3}l_{m-1,3}/l_{33}+\cdots+l_{j,m-2}l_{m-1,m-2}/l_{m-2,m-2})=0$$

$$l_{jm}=K_{jm}-\sum_{p=1}^{m-1}\frac{l_{jp}l_{ip}}{l_{pp}}\neq 0$$

可见，**L** 和 **K** 的各行第一个非零元素所在的列号相同，因而在存储 **L** 时可采用与 **K** 相同的方法，两者对应的一维压缩矩阵具有相同的长度，元素个数相等。

(3) 由求解步骤可知，**K** 在完成三角分解后就不再使用，因此为了减少存储量，**L** 可以采用 **K** 的存储单元。

(4) 由于 $l_{11}=K_{11}$，可将 K_{11} 保留在 **K** 中，作为 l_{11}，在计算 l_{ji} 时，式（2.106）中含有第 i 行（$i\leqslant j$）第 1 个元素到第 $i-1$ 个元素 l_{i1}、l_{i2}、…、$l_{i,i-1}$，记 M 为第 i 行第一个非零元素对应的列号，则 $l_{i1}=l_{i2}=\cdots=l_{i,M-1}=0$，于是，式（2.106）可改写为

$$l_{ji}=K_{ji}-\sum_{p=M}^{i-1}\frac{l_{jp}l_{ip}}{l_{pp}}\quad(j=1,2,\cdots,n;\ i=1,2,\cdots,j;\ j\geqslant i)\tag{2.107}$$

同理，式（2.106）中含有第 j 行第 1 个元素到第 $i-1$ 个元素 l_{j1}、l_{j2}、…、$l_{j,i-1}$，记 L 为第 i 行第一个非零元素对应的列号，则 $l_{j1}=l_{j2}=\cdots=l_{j,L-1}=0$，于是，式（2.106）可改写为

$$l_{ji}=K_{ji}-\sum_{p=L}^{i-1}\frac{l_{jp}l_{ip}}{l_{pp}}\quad(j=1,2,\cdots,n;\ i=1,2,\cdots,j;\ j\geqslant i)\tag{2.108}$$

因此，比较式（2.107）和式（2.108）可得到

$$l_{ji}=K_{ji}-\sum_{p=\max(L,M)}^{i-1}\frac{l_{jp}l_{ip}}{l_{pp}}\quad(j=1,2,\cdots,n;\ i=1,2,\cdots,j;\ j\geqslant i)\tag{2.109}$$

式（2.109）是求三角分解矩阵元素的最终计算公式。

三角分解的计算程序如下：

```
FOR J=2 TO N
L=J-(A(J)-A(J-1))+1
FOR I=L TO J
Q=A(J)-(J-I)
M=I-(A(I)-A(I-1))+1
IF L<M GOTO 100
MAX=L
GOTO 200
100：MAX=M
200：FOR P=MAX TO I-1
QJ= A(J)-(J-P)
QI= A(I)-(I-P)
QP= A(P)
YK(Q)= YK(Q)- YK(QJ) * YK(QI)/ YK(QP)
NEXT P
```

```
NEXT I
NEXT J
```

2.9.2　求解中间变量

$\boldsymbol{L}$矩阵求解后，可得到$\boldsymbol{L}'$，其元素 l'_{ij} 计算式为 $l'_{ij}=l_{ij}/l_{jj}$ 。式（2.102）的 $\boldsymbol{L}'\boldsymbol{g}=\boldsymbol{R}$ 展开式为

$$\begin{bmatrix} 1 & & & & & \\ l'_{21} & 1 & & & & \\ \vdots & \vdots & 1 & & & \\ l'_{i1} & l'_{i2} & \vdots & \ddots & & \\ \vdots & \vdots & \ddots & \cdots & 1 & \\ l'_{n1} & l'_{n2} & \cdots & \cdots & l'_{n,n-1} & 1 \end{bmatrix} \begin{Bmatrix} g_1 \\ g_2 \\ \vdots \\ g_j \\ \vdots \\ g_n \end{Bmatrix} = \begin{Bmatrix} R_1 \\ R_2 \\ \vdots \\ R_j \\ \vdots \\ R_n \end{Bmatrix} \tag{2.110}$$

于是，有

$$\left.\begin{aligned} g_1 &= R_1 \\ g_2 &= R_2 - l'_{21}g_1 \\ &\vdots \\ g_i &= R_i - \sum_{p=1}^{i-1} l'_{ip}g_p \\ &\vdots \\ g_n &= R_n - \sum_{p=1}^{n-1} l'_{np}g_p \end{aligned}\right\} \tag{2.111}$$

由此求出中间变量，上述求解过程可写为一般形式的表达式，为

$$g_i = R_i - \sum_{p=1}^{i-1} l'_{ip}g_p \qquad (i=1,2,\cdots,n) \tag{2.112}$$

注意到 $l'_{ip}=l_{ip}/l_{pp}$ ，设$\boldsymbol{L}$中第 i 行第一个非零元素所在列为 M，式（2.112）可简化为

$$g_i = R_i - \sum_{p=M}^{i-1} l'_{ip}g_p \qquad (i=1,2,\cdots,n) \tag{2.113}$$

式（2.113）为求解中间变量的最终计算公式。在求解过程中，注意到$\boldsymbol{R}$在求解完中间变量后，将不再使用，于是，可以将求出的 g_i 存储在 R_i 对应位置。

求解中间变量的程序如下：

```
FOR I=2 TO N
M=I-(A(I)- A(I-11))+1
FOR P=M TO I-1
QI=A(I)-(I-P)
QP=A(P)
```

```
U(I)= U(I)-YK(QI) * U(P)/YK(QP)
NEXT P
NEXT I
```

2.9.3 求解结点位移

中间变量 $\boldsymbol{g}$ 解出后，由式（2.99）可解出结点位移 $\boldsymbol{a}$，将 $\boldsymbol{L}^{\mathrm{T}}\boldsymbol{a}=\boldsymbol{g}$ 展开，有

$$\begin{bmatrix} l_{11} & l_{21} & \cdots & l_{i1} & \cdots & l_{n1} \\ & l_{22} & \cdots & l_{i2} & \cdots & l_{n2} \\ & & \ddots & \vdots & \ddots & \vdots \\ & & & l_{ii} & \cdots & \vdots \\ & & & & \ddots & \vdots \\ & & & & & l_{nn} \end{bmatrix} \begin{Bmatrix} a_1 \\ a_2 \\ \vdots \\ a_j \\ \vdots \\ a_n \end{Bmatrix} = \begin{Bmatrix} g_1 \\ g_2 \\ \vdots \\ g_j \\ \vdots \\ g_n \end{Bmatrix} \tag{2.114}$$

于是，有

$$\left.\begin{aligned} a_n &= g_n/l_{nn} \\ a_{n-1} &= (g_{n-1}-l_{n,n-1}a_n)/l_{n-1,n-1} \\ &\vdots \\ a_i &= (g_i-\sum_{p=i+1}^{n} l_{pi}a_p)/l_{ii} \\ &\vdots \\ a_1 &= (g_1-\sum_{p=2}^{n} l_{p1}a_p)/l_{11} \end{aligned}\right\} \tag{2.115}$$

可以写成一般形式，有

$$a_i=(g_i-\sum_{p=i+1}^{n} l_{pi}a_p)/l_{ii} \qquad (i=n,n-1,\cdots,1) \tag{2.116}$$

求解结点位移的顺序为 $a_n \to a_{n-1} \to a_{n-2} \to \cdots \to a_2 \to a_1$ 。

由于计算 a_i 用到的是 $\boldsymbol{L}$ 矩阵中 l_{ii} 以下的所有元素，设 $\boldsymbol{L}$ 的最大半带宽为 MX，则从 l_{ii} 向下数第 MX 个元素，即 $l_{i+MX,i}$，该元素以下的所有元素必为零元素，因为，从 $l_{i+MX,i}$ 到 $l_{i+MX,i+MX}$ 的元素个数是 $MX+1$，为了保证最大半带宽等于 MX，则 $l_{i+MX,i}$ 及其以下的所有元素必然要等于0，因此，为了减少计算量，可以将式（2.116）改写为

$$a_i=\left(g_i-\sum_{p=i+1}^{\min(n,MX+I-1)} l_{pi}a_p\right)/l_{ii} \qquad (i=n,n-1,\cdots,1) \tag{2.117}$$

在应用式（2.117）计算时还应注意，在 $\boldsymbol{L}$ 矩阵中 l_{ii} 以下的所有元素中，有的零元素在一维压缩存储矩阵中是没有存储的，因此，p 从 $i+1$ 开始循环计算时，需要跳过未存储的 l_{pi} 中的零元素（$l_{pi}=0$，无需叠加计算），所以需要判断 l_{pi} 是否是存储元素。判断过程为：存储的 p 行元素的地址码必大于 $p-1$ 行主对角线元素地址码，即如果 l_{pi} 是存储元素，必有

$$A(p)-(p-I)>A(p-1) \tag{2.118}$$

非存储的 p 行元素的“形式”地址码必小于 $p-1$ 行主对角线元素地址码，分析如下：

设 l_{pM} 是 p 行第1个非零元素，则有 $A(p)-(p-M)=A(p-1)+1$，设 l_{pL}（$L<M$）是 p 行非存储零元素，则由其求得的“形式”地址码为 $A(p)-(p-L)$，因为 $L<M$，所以有

$A(p)-(p-L)<A(p)-(p-M)$，所以有 $A(p)-(p-L)<A(p-1)+1$，或者写为

$$A(p)-(p-L)\leqslant A(p-1) \tag{2.119}$$

式（2.119）是判别非存储元素的公式，当 l_{pL} 的地址码满足式（2.119）时，l_{pL} 必为非存储元素。

求结点位移的程序如下：

```
FOR II=1 TO N
I=N+1-II
L=N
IF I+MX-1<N THEN L=MX+I-1
FOR P=I+1 TO L
QP=A(P)-(P-I)
IF QP<=A(P-1) THEN GOTO 100
U(I)=U(I)-YK(QP)*U(P)
100:NEXT P
QI=A(I)
U(I)=U(I)/YK(QI)
NEXT II
```

至此，所有的未知结点位移都已经求出，并存放在 $U(I)$ 中，它们和已知的结点位移一起，构成了结构的所有结点位移。

以下是输出结构结点位移的程序：

```
DIM UA(2)
FOR I =1 TO NJ
UA(1)=U(RR(I,1))
UA(2)=U(RR(I,2))
UA(1)=INT(UA(1))+INT(UA(1)- INT(UA(1)))*10*5/(10*5)
UA(2)=INT(UA(2))+INT(UA(2)- INT(UA(2)))*10*5/(10*5)
LPRINT TAB(2);"U"; TAB(3); I; TAB(7); "="; TAB(9);UA(1)
LPRINT TAB(29);"V"; TAB(30); I; TAB(34); "="; TAB(36);UA(2)
NEXT I
```

2.10 有限单元法计算总结及程序流程图

前面分别讨论了有限单元法计算中的分部具体问题和相应的计算程序，通过总结可以得到有限单元法的计算过程，包括以下步骤：

（1）选择单元类型，利用对称性划分网格，例 2.1、例 2.7、例 2.11 已经给出了等边直角三角形三结点单元的形函数矩阵 $\boldsymbol{N}$、应变转换矩阵 $\boldsymbol{B}$、应力转换矩阵 $\boldsymbol{S}$、单元刚度矩阵 $\boldsymbol{k}$，在实际计算中，可以采用已知的等边直角三角形单元，直接应用上述已知矩阵，节省计算时间。

（2）对全部结点进行编码，获得所有结点的整体结点编码，注意需要通过编码使得单

元的任意两个整体结点编码的差值取为最小，从而减小整体刚度矩阵的半带宽值。

（3）对所有单元进行编号，单元编号应尽量与总体结点编码顺序对应一致。

（4）将单元刚度矩阵相等的单元归为同一类单元，按照单元刚度矩阵确定单元的类型，按照逆时针顺序布置单元局部结点编码。

（5）建立总体结点编码和单元局部结点编码的对应表，为整体刚度矩阵的计算提供基础数据。

（6）进行单元分析，计算形函数矩阵 $\boldsymbol{N}$、应变转换矩阵 $\boldsymbol{B}$、应力转换矩阵 $\boldsymbol{S}$、单元刚度矩阵 $\boldsymbol{k}$、单元等效结点荷载 $\boldsymbol{R}_e$、将单元刚度矩阵 k 划分为 9 个 2×2 的分块子矩阵，用来组集整体刚度矩阵。

（7）进行整体分析，根据总体结点编码和单元结点编码的对应表，组集整体刚度矩阵 $\boldsymbol{K}$ 和整体结点荷载 $\boldsymbol{R}$ 。

（8）引入支承条件，根据结点约束条件获得已知的结点位移为零的量，对支配方程划行划列，获得仅包含未知结点位移的基本方程。

（9）求解包含未知结点位移的线性代数方程组，求出未知结点位移。

（10）根据总体结点位移值，获得每一个单元的结点位移，由单元结点位移通过应变转换矩阵求出单元应变，由应力转换矩阵求出单元应力。相应的有限单元法计算程序的计算流程如图 2.19 所示。

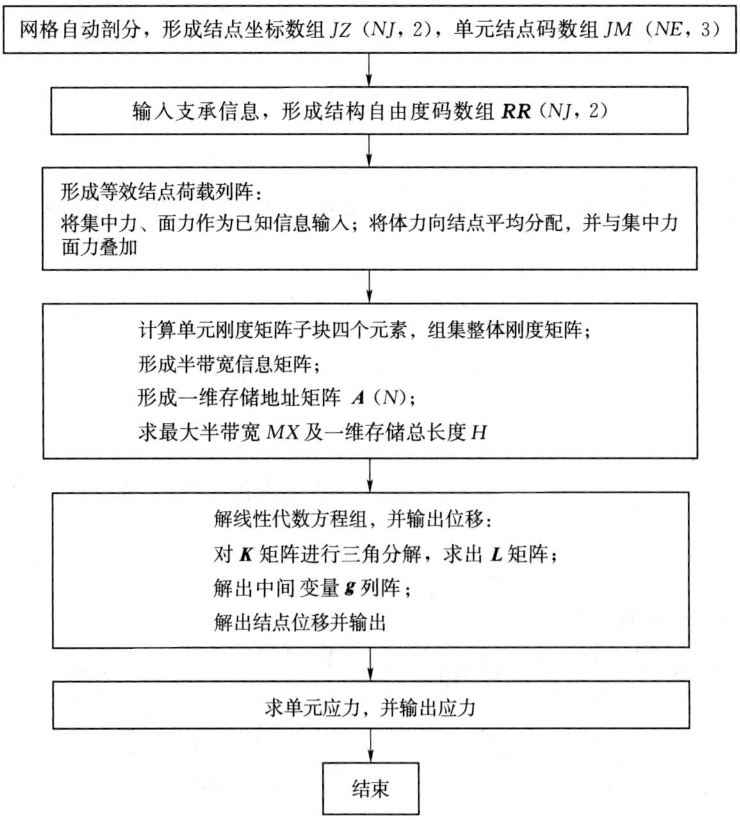

图 2.19 有限单元法计算程序的计算流程

2.11　有限单元法计算结果的整理

有限单元法计算结果的整理主要包括两个方面，即位移的整理和应力的整理。在位移方面，一般不需要进行整理，根据计算得到的结点位移分量，可以画出结构的位移图线。下面主要介绍单元应力的整理工作。

三结点三角形单元是常应变单元，也是常应力单元，一个单元内部的所有点取相同的一个应力值，因此，在相邻单元的边界处，应力和应变不连续有突变，这与实际情况是不相符的，为了获得结构内某一点接近实际的应力，必须通过某种平均计算获得该点的应力，通常这种平均的方法有绕结点平均法和二单元平均法，下面分别进行介绍。

2.11.1　绕结点平均法

所谓绕结点平均法是指将该结点的所有环绕单元的应力加以平均，以此平均应力作为该结点的应力。以图 2.20 为例，图中的结点 0 和结点 1 的 σ_x 应为

$$\left.\begin{aligned}(\sigma_x)_0 &= \frac{1}{2}[(\sigma_x)_A+(\sigma_x)_B]\\(\sigma_x)_1 &= \frac{1}{6}[(\sigma_x)_A+(\sigma_x)_B+(\sigma_x)_C+(\sigma_x)_D+(\sigma_x)_E+(\sigma_x)_F]\end{aligned}\right\}\tag{2.120}$$

用绕结点平均法计算得到的结点应力，在内结点处具有较好的表征性，在边界结点处表征性可能较差。因此，在边界结点处的应力不宜由单元应力平均得到，而是由内结点应力外推插值得到。以图 2.20 中边界结点 0 处的应力为例，为了获得 0 处的应力，需要用 1、2、3 三个内结点的应力值采用抛物线插值计算得到，这样就可以改进边界结点应力的表征性。

2.11.2　二单元平均法

所谓二单元平均法是指把两个相邻单元的常量应力加以平均，以平均值作为两个单元公共边界中点处的应力。以图 2.21 为例，有

$$\left.\begin{aligned}(\sigma_x)_1 &= \frac{1}{2}[(\sigma_x)_A+(\sigma_x)_B]\\(\sigma_x)_2 &= \frac{1}{2}[(\sigma_x)_C+(\sigma_x)_D]\\(\sigma_x)_3 &= \frac{1}{2}[(\sigma_x)_E+(\sigma_x)_F]\end{aligned}\right\}\tag{2.121}$$

边界结点 0 处的应力由 1、2、3 三个内结点的应力值采用抛物线插值计算得到。

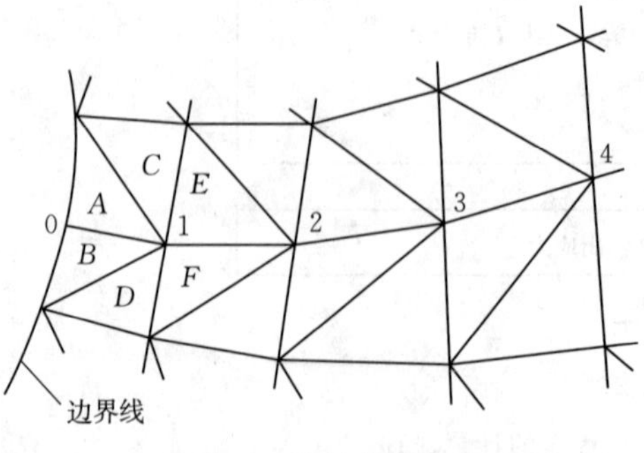

图 2.20　绕结点平均法

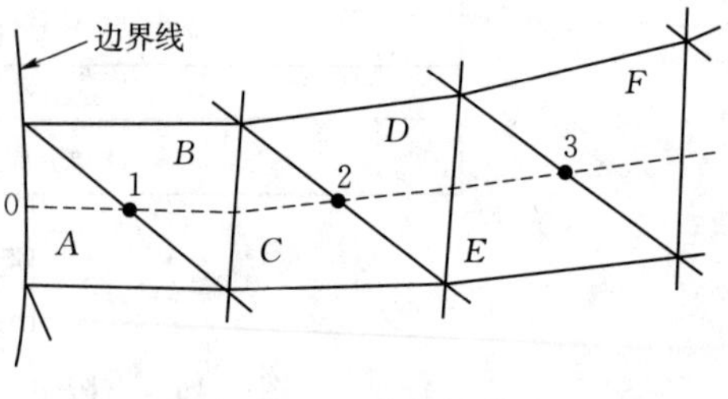

图 2.21　二单元平均法

绕结点平均法的计算程序如下：

```
LPRINT TAB(2); "J"; TAB(15); "SX"; TAB(26); "SY";
LPRINT TAB(41); "TXY"; TAB(54); "S1"; TAB(67); "S2"; TAB(80); "AFA1"
DIM DE(NE, 3), JY(NJ, 6)
FOR E=1 TO NE
I=JM(E,1): J=JM(E,2): M=JM(E,3)
BI(1)=JZ(J,2)-JZ(M,2): CI(1)=JZ(M,1)-JZ(J,1)
BI(2)=JZ(M,2)-JZ(I,2): CI(2)=JZ(I,1)-JZ(M,1)
BI(3)=JZ(I,2)-JZ(J,2): CI(3)=JZ(J,1)-JZ(I,1)
S=(BI(2)*CI(3)-CI(2)*BI(3))/2
R=E0/(1-MU*MU)/S/2
FOR P=1 TO 3
FOR Q=1 TO 2
UU(2*(P-1)+Q)=U(RR(JM(E, P), Q))
NEXT Q
NEXT P
H1=0: H2=0: H3=0
FOR I=1 TO 3
H1=H1+BI(I)*UU(2*I-1): H2=H2+CI(I)*UU(2*I)
H3=H3+BI(I)*UU(2*I)+ CI(I)*UU(2*I-1)
NEXT I
DE(E, 1)=R*(H1+MU*H2): DE(E, 2)=R*(H2+MU*H1)
DE(E, 3)=R*(1-MU)*H3/2
NEXT E
FOR J=1 TO NJ
FOR I=1 TO 6
JY(J, I)=0
NEXT I
NEXT J
FOR J=1 TO NJ
FOR E=1 TO NE
IF JM(E, 1)=J GOTO 100
IF JM(E, 2)=J GOTO 100
IF JM(E, 3)=J GOTO 100
GOTO 200
100: NS=NS+1
JY(J, 1)= JY(J, 1)+D(E, 1): JY(J, 2)= JY(J, 2)+D(E, 2)
JY(J, 3)= JY(J, 3)+D(E, 3)
JY(J, 1)= JY(J, 1)/NS: JY(J, 2)= JY(J, 2)/NS: JY(J, 3)= JY(J, 3)/NS
200: NEXT E
A1=JY(J, 1)+ JY(J, 2): A2=SQR((JY(J, 1)- JY(J, 2))*(JY(J, 1)- JY(J, 2))+4*JY(J, 3)*JY(J,
3))
```

```
JY(J, 4)=(A1+A2)/2: JY(J, 5)=(A1-A2)/2
IF ABS(JY(J, 3))>0.0001 GOTO 300
JY(J, 6)=90
GOTO 400
300: JY(J, 6)=57.3 * ATN((JY(J, 4)- JY(J, 1))/JY(J, 3))
400: FOR I=1 TO 6
JY(J, I)=INT(JY(J, I))+INT((JY(J, I)- INT(JY(J, I)) * 100)/100
NEXT I
LPRINT TAB(2); J; TAB(15); JY(J, 1); TAB(26); JY(J, 2);
LPRINT TAB(41); JY(J, 3); TAB(54); JY(J, 4); TAB(67); JY(J, 5); TAB(80); JY(J, 6)
NEXT J
END
```

习　　题

2.1　写出平面三角形单元位移模式的矩阵形式和形函数的表达式。

2.2　写出位移模式收敛性条件。

2.3　分别写出集中力、体力和面力的等效结点荷载计算公式。

2.4　写出由单元结点位移计算单元应变和单元应力的公式。

2.5　单元刚度矩阵的子矩阵 $\boldsymbol{k}_{ij}$ 代表的力学意义是什么？

2.6　单元刚度矩阵的性质有哪些？

2.7　写出有限单元法的解题步骤。

2.8　整体刚度矩阵的特性有哪些？对整体编码的要求是什么？

2.9　已知平面应力问题的三角形单元，如图 2.22 所示，弹性模量为 E，泊松比为 μ，计算形函数矩阵 $\boldsymbol{N}$、应变转换矩阵 $\boldsymbol{B}$、应力转换矩阵 $\boldsymbol{S}$、单元刚度矩阵 $\boldsymbol{k}$。

2.10　已知平面应力问题的等边三角形单元，边长为 a，如图 2.23 所示，弹性模量为 E，泊松比为 μ，已知发生结点位移 $u_i=u_j=v_i=0$，$v_j=1$，$u_m=-\sqrt{3}/2$，$v_m=1/2$，试求单元应变和单元应力。

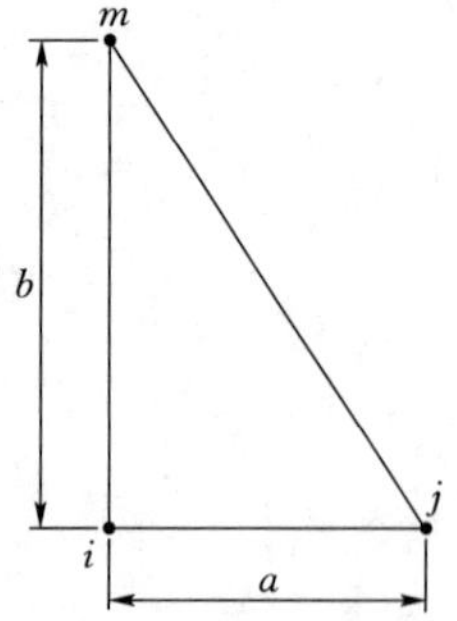

图 2.22　习题 2.9 图

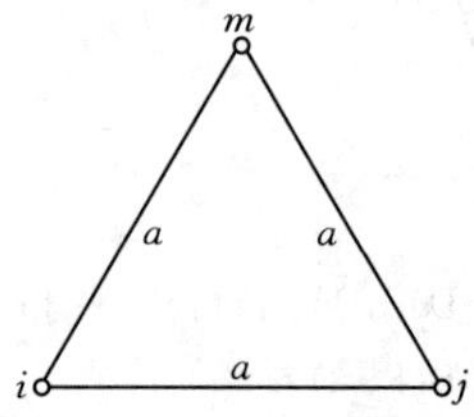

图 2.23　习题 2.10 图

2.11　已知三角形三结点单元在结点 1、2 边界上有外荷载作用，外荷载如图 2.24 (a) 和 (b) 所示，分别计算 1、2 结点的等效结点荷载。

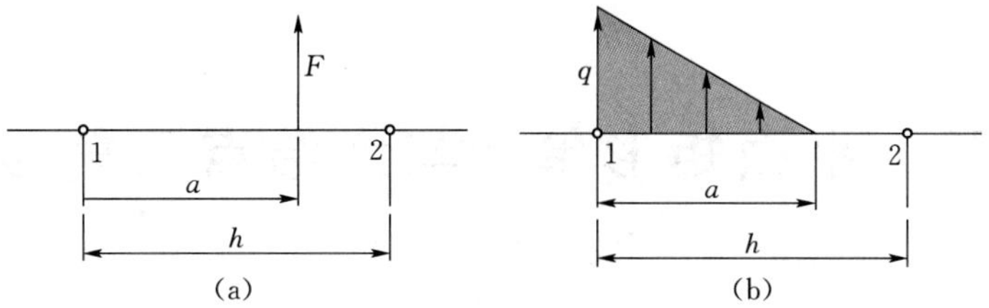

图 2.24　习题 2.11 图

2.12　对于图 2.25 所示结构，已知整体结点编码，试写出整体刚度矩阵中各子块的组集计算式。

2.13　如图 2.26 所示结构，弹性模量为 E，泊松比为 $\mu = 1/2$，厚度 $t = 1$，采用图示两个单元，在给定总体结点编码下，计算单元应变和单元应力。

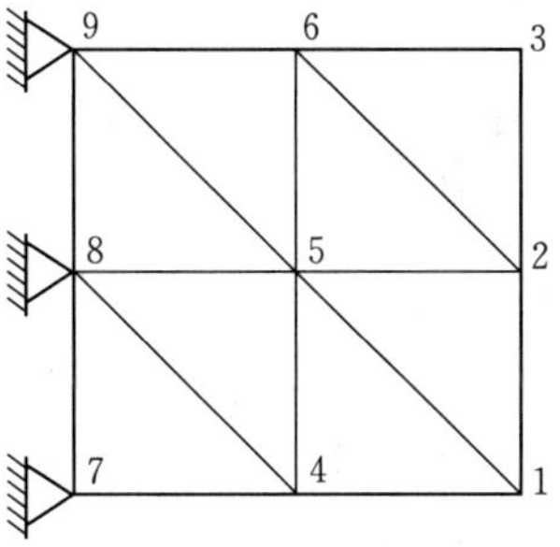

图 2.25　习题 2.12 图

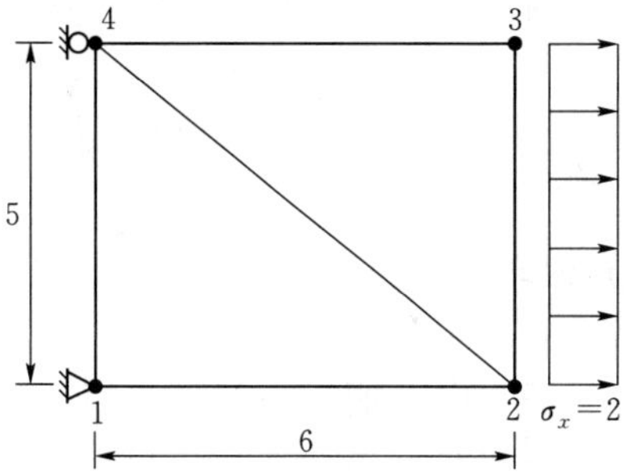

图 2.26　习题 2.13 图

2.14　如图 2.27 所示的离散结构，弹性模量为 E，泊松比为 $\mu = 1/6$，厚度 $t = 1$，试求结点 1、2 的位移及铰支座 3、4、5 的反力。

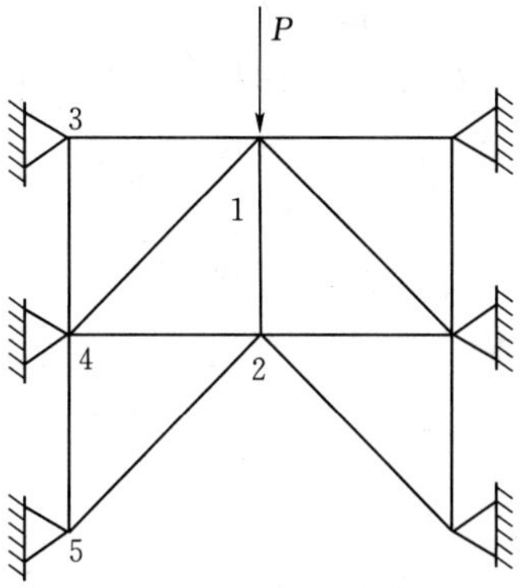

图 2.27　习题 2.14 图

第 3 章　平面矩形单元与六结点三角形单元

第 2 章介绍了平面三结点三角形单元的有限单元法计算，三结点三角形单元是最早提出的单元，它适应结构边界的能力很强，目前仍然在广泛使用，然而，三结点三角形单元是常应变单元，也是常应力单元，计算精度较低。为了提高计算精度，反映应力和应变在单元内部的变化，需要构造幂次较高的位移模式。本章介绍平面矩形单元和六结点三角形单元，它们都是计算精度较好的具有较高幂次的位移模式的单元，采用矩形单元对结构剖分很方便，同时平面矩形单元的计算也是后面学习平面等参单元的基础。

3.1　矩　形　单　元

3.1.1　位移模式

取矩形单元的 4 个角点为结点，用 i 、j 、m 、p 表示，如图 3.1 所示，以矩形的中心点为原点，以两个中心轴为坐标轴，矩形的边长为 $2a$ 和 $2b$ ，由于矩形单元有 8 个自由度，所以位移模式取为

$$\left.\begin{aligned} u &= \alpha_1 + \alpha_2 x + \alpha_3 y + \alpha_4 xy \\ v &= \alpha_5 + \alpha_6 x + \alpha_7 y + \alpha_8 xy \end{aligned}\right\} \tag{3.1}$$

该位移模式具有这样的特点：固定 x 时，位移是 y 的线性函数；固定 y 时，位移是 x 的线性函数。因此，该位移模式称为双线性位移模式，相应的单元称为双线性单元。同三角形单元位移插值计算的过程一样，将 i 、j 、m 、p 坐标代入式（3.1）可解出 $\alpha_1 \sim \alpha_8$ 的值，将 $\alpha_1 \sim \alpha_8$ 的值代入式（3.1），可得到

$$\left.\begin{aligned} u &= N_i u_i + N_j u_j + N_m u_m + N_p u_p \\ v &= N_i v_i + N_j v_j + N_m v_m + N_p v_p \end{aligned}\right\} \tag{3.2}$$

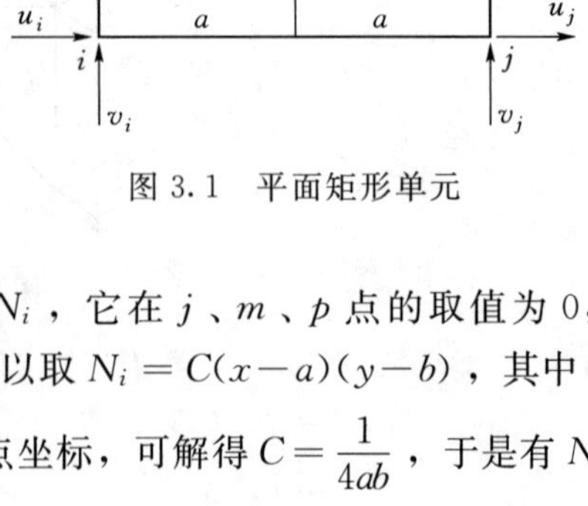

图 3.1　平面矩形单元

根据形函数在本点函数值为 1，在其他点处函数值为 0 的性质，可以确定其具体形式。如对于 N_i ，它在 j 、m 、p 点的取值为 0，而 jm 、pm 的直线方程为 $x-a=0$ ，$y-b=0$ ，所以可以取 $N_i = C(x-a)(y-b)$ ，其中 C 是待定系数。又因为 N_i 在 i 点取值为 1，因此，代入 i 点坐标，可解得 $C=\dfrac{1}{4ab}$ ，于是有 $N_i = \dfrac{1}{4ab}(x-a)(y-b) = \dfrac{1}{4}\left(1-\dfrac{x}{a}\right)\left(1-\dfrac{y}{b}\right)$ 。同理，可以求出 N_j 、N_m 、N_p，得到

$$\left.\begin{aligned} N_i &= \frac{1}{4}(1-\frac{x}{a})(1-\frac{y}{b}) \\ N_j &= \frac{1}{4}(1+\frac{x}{a})(1-\frac{y}{b}) \\ N_m &= \frac{1}{4}(1+\frac{x}{a})(1+\frac{y}{b}) \\ N_p &= \frac{1}{4}(1-\frac{x}{a})(1+\frac{y}{b}) \end{aligned}\right\} \tag{3.3}$$

合并在一起，写为

$$\left.\begin{aligned} N_i &= \frac{1}{4}(1+\xi_i \frac{x}{a})(1+\eta_i \frac{y}{b}), \quad \xi_i = \frac{x_i}{|x_i|}, \quad \eta_i = \frac{y_i}{|y_i|} \\ N_j &= \frac{1}{4}(1+\xi_j \frac{x}{a})(1+\eta_j \frac{y}{b}), \quad \xi_j = \frac{x_j}{|x_j|}, \quad \eta_j = \frac{y_j}{|y_j|} \\ N_m &= \frac{1}{4}(1+\xi_m \frac{x}{a})(1+\eta_m \frac{y}{b}), \quad \xi_m = \frac{x_m}{|x_m|}, \quad \eta_m = \frac{y_m}{|y_m|} \\ N_p &= \frac{1}{4}(1+\xi_p \frac{x}{a})(1+\eta_p \frac{y}{b}), \quad \xi_p = \frac{x_p}{|x_p|}, \quad \eta_p = \frac{y_p}{|y_p|} \end{aligned}\right\} \tag{3.4}$$

式（3.2）可写为矩阵形式，为

$$\boldsymbol{u} = \begin{Bmatrix} u \\ v \end{Bmatrix} = [\boldsymbol{I}N_i \quad \boldsymbol{I}N_j \quad \boldsymbol{I}N_m \quad \boldsymbol{I}N_p]\boldsymbol{a}^{\mathrm{e}} = \boldsymbol{N}\boldsymbol{a}^{\mathrm{e}} \tag{3.5}$$

式中，$\boldsymbol{I} = \begin{bmatrix} 1 & 0 \\ 0 & 1 \end{bmatrix}$为二阶单位矩阵，$\boldsymbol{N}$ 为形函数矩阵，$\boldsymbol{a}^{\mathrm{e}}$ 为单元的结点位移列阵，有

$$\boldsymbol{a}^{\mathrm{e}} = [u_i \quad v_i \quad u_j \quad v_j \quad u_m \quad v_m \quad u_p \quad v_p]^{\mathrm{T}} \tag{3.6}$$

$$\boldsymbol{N} = \begin{bmatrix} N_i & 0 & N_j & 0 & N_m & 0 & N_p & 0 \\ 0 & N_i & 0 & N_j & 0 & N_m & 0 & N_p \end{bmatrix} \tag{3.7}$$

可以看出，$\alpha_1 \sim \alpha_8$ 反映了刚体位移和常量应变，在单元的边界 $x=\pm a$，$y=\pm b$，位移分量线性变化，单元的每个边界只有两个结点，因此，任意相邻单元的位移在公共边界上都是连续的。矩形双线性单元满足完备性条件和协调条件，是完备保续单元，解答具有收敛性。

3.1.2 应变转换矩阵

应用几何方程，由式（3.5）可得到用单元结点位移表示的单元应变，为

$$\begin{aligned} \boldsymbol{\varepsilon} = \begin{Bmatrix} \varepsilon_x \\ \varepsilon_y \\ \gamma_{xy} \end{Bmatrix} &= \boldsymbol{L}\boldsymbol{u} = \boldsymbol{L}\boldsymbol{N}\boldsymbol{a}^{\mathrm{e}} = \boldsymbol{L}[\boldsymbol{N}_i \quad \boldsymbol{N}_j \quad \boldsymbol{N}_m \quad \boldsymbol{N}_p]\boldsymbol{a}^{\mathrm{e}} \\ &= [\boldsymbol{B}_i \quad \boldsymbol{B}_j \quad \boldsymbol{B}_m \quad \boldsymbol{B}_p]\boldsymbol{a}^{\mathrm{e}} = \boldsymbol{B}\boldsymbol{a}^{\mathrm{e}} \end{aligned} \tag{3.8}$$

式中：$\boldsymbol{a}^{\mathrm{e}}$ 为单元的结点位移列阵，见式（3.6），代表了 4 个结点的 8 个位移值。

$$
\left.
\begin{aligned}
\boldsymbol{B}_i &= \begin{bmatrix} \frac{\partial}{\partial x} & 0 \\ 0 & \frac{\partial}{\partial y} \\ \frac{\partial}{\partial y} & \frac{\partial}{\partial x} \end{bmatrix} \begin{bmatrix} N_i & 0 \\ 0 & N_i \end{bmatrix} = \begin{bmatrix} \frac{\partial N_i}{\partial x} & 0 \\ 0 & \frac{\partial N_i}{\partial y} \\ \frac{\partial N_i}{\partial y} & \frac{\partial N_i}{\partial x} \end{bmatrix} = \frac{1}{4ab} \begin{bmatrix} -(b-y) & 0 \\ 0 & -(a-x) \\ -(a-x) & -(b-y) \end{bmatrix} \\
\boldsymbol{B}_j &= \begin{bmatrix} \frac{\partial}{\partial x} & 0 \\ 0 & \frac{\partial}{\partial y} \\ \frac{\partial}{\partial y} & \frac{\partial}{\partial x} \end{bmatrix} \begin{bmatrix} N_j & 0 \\ 0 & N_j \end{bmatrix} = \begin{bmatrix} \frac{\partial N_j}{\partial x} & 0 \\ 0 & \frac{\partial N_j}{\partial y} \\ \frac{\partial N_j}{\partial y} & \frac{\partial N_j}{\partial x} \end{bmatrix} = \frac{1}{4ab} \begin{bmatrix} b-y & 0 \\ 0 & -(a-x) \\ -(a-x) & b-y \end{bmatrix} \\
\boldsymbol{B}_m &= \begin{bmatrix} \frac{\partial}{\partial x} & 0 \\ 0 & \frac{\partial}{\partial y} \\ \frac{\partial}{\partial y} & \frac{\partial}{\partial x} \end{bmatrix} \begin{bmatrix} N_m & 0 \\ 0 & N_m \end{bmatrix} = \begin{bmatrix} \frac{\partial N_m}{\partial x} & 0 \\ 0 & \frac{\partial N_m}{\partial y} \\ \frac{\partial N_m}{\partial y} & \frac{\partial N_m}{\partial x} \end{bmatrix} = \frac{1}{4ab} \begin{bmatrix} b+y & 0 \\ 0 & a+x \\ a+x & b+y \end{bmatrix} \\
\boldsymbol{B}_p &= \begin{bmatrix} \frac{\partial}{\partial x} & 0 \\ 0 & \frac{\partial}{\partial y} \\ \frac{\partial}{\partial y} & \frac{\partial}{\partial x} \end{bmatrix} \begin{bmatrix} N_p & 0 \\ 0 & N_p \end{bmatrix} = \begin{bmatrix} \frac{\partial N_p}{\partial x} & 0 \\ 0 & \frac{\partial N_p}{\partial y} \\ \frac{\partial N_p}{\partial y} & \frac{\partial N_p}{\partial x} \end{bmatrix} = \frac{1}{4ab} \begin{bmatrix} -(b+y) & 0 \\ 0 & a-x \\ a-x & -(b+y) \end{bmatrix}
\end{aligned}
\right\}
\tag{3.9a}
$$

于是，得到 3×8 的应变转换矩阵 $\boldsymbol{B}$，为

$$
\boldsymbol{B} = \frac{1}{4ab} \begin{bmatrix} -(b-y) & 0 & b-y & 0 & b+y & 0 & -(b+y) & 0 \\ 0 & -(a-x) & 0 & -(a-x) & 0 & a+x & 0 & a-x \\ -(a-x) & -(b-y) & -(a-x) & b-y & a+x & b+y & a-x & -(b+y) \end{bmatrix}
\tag{3.9b}
$$

由式（3.9b）可知，矩形单元的应变是一个变量，为 x、y 的线性函数，因而，矩形单元是变应变单元。

3.1.3　应力转换矩阵

以平面应力问题为例，将式（3.8）代入物理方程，可得到用单元结点位移表示的单元应力，为

$$
\begin{aligned}
\boldsymbol{\sigma} &= \boldsymbol{D\varepsilon} = \boldsymbol{DBa}^{\mathrm{e}} = \boldsymbol{D}[\boldsymbol{B}_i \quad \boldsymbol{B}_j \quad \boldsymbol{B}_m \quad \boldsymbol{B}_p]\boldsymbol{a}^{\mathrm{e}} \\
&= [\boldsymbol{S}_i \quad \boldsymbol{S}_j \quad \boldsymbol{S}_m \quad \boldsymbol{S}_p]\boldsymbol{a}^{\mathrm{e}} = \boldsymbol{S}\boldsymbol{a}^{\mathrm{e}}
\end{aligned}
\tag{3.10}
$$

得到 3×8 的应力转换矩阵 $\boldsymbol{S}$，为

$$
\boldsymbol{S} = \frac{E}{4ab(1-\mu^2)} \begin{bmatrix} -(b-y) & -\mu(a-x) & b-y & -\mu(a+x) & b+y & \mu(a+x) & -(b+y) & \mu(a-x) \\ -\mu(b-y) & -(a-x) & \mu(b-y) & -(a+x) & \mu(b+y) & a+x & -\mu(b+y) & a-x \\ -\frac{1-\mu}{2}(a-x) & -\frac{1-\mu}{2}(b-y) & -\frac{1-\mu}{2}(a+x) & \frac{1-\mu}{2}(b-y) & \frac{1-\mu}{2}(a+x) & \frac{1-\mu}{2}(b+y) & \frac{1-\mu}{2}(a-x) & -\frac{1-\mu}{2}(b+y) \end{bmatrix}
\tag{3.11}
$$

由式（3.11）可知，矩形单元的应力在单元内部也是一个变量，在编制计算程序时，一般是求出单元 4 个结点的应力，然后输出结点应力。

3.1.4 单元刚度矩阵

应用虚功原理，可求得单元结点力与结点位移的关系，为

$$\boldsymbol{F}^{\mathrm{e}} = \iint_{\Omega^{\mathrm{e}}} \boldsymbol{B}^{\mathrm{T}} \boldsymbol{D} \boldsymbol{B} t \, \mathrm{d}x \mathrm{d}y \, \boldsymbol{a}^{\mathrm{e}}$$

得到单元刚度矩阵 $\boldsymbol{k}$，为

$$\boldsymbol{k} = \int_{-b}^{b} \int_{-a}^{a} \boldsymbol{B}^{\mathrm{T}} \boldsymbol{D} \boldsymbol{B} t \, \mathrm{d}x \mathrm{d}y \tag{3.12}$$

单元刚度矩阵的元素见式（3.13），可见，矩形单元的刚度矩阵的元素不含 x、y 变量，只和材料特性（E、μ、t）及单元尺寸（a、b）有关，而单元的尺寸是由网格剖分的整体坐标 $JZ(NJ, 2)$ 确定的。在计算单元应力时，通常计算的是 4 个结点处的应力，4 个结点采用的是局部坐标（$-a$，$-b$）（a，$-b$）（a，b）和（$-a$，b），求单元应变时也是计算 4 个结点处的应变。

$$\boldsymbol{k} = \frac{Et}{1-\mu^2} \begin{bmatrix}
\frac{b}{3a}+\frac{a(1-\mu)}{6b} & & & & & & & \\
\frac{1+\mu}{8} & \frac{a}{3b}+\frac{b(1-\mu)}{6a} & & & & & & \\
\frac{-b}{3a}+\frac{a(1-\mu)}{12b} & \frac{1-3\mu}{8} & \frac{b}{3a}+\frac{a(1-\mu)}{6b} & & & \text{对称} & & \\
\frac{-(1-3\mu)}{8} & \frac{a}{6b}-\frac{b(1-\mu)}{6a} & -\frac{1+\mu}{8} & \frac{a}{3b}+\frac{b(1-\mu)}{6a} & & & & \\
\frac{-b}{6a}-\frac{a(1-\mu)}{12b} & -\frac{1+\mu}{8} & \frac{b}{6a}-\frac{a(1-\mu)}{6b} & \frac{1-3\mu}{8} & \frac{b}{3a}+\frac{a(1-\mu)}{6b} & & & \\
-\frac{1+\mu}{8} & \frac{-a}{6b}-\frac{b(1-\mu)}{12a} & \frac{-(1-3\mu)}{8} & \frac{-a}{3b}+\frac{b(1-\mu)}{12a} & \frac{1+\mu}{8} & \frac{a}{3b}+\frac{b(1-\mu)}{6a} & & \\
\frac{b}{6a}-\frac{a(1-\mu)}{6b} & \frac{-(1-3\mu)}{8} & \frac{-b}{6a}-\frac{a(1-\mu)}{12b} & \frac{1+\mu}{8} & \frac{-b}{3a}+\frac{a(1-\mu)}{12b} & \frac{1-3\mu}{8} & \frac{b}{3a}+\frac{a(1-\mu)}{6b} & \\
\frac{1-3\mu}{8} & \frac{-a}{3b}+\frac{b(1-\mu)}{12a} & \frac{1+\mu}{8} & \frac{-a}{6b}-\frac{b(1-\mu)}{12a} & \frac{-(1-3\mu)}{8} & \frac{a}{6b}-\frac{b(1-\mu)}{6a} & -\frac{1+\mu}{8} & \frac{a}{3b}+\frac{b(1-\mu)}{6a}
\end{bmatrix} \tag{3.13}$$

3.1.5 等效结点荷载

1. 集中力的等效结点荷载

设在矩形单元 M 点上作用集中力 $\boldsymbol{P}$，$\boldsymbol{P} = [P_x \quad P_y]^{\mathrm{T}}$，它的等效结点荷载为

$$\boldsymbol{R}^{\mathrm{e}} = [R_{ix} \quad R_{iy} \quad R_{jx} \quad R_{jy} \quad R_{mx} \quad R_{my} \quad R_{px} \quad R_{py}]^{\mathrm{T}} \tag{3.14}$$

由虚功原理，可将 $\boldsymbol{R}^{\mathrm{e}} = \boldsymbol{N}^{\mathrm{T}} \boldsymbol{P}$ 展开写成

$$\begin{aligned} & [R_{ix} \quad R_{iy} \quad R_{jx} \quad R_{jy} \quad R_{mx} \quad R_{my} \quad R_{px} \quad R_{py}]^{\mathrm{T}} \\ = & [N_i P_x \quad N_i P_y \quad N_j P_x \quad N_j P_y \quad N_m P_x \quad N_m P_y \quad N_p P_x \quad N_p P_y]^{\mathrm{T}} \end{aligned} \tag{3.15}$$

即

$$\left.\begin{aligned}R_{ix}&=N_i\big|_{M(x,y)}P_x,\quad R_{iy}=N_i\big|_{M(x,y)}P_y\\R_{jx}&=N_j\big|_{M(x,y)}P_x,\quad R_{jy}=N_j\big|_{M(x,y)}P_y\\R_{mx}&=N_m\big|_{M(x,y)}P_x,\quad R_{my}=N_m\big|_{M(x,y)}P_y\\R_{px}&=N_p\big|_{M(x,y)}P_x,\quad R_{py}=N_p\big|_{M(x,y)}P_y\end{aligned}\right\}\tag{3.16}$$

2. 分布体力的等效结点荷载

设分布体力为 $\boldsymbol{f}=[f_x\quad f_y]^{\mathrm{T}}$，其中 f_x、f_y 为体力分量的集度，设单元厚度为 t，可将微分体积 $t\mathrm{d}x\mathrm{d}y$ 上的体力 $\boldsymbol{f}t\mathrm{d}x\mathrm{d}y$ 作为集中荷载 $\mathrm{d}\boldsymbol{P}$，代入 $\boldsymbol{R}^{\mathrm{e}}=\boldsymbol{N}^{\mathrm{T}}\boldsymbol{P}$ 得到

$$\boldsymbol{R}^{\mathrm{e}}=\iint_{\Omega^{\mathrm{e}}}\boldsymbol{N}^{\mathrm{T}}\mathrm{d}\boldsymbol{P}=\int_{-b}^{b}\int_{-a}^{a}\boldsymbol{N}^{\mathrm{T}}\boldsymbol{f}t\,\mathrm{d}x\mathrm{d}y\tag{3.17}$$

式（3.17）可写成展开式的形式，为

$$\left.\begin{aligned}R_{ix}&=\int_{-b}^{b}\int_{-a}^{a}N_if_xt\,\mathrm{d}x\mathrm{d}y,\quad R_{iy}=\int_{-b}^{b}\int_{-a}^{a}N_if_yt\,\mathrm{d}x\mathrm{d}y\\R_{jx}&=\int_{-b}^{b}\int_{-a}^{a}N_jf_xt\,\mathrm{d}x\mathrm{d}y,\quad R_{jy}=\int_{-b}^{b}\int_{-a}^{a}N_jf_yt\,\mathrm{d}x\mathrm{d}y\\R_{mx}&=\int_{-b}^{b}\int_{-a}^{a}N_mf_xt\,\mathrm{d}x\mathrm{d}y,\quad R_{my}=\int_{-b}^{b}\int_{-a}^{a}N_mf_yt\,\mathrm{d}x\mathrm{d}y\\R_{px}&=\int_{-b}^{b}\int_{-a}^{a}N_pf_xt\,\mathrm{d}x\mathrm{d}y,\quad R_{py}=\int_{-b}^{b}\int_{-a}^{a}N_pf_yt\,\mathrm{d}x\mathrm{d}y\end{aligned}\right\}\tag{3.18}$$

3. 分布面力的等效结点荷载

设分布面力为 $\bar{\boldsymbol{f}}=\left[\bar{f}_x\quad\bar{f}_y\right]^{\mathrm{T}}$，其中 $\bar{f}_x$、$\bar{f}_y$ 为体力分量的集度，设单元厚度为 t，可将微分面积 $t\mathrm{d}s$ 上的面力 $\bar{\boldsymbol{f}}t\mathrm{d}s$ 作为集中荷载 $\mathrm{d}\boldsymbol{P}$，代入 $\boldsymbol{R}^{\mathrm{e}}=\boldsymbol{N}^{\mathrm{T}}\boldsymbol{P}$，有

$$\boldsymbol{R}^{\mathrm{e}}=\int_{ij}\boldsymbol{N}^{\mathrm{T}}\mathrm{d}\boldsymbol{P}=\int_{ij}\boldsymbol{N}^{\mathrm{T}}\bar{\boldsymbol{f}}t\,\mathrm{d}s\tag{3.19}$$

式（3.19）可写成展开式的形式，为

$$\left.\begin{aligned}R_{ix}&=\int_{ij}N_i\bar{f}_xt\,\mathrm{d}s,\quad R_{iy}=\int_{ij}N_i\bar{f}_yt\,\mathrm{d}s\\R_{jx}&=\int_{jm}N_j\bar{f}_xt\,\mathrm{d}s,\quad R_{jy}=\int_{jm}N_j\bar{f}_yt\,\mathrm{d}s\\R_{mx}&=\int_{mp}N_m\bar{f}_xt\,\mathrm{d}s,\quad R_{my}=\int_{mp}N_m\bar{f}_yt\,\mathrm{d}s\\R_{px}&=\int_{pi}N_p\bar{f}_xt\,\mathrm{d}s,\quad R_{py}=\int_{pi}N_p\bar{f}_yt\,\mathrm{d}s\end{aligned}\right\}\tag{3.20}$$

如在 $x=a$ 的边界上，面力引起的等效结点荷载为

$$\left.\begin{aligned} R_{ix} &= \int_{-b}^{b} N_i \bar{f}_x t\,\mathrm{d}s, & R_{iy} &= \int_{-b}^{b} N_i \bar{f}_y t\,\mathrm{d}s \\ R_{jx} &= \int_{-b}^{b} N_j \bar{f}_x t\,\mathrm{d}s, & R_{jy} &= \int_{-b}^{b} N_j \bar{f}_y t\,\mathrm{d}s \\ R_{mx} &= \int_{-b}^{b} N_m \bar{f}_x t\,\mathrm{d}s, & R_{my} &= \int_{-b}^{b} N_m \bar{f}_y t\,\mathrm{d}s \\ R_{px} &= \int_{-b}^{b} N_p \bar{f}_x t\,\mathrm{d}s, & R_{py} &= \int_{-b}^{b} N_p \bar{f}_y t\,\mathrm{d}s \end{aligned}\right\} \tag{3.21}$$

同三角形单元一样，矩形单元的等效结点荷载也有几个常用的结论如下：

（1）若单元的某边上作用均布荷载，则其等效结点荷载为，将该边上的总荷载平均分配给该边的两个结点。

（2）若单元的某边上作用三角形分布荷载，则其等效结点荷载为，将该边上总荷载的 $\frac{1}{3}$ 移到该边集度为 0 的结点上，总荷载的 $\frac{2}{3}$ 移到另外一个结点上。

（3）设 y 轴铅直向上，单元的容重为 γ，面积为 Ω，厚度为 t，则单元的总重为 $\gamma\Omega t$，其等效结点荷载为，把单元总重的 $\frac{1}{4}$ 移到 4 个结点上，方向向下。

矩形单元的整体刚度矩阵的组集、支承条件的引入和支配方程的划行划列，与前面所述的三角形单元方法相同，不再赘述。

3.2 矩形单元计算程序

矩形单元计算程序可在三角形单元计算程序的基础上进行修改得到，修改的内容包括以下部分：

（1）单元自动剖分部分程序需要重新编写。

（2）输入支承信息，形成引入支承条件后的结构自由度信息矩阵 $\boldsymbol{RR}(NJ, 2)$，该部分程序的语句不变。

（3）形成等效结点荷载部分程序需要修改，修改内容为：单元结点循环的变量由 3 改为 4；所有计算单元面积的语句重新编写，计算程序为

```
I=JM(E, 1): J=JM(E, 2): M=JM(E, 3): P=JM(E, 4)
XL=(JZ(J, 1)- JZ(I, 1))/2: YL=(JZ(M, 2)- JZ(J, 2))/2
S=4 * XL * YL
```

（4）判断问题类型的程序语句不变。

（5）形成整体刚度矩阵的程序语句需要修改的有：所有涉及单元结点数的地方由 3 改为 4；所有涉及单元自由度数的地方由 6 改为 8；编写计算单元刚度矩阵 $\boldsymbol{KE}$（8，8）元素的语句。

（6）求解方程输出位移的程序语句不变。

（7）计算单元应力，输出单元应力的程序语句需要重新编写。给出 4 个结点处的单元应力，然后按绕结点平均法求出各结点处的应力。

3.3 面 积 坐 标

三角形单元内部任意一点的位置，不仅可以用直角坐标系的 x 、y 值来确定，还可以用该点和三角形三边构成的小三角形面积值（称为面积坐标）来确定。如图 3.2 所示，三角形单元 ijm 内部有一点 P ，将 P 点和三角形三个结点相连，得到 3 个小三角形，分别是 $\triangle Pij$ 、$\triangle Pjm$ 、$\triangle Pmi$ ，A_i 、A_j 、A_m 分别是 $\triangle Pjm$ 、$\triangle Pmi$ 和 $\triangle Pij$ 的面积，A 为 $\triangle ijm$ 的面积，记

$$L_i = \frac{A_i}{A}, \quad L_j = \frac{A_j}{A}, \quad L_m = \frac{A_m}{A} \tag{3.22}$$

将 L_i 、L_j 、L_m 称为 P 点的面积坐标。

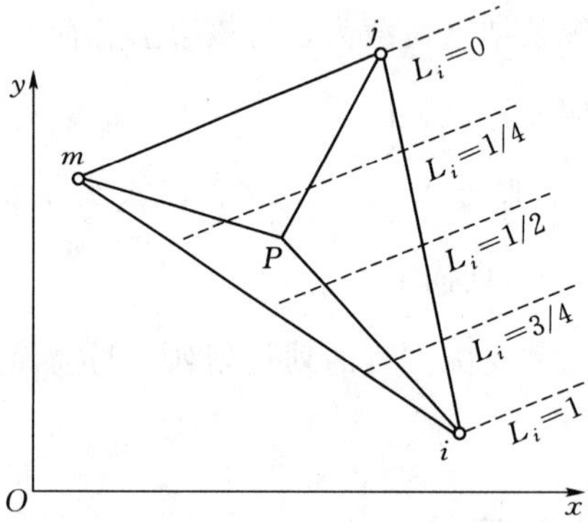

图 3.2　三角形单元的面积坐标

因为 $A_i + A_j + A_m = A$ ，所以有

$$L_i + L_j + L_m = 1 \tag{3.23}$$

式（3.23）说明，3 个面积坐标只有两个是独立的。面积坐标只限于三角形单元内部（包括边界），在三角形之外没有定义，因而是局部坐标，与局部坐标相对的是整体坐标，即直角坐标，直角坐标适用于所有单元，而面积坐标只适用于单元内部。通过面积坐标的定义不难发现，在平行于 jm 边的一条线段上，各点都具有相同的 L_i 值，如图 3.2 所示，L_i 值等于该点到 jm 边的距离除以 i 结点到 jm 边的距离。图 3.2 还给出了 L_i 的一些等值线。3 个结点的面积坐标如下：

结点 i ：　$L_i = 1$ ，　$L_j = 0$ ，　$L_m = 0$

结点 j ：　$L_i = 0$ ，　$L_j = 1$ ，　$L_m = 0$

结点 m ：　$L_i = 0$ ，　$L_j = 0$ ，　$L_m = 1$

下面推导面积坐标和直角坐标之间的关系，$\triangle Pjm$ 、$\triangle Pmi$ 和 $\triangle Pij$ 的面积可表示为

$$\left.\begin{aligned}
A_i &= \frac{1}{2}\begin{vmatrix} 1 & x & y \\ 1 & x_j & y_j \\ 1 & x_m & y_m \end{vmatrix} = \frac{a_i + b_i x + c_i y}{2} \\
A_j &= \frac{1}{2}\begin{vmatrix} 1 & x & y \\ 1 & x_m & y_m \\ 1 & x_i & y_i \end{vmatrix} = \frac{a_j + b_j x + c_j y}{2} \\
A_m &= \frac{1}{2}\begin{vmatrix} 1 & x & y \\ 1 & x_i & y_i \\ 1 & x_j & y_j \end{vmatrix} = \frac{a_m + b_m x + c_m y}{2}
\end{aligned}\right\} \tag{3.24}$$

其中

$$\left.\begin{array}{l} a_i = x_j y_m - x_m y_j,\quad b_i = y_j - y_m,\ c_i = -(x_j - x_m) \\ a_j = x_j y_m - x_m y_j,\quad b_j = y_j - y_m,\ c_j = -(x_j - x_m) \\ a_m = x_j y_m - x_m y_j,\quad b_m = y_j - y_m,\ c_m = -(x_j - x_m) \end{array}\right\} \tag{3.24a}$$

得到

$$\left.\begin{array}{l} L_i = \dfrac{A_i}{A} = \dfrac{a_i + b_i x + c_i y}{2A} \\ L_j = \dfrac{A_j}{A} = \dfrac{a_j + b_j x + c_j y}{2A} \\ L_m = \dfrac{A_m}{A} = \dfrac{a_m + b_m x + c_m y}{2A} \end{array}\right\} \tag{3.25}$$

可见，面积坐标与三结点三角形单元的形函数相同，因而，它具有形函数的性质，即

(1) L_i、L_j、L_m 是 x、y 的一次式。

(2) $L_i + L_j + L_m = 1$。

(3) $L_i(x_j, y_j) = \begin{cases} 1\ (i = j) \\ 0\ (i \neq j) \end{cases}$。

(4) $0 \leqslant L_i \leqslant 1$。

由直角坐标确定面积坐标的公式为

$$\begin{Bmatrix} L_i \\ L_j \\ L_m \end{Bmatrix} = \frac{1}{2A}\begin{bmatrix} a_i & b_i & c_i \\ a_j & b_j & c_j \\ a_m & b_m & c_m \end{bmatrix}\begin{Bmatrix} 1 \\ x \\ y \end{Bmatrix} \tag{3.26}$$

由式（3.26）可求得

$$\left.\begin{array}{l} x = x_i L_i + x_j L_j + x_m L_m \\ y = y_i L_i + y_j L_j + y_m L_m \end{array}\right\} \tag{3.27}$$

写成矩阵的形式，为

$$\begin{Bmatrix} 1 \\ x \\ y \end{Bmatrix} = \begin{bmatrix} 1 & 1 & 1 \\ x_i & x_j & x_m \\ y_i & y_j & y_m \end{bmatrix}\begin{Bmatrix} L_i \\ L_j \\ L_m \end{Bmatrix} \tag{3.28}$$

将面积坐标的函数对直角坐标求导时，可应用式（3.29）：

$$\left.\begin{array}{l} \dfrac{\partial}{\partial x} = \dfrac{\partial L_i}{\partial x}\dfrac{\partial}{\partial L_i} + \dfrac{\partial L_j}{\partial x}\dfrac{\partial}{\partial L_j} + \dfrac{\partial L_m}{\partial x}\dfrac{\partial}{\partial L_m} = \dfrac{1}{2A}\left[b_i \dfrac{\partial}{\partial L_i} + b_j \dfrac{\partial}{\partial L_j} + b_m \dfrac{\partial}{\partial L_m}\right] \\ \dfrac{\partial}{\partial y} = \dfrac{\partial L_i}{\partial y}\dfrac{\partial}{\partial L_i} + \dfrac{\partial L_j}{\partial y}\dfrac{\partial}{\partial L_j} + \dfrac{\partial L_m}{\partial y}\dfrac{\partial}{\partial L_m} = \dfrac{1}{2A}\left[c_i \dfrac{\partial}{\partial L_i} + c_j \dfrac{\partial}{\partial L_j} + c_m \dfrac{\partial}{\partial L_m}\right] \end{array}\right\} \tag{3.29}$$

面积坐标的幂函数在三角形单元上的积分计算公式为

$$\iint_{\Omega^e} L_i{}^a L_j{}^b L_m{}^c \mathrm{d}x\mathrm{d}y = \frac{a!b!c!}{(a+b+c+2)!}2A \tag{3.30}$$

例如在式（3.30）中，当 $a=1$，$b=0$，$c=0$ 时，有

$$\iint_{\Omega^e} L_i \mathrm{d}x\mathrm{d}y = \frac{1!0!0!}{(1+0+0+2)!}2A = \frac{A}{3} \tag{3.30a}$$

当 $a=0$，$b=1$，$c=0$ 时，有

$$\iint_{\Omega^e} L_j \mathrm{d}x\mathrm{d}y = \frac{0!1!0!}{(0+1+0+2)!}2A = \frac{A}{3} \tag{3.30b}$$

当 $a=0$，$b=0$，$c=1$ 时，有

$$\iint_{\Omega^e} L_m \mathrm{d}x\mathrm{d}y = \frac{0!0!1!}{(0+0+1+2)!}2A = \frac{A}{3} \tag{3.30c}$$

当 $a=2$，$b=0$，$c=0$ 时，有

$$\iint_{\Omega^e} L_i{}^2 \mathrm{d}x\mathrm{d}y = \frac{2!0!0!}{(2+0+0+2)!}2A = \frac{A}{6} \tag{3.30d}$$

当 $a=0$，$b=2$，$c=0$ 时，有

$$\iint_{\Omega^e} L_j{}^2 \mathrm{d}x\mathrm{d}y = \frac{0!2!0!}{(0+2+0+2)!}2A = \frac{A}{6} \tag{3.30e}$$

当 $a=0$，$b=0$，$c=2$ 时，有

$$\iint_{\Omega^e} L_m{}^2 \mathrm{d}x\mathrm{d}y = \frac{0!0!2!}{(0+0+2+2)!}2A = \frac{A}{6} \tag{3.30f}$$

当 $a=1$，$b=1$，$c=0$ 时，有

$$\iint_{\Omega^e} L_i L_j \mathrm{d}x\mathrm{d}y = \frac{1!1!0!}{(1+1+0+2)!}2A = \frac{A}{12} \tag{3.30g}$$

当 $a=0$，$b=1$，$c=1$ 时，有

$$\iint_{\Omega^e} L_j L_m \mathrm{d}x\mathrm{d}y = \frac{0!1!1!}{(0+1+1+2)!}2A = \frac{A}{12} \tag{3.30h}$$

当 $a=1$，$b=0$，$c=1$ 时，有

$$\iint_{\Omega^e} L_i L_m \mathrm{d}x\mathrm{d}y = \frac{1!0!1!}{(1+0+1+2)!}2A = \frac{A}{12} \tag{3.30i}$$

面积坐标的幂函数在三角形单元某一个边上的积分计算公式为

$$\left.\begin{aligned}
\int_l L_i^a L_j^b \mathrm{d}s &= \frac{a!b!}{(a+b+c+1)!}l \\
\int_l L_j^a L_m^b \mathrm{d}s &= \frac{a!b!}{(a+b+c+1)!}l \\
\int_l L_m^a L_i^b \mathrm{d}s &= \frac{a!b!}{(a+b+c+1)!}l
\end{aligned}\right\} \tag{3.31}$$

式中：l 为该边的长度。

三结点三角形单元是常应变单元和常应力单元，这与实际情况不符，为了克服三结点三角形单元的这个问题，可在三角形三结点的基础上，在三条边上增加结点，构成高次三角形单元，如每边中点增加一个结点，就构成了六结点三角形单元。高次三角形单元的计算一般采用面积坐标，如单元刚度矩阵和等效荷载列阵采用面积坐标积分计算公式，计算将得到显著的简化。

3.4 六结点三角形单元

在三结点三角形单元的每边中点增加一个结点后，原来的三结点三角形单元就变成了六结点三角形单元，如图 3.3 所示。和矩形单元一样，六结点三角形单元也是高精度计算单元。六结点三角形单元的单元应力不再是常应力，单元应力是线性变化的，可以更好地反映弹性体应力在单元中的变化。同时，与矩形单元相比，六结点三角形单元能更好地适应弹性体的边界形状。

3.4.1 六结点三角形单元的位移模式

如图 3.4 所示，六结点三角形单元在三边中点各增加一个结点，形成的 6 个结点分别是 i、j、m、1、2、3，其中 1、2、3 是三角形单元三边的中点，单元一共有 12 个自由度。

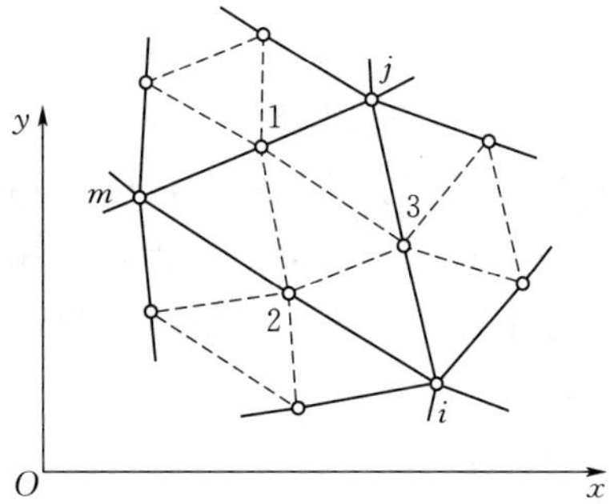

图 3.3 六结点三角形单元

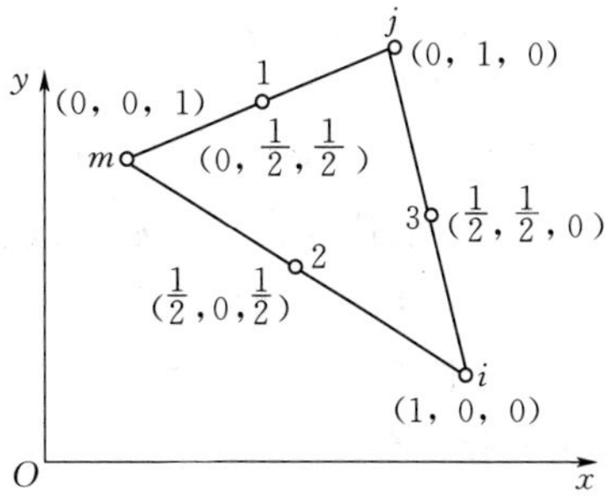

图 3.4 结点面积坐标

六结点三角形单元的位移模式采用二次完全多项式，为

$$\left.\begin{aligned} u &= \alpha_1 + \alpha_2 x + \alpha_3 y + \alpha_4 x^2 + \alpha_5 xy + \alpha_6 y^2 \\ v &= \alpha_7 + \alpha_8 x + \alpha_9 y + \alpha_{10} x^2 + \alpha_{11} xy + \alpha_{12} y^2 \end{aligned}\right\} \tag{3.32}$$

式（3.32）的位移模式如果采用直角坐标计算的话，求解待定系数将会非常烦琐，因此，形函数矩阵、应力转换矩阵、单元刚度矩阵和等效荷载列阵等，都将采用 3.3 节介绍的面积坐标进行求解。图 3.4 中给出了 6 个结点的面积坐标值。首先，将位移模式写为

$$\left.\begin{aligned} u &= N_i u_i + N_j u_j + N_m u_m + N_1 u_1 + N_2 u_2 + N_3 u_3 \\ v &= N_i v_i + N_j v_j + N_m v_m + N_1 v_1 + N_2 v_2 + N_3 v_3 \end{aligned}\right\} \tag{3.33}$$

其中形函数是关于 x 和 y 二次完全多项式，并且形函数在本结点取值为 1，在其他结点取值为 0，根据形函数的这些性质及面积坐标的性质，可以将形函数取为面积坐标的函数，为

$$\left.\begin{array}{l} N_i = L_i(2L_i - 1), \quad N_j = L_j(2L_j - 1), \quad N_m = L_m(2L_m - 1) \\ N_1 = 4L_jL_m, \quad N_2 = 4L_mL_i, \quad N_3 = 4L_iL_j \end{array}\right\} \tag{3.34}$$

可将位移模式写成矩阵的形式，为

$$\boldsymbol{u} = \begin{Bmatrix} u \\ v \end{Bmatrix} = \boldsymbol{N}\boldsymbol{a}^{\mathrm{e}} \tag{3.35}$$

其中

$$\boldsymbol{N} = \begin{bmatrix} N_i & 0 & N_j & 0 & N_m & 0 & N_1 & 0 & N_2 & 0 & N_3 & 0 \\ 0 & N_i & 0 & N_j & 0 & N_m & 0 & N_1 & 0 & N_2 & 0 & N_3 \end{bmatrix} \tag{3.36}$$

$$\boldsymbol{a}^{\mathrm{e}} = [u_i \quad v_i \quad u_j \quad v_j \quad u_m \quad v_m \quad u_1 \quad v_1 \quad u_2 \quad v_2 \quad u_3 \quad v_3]^{\mathrm{T}} \tag{3.37}$$

下面来分析位移模式的完备性和连续性，位移模式可以写为

$$\left.\begin{array}{l} u = \alpha_1 + \alpha_2 x - \dfrac{\alpha_5 - \alpha_3}{2}y + \dfrac{\alpha_5 + \alpha_3}{2}y + \alpha_4 x^2 + \alpha_5 xy + \alpha_6 y^2 \\ v = \alpha_7 + \alpha_9 y + \dfrac{\alpha_8 - \alpha_3}{2}x + \dfrac{\alpha_8 + \alpha_3}{2}x + \alpha_{10} x^2 + \alpha_{11} xy + \alpha_{12} y^2 \end{array}\right\} \tag{3.38}$$

可见，α_1、α_3、α_5、α_7、α_8 反映了单元的刚体位移，α_2、α_3、α_8、α_9 反映了单元的常量应变，设单元任一边的方程为 $y = kx + b$，代入式（3.38），可以得到在该单元边界上，位移分量是按抛物线变化的，有 $u = A_1 + A_2 x + A_3 x^2$，$v = A_4 + A_5 x + A_6 x^2$。因此，由该边界上的 3 个结点的位移值 u 和 v 可以完全确定 $A_1 \sim A_6$ 系数项，这就保证了相邻单元在边界上具有相等位移值，即保证了相邻单元的位移连续性。可见，六结点三角形单元是完备协调单元，保证了解答的收敛性。

3.4.2　应变转换矩阵

应用几何方程，由式（3.35）可得到用单元结点位移表示的单元应变，为

$$\begin{aligned} \boldsymbol{\varepsilon} = \begin{Bmatrix} \varepsilon_x \\ \varepsilon_y \\ \gamma_{xy} \end{Bmatrix} &= \boldsymbol{L}\boldsymbol{u} = \boldsymbol{L}\boldsymbol{N}\boldsymbol{a}^{\mathrm{e}} = \boldsymbol{L}[\boldsymbol{N}_i \quad \boldsymbol{N}_j \quad \boldsymbol{N}_m \quad \boldsymbol{N}_1 \quad \boldsymbol{N}_2 \quad \boldsymbol{N}_3]\boldsymbol{a}^{\mathrm{e}} \\ &= [\boldsymbol{B}_i \quad \boldsymbol{B}_j \quad \boldsymbol{B}_m \quad \boldsymbol{B}_1 \quad \boldsymbol{B}_2 \quad \boldsymbol{B}_3]\boldsymbol{a}^{\mathrm{e}} = \boldsymbol{B}\boldsymbol{a}^{\mathrm{e}} \end{aligned} \tag{3.39}$$

式中：$\boldsymbol{a}^{\mathrm{e}}$ 是单元的结点位移列阵，它是 6 个结点的 12 个结点位移列阵。

$$\boldsymbol{B}_r = \begin{bmatrix} \dfrac{\partial}{\partial x} & 0 \\ 0 & \dfrac{\partial}{\partial y} \\ \dfrac{\partial}{\partial y} & \dfrac{\partial}{\partial x} \end{bmatrix} \begin{bmatrix} N_r & 0 \\ 0 & N_r \end{bmatrix} = \begin{bmatrix} \dfrac{\partial N_r}{\partial x} & 0 \\ 0 & \dfrac{\partial N_r}{\partial y} \\ \dfrac{\partial N_r}{\partial y} & \dfrac{\partial N_r}{\partial x} \end{bmatrix} = \frac{1}{2A}\begin{bmatrix} b_r(4L_r - 1) & 0 \\ 0 & c_r(4L_r - 1) \\ c_r(4L_r - 1) & b_r(4L_r - 1) \end{bmatrix} \quad (r = i, j, m) \tag{3.40}$$

$$\left.\begin{aligned}
\boldsymbol{B}_1 &= \begin{bmatrix} \dfrac{\partial N_1}{\partial x} & 0 \\ 0 & \dfrac{\partial N_1}{\partial y} \\ \dfrac{\partial N_1}{\partial y} & \dfrac{\partial N_1}{\partial x} \end{bmatrix} = \frac{1}{2A}\begin{bmatrix} 4(b_jL_m + b_mL_j) & 0 \\ 0 & 4(c_jL_m + c_mL_j) \\ 4(c_jL_m + c_mL_j) & 4(b_jL_m + b_mL_j) \end{bmatrix} \\
\boldsymbol{B}_2 &= \begin{bmatrix} \dfrac{\partial N_2}{\partial x} & 0 \\ 0 & \dfrac{\partial N_2}{\partial y} \\ \dfrac{\partial N_2}{\partial y} & \dfrac{\partial N_2}{\partial x} \end{bmatrix} = \frac{1}{2A}\begin{bmatrix} 4(b_mL_i + b_iL_m) & 0 \\ 0 & 4(c_mL_i + c_iL_m) \\ 4(c_mL_i + c_iL_m) & 4(b_mL_i + b_iL_m) \end{bmatrix} \\
\boldsymbol{B}_3 &= \begin{bmatrix} \dfrac{\partial N_3}{\partial x} & 0 \\ 0 & \dfrac{\partial N_3}{\partial y} \\ \dfrac{\partial N_3}{\partial y} & \dfrac{\partial N_3}{\partial x} \end{bmatrix} = \frac{1}{2A}\begin{bmatrix} 4(b_iL_j + b_jL_i) & 0 \\ 0 & 4(c_iL_j + c_jL_i) \\ 4(c_iL_j + c_jL_i) & 4(b_iL_j + b_jL_i) \end{bmatrix}
\end{aligned}\right\} \tag{3.41}$$

由式（3.39）～式（3.41）可知，应变分量是面积坐标的一次式，因而也是直角坐标 x、y 的一次式。

3.4.3 应力转换矩阵

以平面应力问题为例，将式（3.39）代入物理方程，可以得到以单元结点位移表示的单元应力，为

$$\begin{aligned}
\boldsymbol{\sigma} &= \boldsymbol{D\varepsilon} = \boldsymbol{DBa}^{\mathrm{e}} = \boldsymbol{D}[\boldsymbol{B}_i \quad \boldsymbol{B}_j \quad \boldsymbol{B}_m \quad \boldsymbol{B}_1 \quad \boldsymbol{B}_2 \quad \boldsymbol{B}_3]\boldsymbol{a}^{\mathrm{e}} \\
&= [\boldsymbol{S}_i \quad \boldsymbol{S}_j \quad \boldsymbol{S}_m \quad \boldsymbol{S}_1 \quad \boldsymbol{S}_2 \quad \boldsymbol{S}_3]\boldsymbol{a}^{\mathrm{e}} = \boldsymbol{S}\boldsymbol{a}^{\mathrm{e}}
\end{aligned} \tag{3.42}$$

其中

$$\boldsymbol{S}_r = \frac{Et}{4A(1-\mu^2)}(4L_r - 1)\begin{bmatrix} 2b_r & 2\mu c_r \\ 2\mu b_r & 2c_r \\ (1-\mu)c_r & (1-\mu)b_r \end{bmatrix} \quad (r = i, j, m) \tag{3.43}$$

$$\left.\begin{aligned}
\boldsymbol{S}_1 &= \frac{Et}{4A(1-\mu^2)}\begin{bmatrix} 8(b_jL_m + b_mL_j) & 8\mu(c_jL_m + c_mL_j) \\ 8\mu(b_jL_m + b_mL_j) & 8(c_jL_m + c_mL_j) \\ 4(1-\mu)(c_jL_m + c_mL_j) & 4(1-\mu)(b_jL_m + b_mL_j) \end{bmatrix} \\
\boldsymbol{S}_2 &= \frac{Et}{4A(1-\mu^2)}\begin{bmatrix} 8(b_mL_i + b_iL_m) & 8\mu(c_mL_i + c_iL_m) \\ 8\mu(b_mL_i + b_iL_m) & 8(c_mL_i + c_iL_m) \\ 4(1-\mu)(c_mL_i + c_iL_m) & 4(1-\mu)(b_mL_i + b_iL_m) \end{bmatrix} \\
\boldsymbol{S}_3 &= \frac{Et}{4A(1-\mu^2)}\begin{bmatrix} 8(b_iL_j + b_jL_i) & 8\mu(c_iL_j + c_jL_i) \\ 8\mu(b_iL_j + b_jL_i) & 8(c_iL_j + c_jL_i) \\ 4(1-\mu)(c_iL_j + c_jL_i) & 4(1-\mu)(b_iL_j + b_jL_i) \end{bmatrix}
\end{aligned}\right\} \tag{3.44}$$

由式（3.42）～式（3.44）可知，应力分量是面积坐标的一次式，因而也是直角坐标 x、y 的一次式。所以单元应力沿坐标是线性变化的。

3.4.4 单元刚度矩阵

将应变转换矩阵 $\boldsymbol{B}$ 和弹性矩阵 $\boldsymbol{D}$ 代入单元刚度矩阵 $\boldsymbol{k}$ 的计算公式，得到

$$\boldsymbol{k}=\iint_{\Omega^e}\boldsymbol{B}^{\mathrm{T}}\boldsymbol{D}\boldsymbol{B}t\,\mathrm{d}x\mathrm{d}y$$

应用面积坐标的积分计算公式（3.30）进行积分计算，并应用关系式 $b_i+b_j+b_m=0$，$c_i+c_j+c_m=0$，可求得单元刚度矩阵，见式（3.45）。对于平面应变问题，将应力转换矩阵和单元刚度矩阵中的 E 换成 $\dfrac{E}{1-\mu^2}$，μ 换成 $\dfrac{\mu}{1-\mu}$ 即可。

$$\boldsymbol{k}=\frac{Et}{24A(1-\mu^2)}\begin{bmatrix}\boldsymbol{F}_i & \boldsymbol{P}_{ij} & \boldsymbol{P}_{im} & 0 & -4\boldsymbol{P}_{im} & -4\boldsymbol{P}_{ij}\\ \boldsymbol{P}_{ji} & \boldsymbol{F}_j & \boldsymbol{P}_{jm} & -4\boldsymbol{P}_{jm} & 0 & -4\boldsymbol{P}_{ji}\\ \boldsymbol{P}_{mi} & \boldsymbol{P}_{mj} & \boldsymbol{F}_m & -4\boldsymbol{P}_{mj} & -4\boldsymbol{P}_{mi} & 0\\ 0 & -4\boldsymbol{P}_{mj} & -4\boldsymbol{P}_{jm} & \boldsymbol{G}_i & \boldsymbol{Q}_{ij} & \boldsymbol{Q}_{im}\\ -4\boldsymbol{P}_{mi} & 0 & -4\boldsymbol{P}_{im} & \boldsymbol{Q}_{ji} & \boldsymbol{G}_j & \boldsymbol{Q}_{jm}\\ -4\boldsymbol{P}_{ji} & -4\boldsymbol{P}_{ij} & 0 & \boldsymbol{Q}_{mi} & \boldsymbol{Q}_{mj} & \boldsymbol{G}_m\end{bmatrix}\tag{3.45}$$

其中

$$\boldsymbol{F}_r=\begin{bmatrix}6b_r^2+3(1-\mu)c_r^2 & 3(1+\mu)b_rc_r\\ 3(1+\mu)b_rc_r & 6c_r^2+3(1-\mu)b_r^2\end{bmatrix}\quad(r=i,j,m)\tag{3.46}$$

$$\left.\begin{aligned}\boldsymbol{G}_i&=\begin{bmatrix}16(b_i^2-b_jb_m)+8(1-\mu)(c_i^2-c_jc_m) & 4(1+\mu)(b_ic_i+b_jc_j+b_mc_m)\\ 4(1+\mu)(b_ic_i+b_jc_j+b_mc_m) & 16(c_i^2-c_jc_m)+8(1-\mu)(b_i^2-b_jb_m)\end{bmatrix}\\ \boldsymbol{G}_j&=\begin{bmatrix}16(b_j^2-b_mb_i)+8(1-\mu)(c_j^2-c_mc_i) & 4(1+\mu)(b_jc_j+b_mc_m+b_ic_i)\\ 4(1+\mu)(b_jc_j+b_mc_m+b_ic_i) & 16(c_j^2-c_mc_i)+8(1-\mu)(b_j^2-b_mb_i)\end{bmatrix}\\ \boldsymbol{G}_m&=\begin{bmatrix}16(b_m^2-b_ib_j)+8(1-\mu)(c_m^2-c_ic_j) & 4(1+\mu)(b_mc_m+b_ic_i+b_jc_j)\\ 4(1+\mu)(b_mc_m+b_ic_i+b_jc_j) & 16(c_m{}^2-c_ic_j)+8(1-\mu)(b_m^2-b_ib_j)\end{bmatrix}\end{aligned}\right\}\tag{3.47}$$

$$\boldsymbol{P}_{rs}=\begin{bmatrix}-2b_rb_s-(1-\mu)c_rc_s & -2\mu b_rc_s-(1-\mu)c_rb_s\\ -2\mu c_rb_s-(1-\mu)b_rc_s & -2c_rc_s-(1-\mu)b_rb_s\end{bmatrix}\quad(r=i,j,m;\ s=i,j,m)\tag{3.48}$$

$$\boldsymbol{Q}_{rs}=\begin{bmatrix}16b_rb_s+(1-\mu)c_rc_s & 4(1+\mu)(c_rb_s+b_rc_s)\\ 4(1+\mu)(c_rb_s+b_rc_s) & 16c_rc_s+8(1-\mu)b_rb_s\end{bmatrix}\quad(r=i,j,m;\ s=i,j,m)\tag{3.49}$$

3.4.5 等效结点荷载

1. 分布体力的等效结点荷载

设分布体力 $\boldsymbol{f}=[f_x \quad f_y]^{\mathrm{T}}$，其中 f_x、f_y 为体力分量的集度，设单元厚度为 t，可将微分体积 $t\mathrm{d}x\mathrm{d}y$ 上的体力 $\boldsymbol{f}t\mathrm{d}x\mathrm{d}y$ 作为集中荷载 $\mathrm{d}\boldsymbol{P}$，代入 $\boldsymbol{R}^{\mathrm{e}}=\boldsymbol{N}^{\mathrm{T}}\boldsymbol{P}$，得到

$$\boldsymbol{R}^{\mathrm{e}}=\iint_{\Omega^{\mathrm{e}}}\boldsymbol{N}^{\mathrm{T}}\mathrm{d}\boldsymbol{P}=\iint_{\Omega^{\mathrm{e}}}\boldsymbol{N}^{\mathrm{T}}\boldsymbol{f}t\,\mathrm{d}x\mathrm{d}y \tag{3.50}$$

写成展开式的形式为

$$R_{rx}=\iint_{\Omega^{\mathrm{e}}}N_r f_x t\,\mathrm{d}x\mathrm{d}y,\qquad R_{ry}=\iint_{\Omega^{\mathrm{e}}}N_r f_y t\,\mathrm{d}x\mathrm{d}y\quad(r=i,j,m,1,2,3) \tag{3.51}$$

例如，在单元自重 W 作用下，体力列阵为

$$\boldsymbol{f}=\begin{Bmatrix}f_x\\ f_y\end{Bmatrix}=\begin{Bmatrix}0\\ -\dfrac{W}{tA}\end{Bmatrix} \tag{3.52}$$

$$\begin{aligned}\boldsymbol{R}^{\mathrm{e}}&=\iint_{\Omega^{\mathrm{e}}}\begin{bmatrix}N_i&0&N_j&0&N_m&0&N_1&0&N_2&0&N_3&0\\0&N_i&0&N_j&0&N_m&0&N_1&0&N_2&0&N_3\end{bmatrix}^{\mathrm{T}}\begin{Bmatrix}0\\-\dfrac{W}{tA}\end{Bmatrix}t\,\mathrm{d}x\mathrm{d}y\\&=-\frac{W}{A}\iint_{\Omega^{\mathrm{e}}}[0\quad N_i\quad 0\quad N_j\quad 0\quad N_m\quad 0\quad N_1\quad 0\quad N_2\quad 0\quad N_3]^{\mathrm{T}}\mathrm{d}x\mathrm{d}y\end{aligned} \tag{3.53}$$

应用面积坐标的积分计算公式（3.30）进行积分计算，可求得

$$\iint_{\Omega^{\mathrm{e}}}N_r\,\mathrm{d}x\mathrm{d}y=\iint_{\Omega^{\mathrm{e}}}L_r(2L_r-1)\mathrm{d}x\mathrm{d}y=0\qquad(r=i,j,m) \tag{3.54}$$

$$\left.\begin{aligned}\iint_{\Omega^{\mathrm{e}}}N_1\,\mathrm{d}x\mathrm{d}y&=\iint_{\Omega^{\mathrm{e}}}4L_jL_m\,\mathrm{d}x\mathrm{d}y=\frac{A}{3}\\\iint_{\Omega^{\mathrm{e}}}N_2\,\mathrm{d}x\mathrm{d}y&=\iint_{\Omega^{\mathrm{e}}}4L_mL_i\,\mathrm{d}x\mathrm{d}y=\frac{A}{3}\\\iint_{\Omega^{\mathrm{e}}}N_3\,\mathrm{d}x\mathrm{d}y&=\iint_{\Omega^{\mathrm{e}}}4L_iL_j\,\mathrm{d}x\mathrm{d}y=\frac{A}{3}\end{aligned}\right\} \tag{3.55}$$

得到单元荷载列阵，为

$$\boldsymbol{R}^{\mathrm{e}}=-\frac{W}{3}[0\quad 0\quad 0\quad 0\quad 0\quad 0\quad 0\quad 1\quad 0\quad 1\quad 0\quad 1]^{\mathrm{T}} \tag{3.56}$$

式（3.56）表明，重力的等效结点荷载只需将单元自重的 $\dfrac{1}{3}$ 分别移置到结点 1、2、3 上即可。

2. 分布面力的等效结点荷载

设分布面力为 $\bar{\boldsymbol{f}}=\left[\bar{f}_x \quad \bar{f}_y\right]^{\mathrm{T}}$，其中 $\bar{f}_x$、$\bar{f}_y$ 为体力分量的集度，设单元厚度为 t，可将微分面积 $t\mathrm{d}s$ 上的面力 $\bar{\boldsymbol{f}}t\mathrm{d}s$ 作为集中荷载 $\mathrm{d}\boldsymbol{P}$，代入 $\boldsymbol{R}^{\mathrm{e}}=\boldsymbol{N}^{\mathrm{T}}\boldsymbol{P}$，得到

$$\boldsymbol{R}^{\mathrm{e}}=\int_{ij}\boldsymbol{N}^{\mathrm{T}}\mathrm{d}\boldsymbol{P}=\int_{ij}\boldsymbol{N}^{\mathrm{T}}\bar{\boldsymbol{f}}t\,\mathrm{d}s \tag{3.57}$$

写成展开式的形式，为

$$\left.\begin{aligned}
R_{ix} &= \int_{ij} N_i \bar{f}_x t\,\mathrm{d}s, & R_{iy} &= \int_{ij} N_i \bar{f}_y t\,\mathrm{d}s \\
R_{jx} &= \int_{jm} N_j \bar{f}_x t\,\mathrm{d}s, & R_{jy} &= \int_{jm} N_j \bar{f}_y t\,\mathrm{d}s \\
R_{mx} &= \int_{mi} N_m \bar{f}_x t\,\mathrm{d}s, & R_{my} &= \int_{mi} N_m \bar{f}_y t\,\mathrm{d}s \\
R_{1x} &= \int_{jm} N_1 \bar{f}_x t\,\mathrm{d}s, & R_{1y} &= \int_{jm} N_1 \bar{f}_y t\,\mathrm{d}s \\
R_{2x} &= \int_{mi} N_2 \bar{f}_x t\,\mathrm{d}s, & R_{2y} &= \int_{mi} N_2 \bar{f}_y t\,\mathrm{d}s \\
R_{3x} &= \int_{ij} N_3 \bar{f}_x t\,\mathrm{d}s, & R_{3y} &= \int_{ij} N_3 \bar{f}_y t\,\mathrm{d}s
\end{aligned}\right\} \tag{3.58}$$

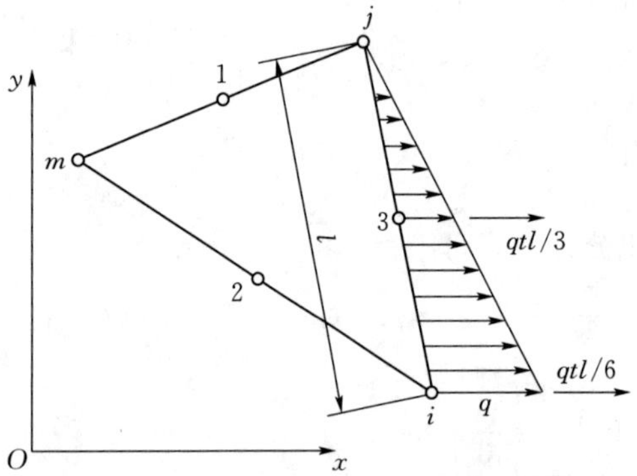

图 3.5　受三角形分布面力的等效结点荷载

例如，在单元 ij 边上受三角形分布的面力，如图 3.5 所示，分布面力在 i 点为 q，在 j 点为零。

注意到面积坐标 L_i 在 i 点为 q，在 j 点为 0，并在 ij 边上按线性变化，因此，三角形分布面力可表示为

$$\bar{\boldsymbol{f}} = \begin{Bmatrix} \bar{f}_x \\ \bar{f}_y \end{Bmatrix} = \begin{Bmatrix} qL_i \\ 0 \end{Bmatrix} \tag{3.59}$$

代入等效结点荷载计算公式，得到

$$\begin{aligned}
\boldsymbol{R}^{\mathrm{e}} &= \int_l \begin{bmatrix} N_i & 0 & N_j & 0 & N_m & 0 & N_1 & 0 & N_2 & 0 & N_3 & 0 \\ 0 & N_i & 0 & N_j & 0 & N_m & 0 & N_1 & 0 & N_2 & 0 & N_3 \end{bmatrix}^{\mathrm{T}} \begin{Bmatrix} qL_i \\ 0 \end{Bmatrix} t\,\mathrm{d}s \\
&= -qt \int_l [N_i \quad 0 \quad N_j \quad 0 \quad N_m \quad 0 \quad N_1 \quad 0 \quad N_2 \quad 0 \quad N_3 \quad 0]^{\mathrm{T}} L_i\,\mathrm{d}s
\end{aligned} \tag{3.60}$$

在 ij 边上，$L_m = 0$，由式 (3.34) 得

$$\left.\begin{aligned}
&N_i = L_i(2L_i - 1), \quad N_j = L_j(2L_j - 1), \quad N_m = 0 \\
&N_1 = 0, \quad N_2 = 0, \quad N_3 = 4L_iL_j
\end{aligned}\right\} \tag{3.61}$$

应用面积坐标的积分计算公式 (3.30) 进行积分计算，可求得单元的等效结点荷载列阵，为

$$\boldsymbol{R}^{\mathrm{e}} = \frac{qlt}{2}\left[\frac{1}{3} \quad 0 \quad 0 \quad 0 \quad 0 \quad 0 \quad 0 \quad 0 \quad 0 \quad 0 \quad \frac{2}{3} \quad 0\right]^{\mathrm{T}} \tag{3.62}$$

式 (3.62) 表明，三角形分布面力的等效结点荷载只需将总面力 $\frac{qlt}{2}$ 的 $\frac{1}{3}$ 移到结点

i，总面力 $\frac{qlt}{2}$ 的 $\frac{2}{3}$ 移到中间结点 3 上即可，如图 3.5 所示。其他任意线性分布的面力可借助上述计算结果采用叠加法得到相应的等效结点荷载列阵。

在结点数目相等的情况下，六结点三角形单元的计算精度高于三角形单元和矩形单元，但同时整体刚度矩阵的带宽增加，计算工作量增多。六结点三角形单元对非均匀性及曲线边界的适应性比矩形单元好，比三角形单元差。

习　题

3.1　已知矩形单元长度 $a=6\text{cm}$，宽度 $b=4\text{cm}$，弹性模量为 E，单位厚度 $t=1\text{cm}$，泊松比 $\mu=0.25$，按平面应力问题计算形函数矩阵 $\boldsymbol{N}$、应变转换矩阵 $\boldsymbol{B}$、应力转换矩阵 $\boldsymbol{S}$、单元刚度矩阵 $\boldsymbol{k}$。

3.2　已知条件同习题 3.1，体力分量 $f_x=5\ \text{kN/m}^3$，$f_y=-30\ \text{kN/m}^3$，求矩阵单元的等效结点荷载列阵 $\boldsymbol{R}^e$。

3.3　计算六结点三角形单元在一边受均布荷载 q 作用下的荷载列阵。

3.4　已知矩形单元 $E=1000\text{MPa}$，泊松比 $\mu=0.25$，三角形单元 $E=1200\text{MPa}$，泊松比 $\mu=0$，如图 3.6 所示，单元尺寸见图中标注，两种单元的厚度均为 $t=0.2\text{cm}$，试求整体刚度矩阵的分块子矩阵 $\boldsymbol{K}_{22}$、$\boldsymbol{K}_{25}$、$\boldsymbol{K}_{55}$。

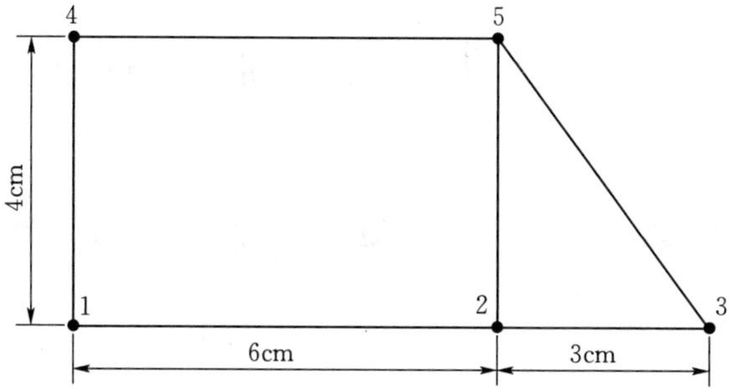

图 3.6　习题 3.4 图

第4章　平 面 等 参 单 元

第2章和第3章介绍的平面三结点三角形单元和矩形单元，采用的位移模式是线性和双线性的，是真实位移函数的低幂次逼近形式，因而，计算精度受到一定的限制，其中三结点三角形单元是常应力单元，每个单元内部各点的应力是一个不变的数值，而矩形单元的应力沿坐标是线性变化的，较好地反映了单元内部的应力变化。六结点三角形单元的位移模式为完全二次式，计算精度要比三结点三角形单元和矩形单元高。但是，这些单元都是直线边界单元，其中，矩形单元不能适应斜交的直线边界，这些单元都不能适应曲线边界，也不能随意改变大小，在应用上很不方便。如果采用任意四边形单元，计算具有一定的精度，同时也能适应斜交的直线边界，可以克服矩形单元的不足，而且，随着结点数的增加，这种单元将具有较高幂次的位移模式，计算精度较高，同时还能适应曲线边界。这种四结点任意四边形单元及高次的能适应曲线边界的单元统称为平面等参单元。本章将从四结点任意四边形单元开始，介绍平面等参单元的计算，然后推广到高次等参单元的计算。

4.1　四结点任意四边形等参单元

图4.1（a）所示为在平面坐标系下的四结点任意四边形单元，其位移模式将不能采用矩形单元的双线性位移模式。如果仍然采用矩形单元的位移模式，就不能保证在两相邻单元边界上的连续性。

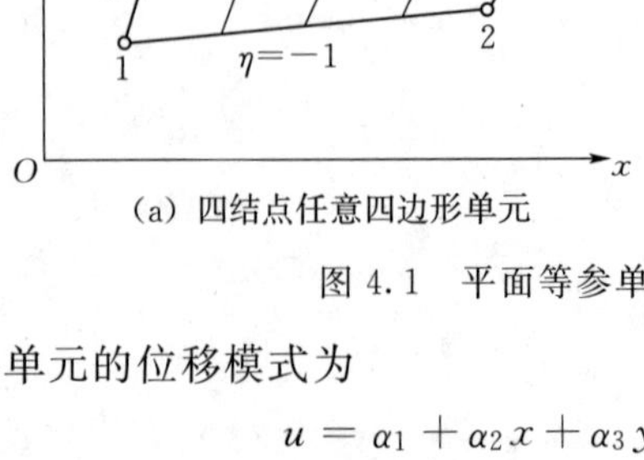

（a）四结点任意四边形单元

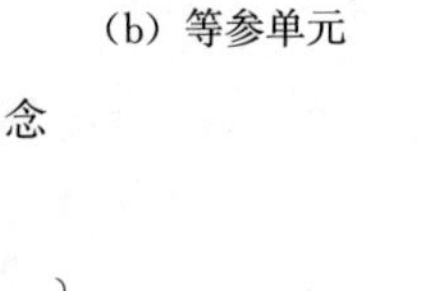

（b）等参单元

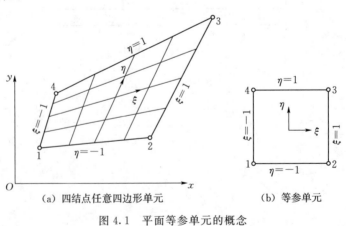

图4.1　平面等参单元的概念

例如，矩形单元的位移模式为

$$\left.\begin{aligned} u &= \alpha_1 + \alpha_2 x + \alpha_3 y + \alpha_4 xy \\ v &= \alpha_5 + \alpha_6 x + \alpha_7 y + \alpha_8 xy \end{aligned}\right\} \tag{4.1}$$

图 4.1（a）中任意四边形单元的边界 23 的直线方程是 $y=Ax+B$，A、B 是直线方程参数，将其代入式（4.1），得到

$$\left.\begin{aligned}u&=\alpha_1+\alpha_2x+\alpha_3Ax+\alpha_3B+\alpha_4Ax^2+\alpha_4Bx\\v&=\alpha_5+\alpha_6x+\alpha_7Ax+\alpha_7B+\alpha_8Ax^2+\alpha_8Bx\end{aligned}\right\}\tag{4.2}$$

可见，在边界 23 上，单元位移是 x 的二次函数，而该边界上只有两个已知的结点位移，不能唯一确定一个二次函数，因此，两个相邻单元在该边界上位移是不同的。即任意四边形单元不能采用矩形单元的位移模式，因为，这样的位移模式应用在任意四边形单元中将不能满足位移连续性要求。另外，任意四边形单元的形状不同，在计算单元刚度矩阵和等效结点荷载时所涉及的积分区域也各不相同，这给计算和编程带来极大的挑战，甚至是无法实现的。

因此，为了实现任意四边形单元的有限元计算，需要引入数学上的坐标变换的方法，将实际的任意四边形单元映射到可计算的标准正方形单元上进行计算。表 4.1 给出了这种映射的对应关系，我们把实际单元的任意四边形单元称为子单元，子单元是建立在整体坐标系 (x,y) 上的，如图 4.1（a）所示；把标准单元的正方形单元称为母单元，母单元是建立在局部坐标系 (ξ,η) 上的，如图 4.1（b）所示。既然子单元在整体坐标系 (x,y) 上很难进行有限单元法的计算，那么就让所有的计算在指定的母单元上进行。

表 4.1　　等参单元的映射对应关系

定　义　域	映　　射	值　　域
实际单元	→	标准单元
任意四边形单元	→	正方形单元
子单元	→	母单元
整体坐标系 (x,y)	→	局部坐标系 (ξ,η)

要实现在母单元上的所有计算，首先要解决的是坐标变换的问题。即通过坐标变换将每个实际单元映射到标准的正方形单元上，坐标变换式为

$$\left.\begin{aligned}x&=f(\xi,\eta)\\y&=g(\xi,\eta)\end{aligned}\right\}\tag{4.3}$$

即将实际单元的 4 个边界映射到标准单元的 4 个边界，将实际单元内的任一点映射到标准单元内某一点，反之，在标准单元内的任一点也能在实际单元内找到唯一的对应点。也就是说，通过坐标变换建立每个实际单元和标准单元的一一对应关系。要实现这种一一对应的关系，在数学上只要两种坐标系之间的雅可必行列式的值大于 0 即可，即要求

$$|\boldsymbol{J}|=\begin{vmatrix}\dfrac{\partial x}{\partial\xi} & \dfrac{\partial y}{\partial\xi}\\[2ex]\dfrac{\partial x}{\partial\eta} & \dfrac{\partial y}{\partial\eta}\end{vmatrix}>0\tag{4.4}$$

等参单元的坐标变换采用对整体坐标的插值计算来实现，即

$$\left.\begin{aligned} x &= N_1 x_1 + N_2 x_2 + N_3 x_3 + N_4 x_4 \\ y &= N_1 y_1 + N_2 y_2 + N_3 y_3 + N_4 y_4 \end{aligned}\right\} \tag{4.5}$$

其中 4 个插值函数（对应 $a=b=1$ 时矩形单元的形函数）为

$$\left.\begin{aligned} N_1 &= \frac{1}{4}(1-\xi)(1-\eta) \\ N_2 &= \frac{1}{4}(1+\xi)(1-\eta) \\ N_3 &= \frac{1}{4}(1+\xi)(1+\eta) \\ N_4 &= \frac{1}{4}(1-\xi)(1+\eta) \end{aligned}\right\} \tag{4.6}$$

合并在一起，写为

$$N_i = \frac{1}{4}(1+\xi_i\xi)(1+\eta_i\eta) \qquad (i=1,2,3,4) \tag{4.7}$$

式（4.5）～式（4.7）中，(x_1,y_1) (x_2,y_2) (x_3,y_3) (x_4,y_4) 是实际单元 4 个结点在整体坐标系 xOy 下的坐标值，ξ、η 是标准单元在局部坐标系下的坐标变量，ξ_i、η_i 是标准单元 4 个结点的局部坐标值。

采用式（4.5）可以将实际单元映射到标准单元，即将实际单元的所有点都变换到标准单元内，且具有一一对应关系。例如，在边界 23 上，$\xi=1$，此时 $N_1=0$，$N_2=\frac{1}{2}(1-\eta)$，$N_3=\frac{1}{2}(1+\eta)$，$N_4=0$，代入式（4.5），得到

$$\left.\begin{aligned} x &= \frac{1}{2}(1-\eta)x_2 + \frac{1}{2}(1+\eta)x_3 = \frac{1}{2}(x_3+x_2) + \frac{1}{2}(x_3-x_2)\eta \\ y &= \frac{1}{2}(1-\eta)y_2 + \frac{1}{2}(1+\eta)y_3 = \frac{1}{2}(y_3+y_2) + \frac{1}{2}(y_3-y_2)\eta \end{aligned}\right\} \tag{4.8}$$

当 $\eta=-1$ 时，$x=x_2$，$y=y_2$，当 $\eta=1$ 时，$x=x_3$，$y=y_3$，因此式（4.8）就将边界 23 映射到了标准单元的边界 23。当 $\xi=0$，$\eta=0$ 时，对应的是实际单元的中心点。

可以证明，如果实际单元编码正确，且单元现状满足要求，就可以保证雅可比行列式 $|J|>0$。

这样，就首先建立了实际单元与标准单元的一一对应关系，实际单元又称为子单元，标准单元又称为母单元，于是，四结点任意四边形单元的计算最终归结到在母单元上进行计算。母单元是标准的正方形单元，其位移模式取为

$$\left.\begin{aligned} u &= N_1 u_1 + N_2 u_2 + N_3 u_3 + N_4 u_4 \\ v &= N_1 v_1 + N_2 v_2 + N_3 v_3 + N_4 v_4 \end{aligned}\right\} \tag{4.9}$$

其中，形函数 N_i 与式（4.6）一样，u_i、v_i $(i=1,2,3,4)$ 是实际单元 4 个结点处的位移。母单元的位移模式可以写为矩阵形式，为

$$\boldsymbol{u} = \begin{Bmatrix} u \\ v \end{Bmatrix} = [\boldsymbol{I}N_1 \quad \boldsymbol{I}N_2 \quad \boldsymbol{I}N_3 \quad \boldsymbol{I}N_4]\boldsymbol{a}^{\mathrm{e}} = \boldsymbol{N}\boldsymbol{a}^{\mathrm{e}} \tag{4.10}$$

式中：$\boldsymbol{I}$ 为二阶单位矩阵；$\boldsymbol{N}$ 为形函数矩阵；$\boldsymbol{a}^{\mathrm{e}}$ 为单元结点位移列阵。

有

$$\boldsymbol{a}^{\mathrm{e}} = [u_1 \quad v_1 \quad u_2 \quad v_2 \quad u_3 \quad v_3 \quad u_4 \quad v_4]^T \tag{4.11}$$

$$\boldsymbol{N} = \begin{bmatrix} N_1 & 0 & N_2 & 0 & N_3 & 0 & N_4 & 0 \\ 0 & N_1 & 0 & N_2 & 0 & N_3 & 0 & N_4 \end{bmatrix} \tag{4.12}$$

由式（4.5）和式（4.9）可见，母单元的位移模式与坐标变换式具有相同的形函数，参数个数相同，具有这种性质的单元称为等参数单元或简称等参单元。四结点任意四边形单元是最基本也是应用最广泛的等参单元，又被称为四结点任意四边形等参单元。由于等参单元的计算涉及坐标系的变换，属于数学分析的内容，因此，下面首先给出数学分析的内容，在此基础上，再介绍等参单元的有限元计算。

4.2　平面等参单元的数学分析

在对等参单元进行有限元计算时，需要计算等参单元的应变转换矩阵、应力转换矩阵和单元刚度矩阵等，它们的计算依赖于形函数对整体坐标的导数。同样，等效结点荷载计算中也需要确定微面积及微线段等。因此，需要建立两种坐标系之间的联系，才能将计算转换到局部坐标系的标准正方形单元上。这些内容属于数学问题的分析，下面先对这部分内容进行介绍，以便于后面的计算应用。

4.2.1　整体坐标对局部坐标的导数

由式（4.6）可得到形函数对局部坐标的导数计算公式，为

$$\left.\begin{aligned} \frac{\partial N_1}{\partial \xi} &= -\frac{1}{4}(1-\eta) \\ \frac{\partial N_2}{\partial \xi} &= \frac{1}{4}(1-\eta) \\ \frac{\partial N_3}{\partial \xi} &= \frac{1}{4}(1+\eta) \\ \frac{\partial N_4}{\partial \xi} &= -\frac{1}{4}(1+\eta) \end{aligned}\right\}, \quad \left.\begin{aligned} \frac{\partial N_1}{\partial \eta} &= -\frac{1}{4}(1-\xi) \\ \frac{\partial N_2}{\partial \eta} &= -\frac{1}{4}(1+\xi) \\ \frac{\partial N_3}{\partial \eta} &= \frac{1}{4}(1+\xi) \\ \frac{\partial N_4}{\partial \eta} &= \frac{1}{4}(1-\xi) \end{aligned}\right\} \tag{4.13}$$

由式（4.5）可得到

$$\left.\begin{aligned} \frac{\partial x}{\partial \xi} &= \sum_{i=1}^{4} \frac{\partial N_i}{\partial \xi} x_i \\ \frac{\partial y}{\partial \xi} &= \sum_{i=1}^{4} \frac{\partial N_i}{\partial \xi} y_i \end{aligned}\right\}, \quad \left.\begin{aligned} \frac{\partial x}{\partial \eta} &= \sum_{i=1}^{4} \frac{\partial N_i}{\partial \eta} x_i \\ \frac{\partial y}{\partial \eta} &= \sum_{i=1}^{4} \frac{\partial N_i}{\partial \eta} y_i \end{aligned}\right\} \tag{4.14}$$

将式（4.13）代入式（4.14）即可得到整体坐标对局部坐标的导数计算公式。

4.2.2　形函数对整体坐标的导数

在计算应变转换矩阵 $\boldsymbol{B}$ 和应力转换矩阵 $\boldsymbol{S}$ 时，矩阵的元素中包含形函数对整体坐标的导数，等参单元的形函数是定义在母单元上的，即是用局部坐标表示的，它们是整体坐标的隐式函数，因此，形函数对整体坐标的导数需要根据复合函数求导的法则来进行计算。

由式（4.5）可知：$\xi = \xi(x,y)$，$\eta = \eta(x,y)$。

所以有

$$\left.\begin{aligned}\frac{\partial N_i}{\partial \xi}&=\frac{\partial N_i}{\partial x}\frac{\partial x}{\partial \xi}+\frac{\partial N_i}{\partial y}\frac{\partial y}{\partial \xi}\\ \frac{\partial N_i}{\partial \eta}&=\frac{\partial N_i}{\partial x}\frac{\partial x}{\partial \eta}+\frac{\partial N_i}{\partial y}\frac{\partial y}{\partial \eta}\end{aligned}\right\}\quad(i=1,2,3,4)\tag{4.15}$$

写成矩阵的形式，为

$$\begin{Bmatrix}\dfrac{\partial N_i}{\partial \xi}\\ \dfrac{\partial N_i}{\partial \eta}\end{Bmatrix}=\begin{bmatrix}\dfrac{\partial x}{\partial \xi} & \dfrac{\partial y}{\partial \xi}\\ \dfrac{\partial x}{\partial \eta} & \dfrac{\partial y}{\partial \eta}\end{bmatrix}\begin{Bmatrix}\dfrac{\partial N_i}{\partial x}\\ \dfrac{\partial N_i}{\partial y}\end{Bmatrix}\quad(i=1,2,3,4)\tag{4.16}$$

记

$$\boldsymbol{J}=\frac{\partial(x,y)}{\partial(\xi,\eta)}=\begin{bmatrix}\dfrac{\partial x}{\partial \xi} & \dfrac{\partial y}{\partial \xi}\\ \dfrac{\partial x}{\partial \eta} & \dfrac{\partial y}{\partial \eta}\end{bmatrix}\tag{4.17}$$

式中：$\boldsymbol{J}$ 为雅可比矩阵。

$\boldsymbol{J}$ 的逆矩阵为

$$\boldsymbol{J}^{-1}=\frac{1}{|\boldsymbol{J}|}\begin{bmatrix}\dfrac{\partial y}{\partial \eta} & -\dfrac{\partial y}{\partial \xi}\\ -\dfrac{\partial x}{\partial \eta} & \dfrac{\partial x}{\partial \xi}\end{bmatrix}\tag{4.18}$$

式中：$|\boldsymbol{J}|$ 为雅可比行列式。

$$|\boldsymbol{J}|=\begin{vmatrix}\dfrac{\partial x}{\partial \xi} & \dfrac{\partial y}{\partial \xi}\\ \dfrac{\partial x}{\partial \eta} & \dfrac{\partial y}{\partial \eta}\end{vmatrix}=\frac{\partial x}{\partial \xi}\frac{\partial y}{\partial \eta}-\frac{\partial x}{\partial \eta}\frac{\partial y}{\partial \xi}\tag{4.19}$$

于是，有

$$\begin{Bmatrix}\dfrac{\partial N_i}{\partial x}\\ \dfrac{\partial N_i}{\partial y}\end{Bmatrix}=\boldsymbol{J}^{-1}\begin{Bmatrix}\dfrac{\partial N_i}{\partial \xi}\\ \dfrac{\partial N_i}{\partial \eta}\end{Bmatrix}=\frac{1}{|\boldsymbol{J}|}\begin{bmatrix}\dfrac{\partial y}{\partial \eta} & -\dfrac{\partial y}{\partial \xi}\\ -\dfrac{\partial x}{\partial \eta} & \dfrac{\partial x}{\partial \xi}\end{bmatrix}\begin{Bmatrix}\dfrac{\partial N_i}{\partial \xi}\\ \dfrac{\partial N_i}{\partial \eta}\end{Bmatrix}\quad(i=1,2,3,4)\tag{4.20}$$

将式（4.14）代入式（4.20），得到

$$\left.\begin{aligned}\frac{\partial N_i}{\partial x}&=\frac{1}{|\boldsymbol{J}|}\left(\frac{\partial y}{\partial \eta}\frac{\partial N_i}{\partial \xi}-\frac{\partial y}{\partial \xi}\frac{\partial N_i}{\partial \eta}\right)=\frac{1}{|\boldsymbol{J}|}\left(\frac{\partial N_i}{\partial \xi}\sum_{i=1}^{4}\frac{\partial N_i}{\partial \eta}y_i-\frac{\partial N_i}{\partial \eta}\sum_{i=1}^{4}\frac{\partial N_i}{\partial \xi}y_i\right)\\ \frac{\partial N_i}{\partial y}&=\frac{1}{|\boldsymbol{J}|}\left(-\frac{\partial x}{\partial \eta}\frac{\partial N_i}{\partial \xi}+\frac{\partial x}{\partial \xi}\frac{\partial N_i}{\partial \eta}\right)=\frac{1}{|\boldsymbol{J}|}\left(\frac{\partial N_i}{\partial \eta}\sum_{i=1}^{4}\frac{\partial N_i}{\partial \xi}x_i-\frac{\partial N_i}{\partial \xi}\sum_{i=1}^{4}\frac{\partial N_i}{\partial \eta}x_i\right)\end{aligned}\right\}\quad(i=1,2,3,4)\tag{4.21}$$

式（4.21）就是形函数对整体坐标的导数计算公式。

4.2.3　用局部坐标表示的微分面积

在整体坐标系中，实际单元任一点的微分面积 $\mathrm{d}A$ 可取为局部坐标上微分矢量的乘积，如图 4.2（a）所示，$\mathrm{d}\boldsymbol{r}_\xi$ 为 ξ 坐标线上的微分矢量，$\mathrm{d}\boldsymbol{r}_\eta$ 为 η 坐标线上的微分矢量，有

$$\left.\begin{aligned}\mathrm{d}\boldsymbol{r}_\xi &= \mathrm{d}x\boldsymbol{i}+\mathrm{d}y\boldsymbol{j} = [x(\xi+\mathrm{d}\xi,\eta)-x(\xi,\eta)]\boldsymbol{i}+[y(\xi+\mathrm{d}\xi,\eta)-y(\xi,\eta)]\boldsymbol{j} = \frac{\partial x}{\partial\xi}\mathrm{d}\xi\boldsymbol{i}+\frac{\partial y}{\partial\xi}\mathrm{d}\xi\boldsymbol{j}\\ \mathrm{d}\boldsymbol{r}_\eta &= \mathrm{d}x\boldsymbol{i}+\mathrm{d}y\boldsymbol{j} = [x(\xi,\eta+\mathrm{d}\eta)-x(\xi,\eta)]\boldsymbol{i}+[y(\xi,\eta+\mathrm{d}\eta)-y(\xi,\eta)]\boldsymbol{j} = \frac{\partial x}{\partial\eta}\mathrm{d}\eta\boldsymbol{i}+\frac{\partial y}{\partial\eta}\mathrm{d}\eta\boldsymbol{j}\end{aligned}\right\} \tag{4.22}$$

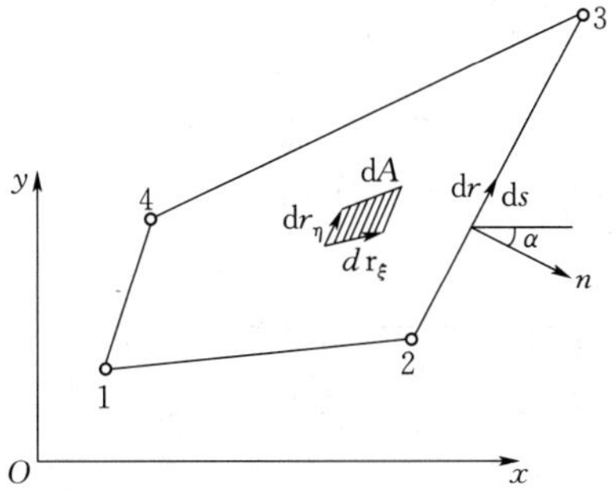

(a) 四结点任意四边形单元

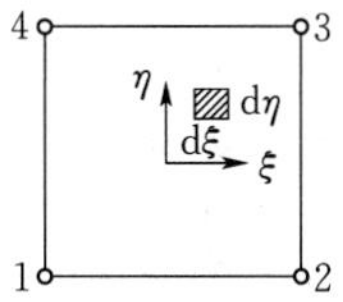

(b) 等参单元

图 4.2　用局部坐标表示微分面积

则有

$$\mathrm{d}A = |\mathrm{d}\,\boldsymbol{r}_\xi\times\mathrm{d}\,\boldsymbol{r}_\eta| = \begin{vmatrix}\dfrac{\partial x}{\partial\xi} & \dfrac{\partial y}{\partial\xi}\\ \dfrac{\partial x}{\partial\eta} & \dfrac{\partial y}{\partial\eta}\end{vmatrix}\mathrm{d}\xi\mathrm{d}\eta = |\boldsymbol{J}|\,\mathrm{d}\xi\mathrm{d}\eta \tag{4.23}$$

式（4.23）即为用局部坐标表示的整体坐标系中的面积元素的计算公式，可见，雅可比行列式 $|\boldsymbol{J}|$ 是实际单元微面积与母单元微面积的比值，即实际单元微分面积的放大（缩小）系数。

4.2.4　用局部坐标表示的微分线段及单元边界长度

在 $\eta=-1$ 的边界上，边界方程为$\begin{cases}x=\sum N_i(\xi,-1)x_i\\ y=\sum N_i(\xi,-1)y_i\end{cases}$，$\mathrm{d}\boldsymbol{r}=\dfrac{\partial x}{\partial\xi}\mathrm{d}\xi\boldsymbol{i}+\dfrac{\partial y}{\partial\xi}\mathrm{d}\xi\boldsymbol{j}$，则微分线段为

$$\mathrm{d}s|_{\eta=-1} = |\mathrm{d}\boldsymbol{r}| = \sqrt{\left(\frac{\partial x}{\partial\xi}\bigg|_{\eta=-1}\right)^2+\left(\frac{\partial y}{\partial\xi}\bigg|_{\eta=-1}\right)^2}\,\mathrm{d}\xi \tag{4.24}$$

边界长度为

$$l|_{\eta=-1} = \int_{-1}^{1}\sqrt{\left(\frac{\partial x}{\partial\xi}\bigg|_{\eta=-1}\right)^2+\left(\frac{\partial y}{\partial\xi}\bigg|_{\eta=-1}\right)^2}\,\mathrm{d}\xi \tag{4.25}$$

同理，在 $\eta=1$ 的边界上，边界方程为

$$\left.\begin{aligned}x&=\sum N_i(\xi,1)x_i\\ y&=\sum N_i(\xi,1)y_i\end{aligned}\right\} \tag{4.26}$$

微分线段为

$$\mathrm{d}s|_{\eta=1} = \sqrt{\left(\frac{\partial x}{\partial\xi}\bigg|_{\eta=1}\right)^2+\left(\frac{\partial y}{\partial\xi}\bigg|_{\eta=1}\right)^2}\,\mathrm{d}\xi \tag{4.27}$$

边界长度为

$$l|_{\eta=1} = \int_{-1}^{1} \sqrt{\left(\frac{\partial x}{\partial \xi}\bigg|_{\eta=1}\right)^2 + \left(\frac{\partial y}{\partial \xi}\bigg|_{\eta=1}\right)^2} \mathrm{d}\xi \tag{4.28}$$

在 $\xi=-1$ 的边界上，边界方程为

$$\left.\begin{aligned} x &= \sum N_i(-1,\eta)x_i \\ y &= \sum N_i(-1,\eta)y_i \end{aligned}\right\} \tag{4.29}$$

微分线段为

$$\mathrm{d}s|_{\xi=-1} = \sqrt{\left(\frac{\partial x}{\partial \eta}\bigg|_{\xi=-1}\right)^2 + \left(\frac{\partial y}{\partial \eta}\bigg|_{\xi=-1}\right)^2} \mathrm{d}\eta \tag{4.30}$$

边界长度为

$$l|_{\xi=-1} = \int_{-1}^{1} \sqrt{\left(\frac{\partial x}{\partial \eta}\bigg|_{\xi=-1}\right)^2 + \left(\frac{\partial y}{\partial \eta}\bigg|_{\xi=-1}\right)^2} \mathrm{d}\eta \tag{4.31}$$

在 $\xi=1$ 的边界上，边界方程为

$$\left.\begin{aligned} x &= \sum N_i(1,\eta)x_i \\ y &= \sum N_i(1,\eta)y_i \end{aligned}\right\} \tag{4.32}$$

微分线段为

$$\mathrm{d}s|_{\xi=1} = \sqrt{\left(\frac{\partial x}{\partial \eta}\bigg|_{\xi=1}\right)^2 + \left(\frac{\partial y}{\partial \eta}\bigg|_{\xi=1}\right)^2} \mathrm{d}\eta \tag{4.33}$$

边界长度为

$$l|_{\xi=1} = \int_{-1}^{1} \sqrt{\left(\frac{\partial x}{\partial \eta}\bigg|_{\xi=1}\right)^2 + \left(\frac{\partial y}{\partial \eta}\bigg|_{\xi=1}\right)^2} \mathrm{d}\eta \tag{4.34}$$

例如，对于四结点任意四边形单元，在 $\xi=1$ 的边界上，边界方程为

$$\left.\begin{aligned} x &= \frac{1}{2}(1-\eta)x_2 + \frac{1}{2}(1+\eta)x_3 \\ y &= \frac{1}{2}(1-\eta)y_2 + \frac{1}{2}(1+\eta)y_3 \end{aligned}\right\}, \quad \left.\begin{aligned} \frac{\partial x}{\partial \eta} &= \frac{1}{2}(x_3 - x_2) \\ \frac{\partial y}{\partial \eta} &= \frac{1}{2}(y_3 - y_2) \end{aligned}\right\} \tag{4.35}$$

代入式（4.33），得到

$$\mathrm{d}s|_{\xi=1} = \frac{1}{2}\sqrt{(x_3-x_2)^2 + (y_3-y_2)^2}\,\mathrm{d}\eta = \frac{1}{2}l_{23}\mathrm{d}\eta \tag{4.36}$$

同理，可得到

$$\mathrm{d}s|_{\xi=-1} = \frac{1}{2}l_{14}\mathrm{d}\eta, \quad \mathrm{d}s|_{\eta=1} = \frac{1}{2}l_{34}\mathrm{d}\xi, \quad \mathrm{d}s|_{\eta=1} = \frac{1}{2}l_{12}\mathrm{d}\xi \tag{4.37}$$

式中：l_{23} 为子单元上 2、3 两点之间距离的长度；另外三个量 l_{14}、l_{34}、l_{12} 以此类推。

以上四结点任意四边形单元微分线段的计算只是特例，在程序设计中仍然采用式（4.24）～式（4.34）进行计算机语言的编制和计算。

4.2.5 整体坐标单元边界外法向

在 $\xi=1$ 的边界上某点的外法向方向为 $\boldsymbol{n}$，如图 4.2（a）所示，设 $\boldsymbol{n}$ 的方向余弦为 l 和 m，则有：$l=\cos\alpha$，$m=-\sin\alpha$。该点的微分矢量为 $\mathrm{d}\boldsymbol{r} = \frac{\partial x}{\partial \eta}\mathrm{d}\eta\boldsymbol{i} + \frac{\partial y}{\partial \eta}\mathrm{d}\eta\boldsymbol{j}$。根据微分矢量与外法向的正交几何关系，有

$$\left.\begin{aligned} l &= \cos(\mathrm{d}\boldsymbol{r},y) = \frac{\dfrac{\partial y}{\partial \eta}}{\sqrt{\left(\dfrac{\partial x}{\partial \eta}\right)^2 + \left(\dfrac{\partial y}{\partial \eta}\right)^2}} \\ m &= -\sin\alpha = -\cos\left(\frac{\pi}{2} - \alpha\right) = -\cos(\mathrm{d}\boldsymbol{r},x) = \frac{-\dfrac{\partial x}{\partial \eta}}{\sqrt{\left(\dfrac{\partial x}{\partial \eta}\right)^2 + \left(\dfrac{\partial y}{\partial \eta}\right)^2}} \end{aligned}\right\} \tag{4.38}$$

同理，在 $\xi=-1$ 的边界上，有

$$\left.\begin{aligned} l &= \frac{-\dfrac{\partial y}{\partial \eta}}{\sqrt{\left(\dfrac{\partial x}{\partial \eta}\right)^2 + \left(\dfrac{\partial y}{\partial \eta}\right)^2}} \\ m &= \frac{\dfrac{\partial x}{\partial \eta}}{\sqrt{\left(\dfrac{\partial x}{\partial \eta}\right)^2 + \left(\dfrac{\partial y}{\partial \eta}\right)^2}} \end{aligned}\right\} \tag{4.39}$$

在 $\eta=1$ 的边界上，有

$$\left.\begin{aligned} l &= \frac{-\dfrac{\partial y}{\partial \xi}}{\sqrt{\left(\dfrac{\partial x}{\partial \xi}\right)^2 + \left(\dfrac{\partial y}{\partial \xi}\right)^2}} \\ m &= \frac{\dfrac{\partial x}{\partial \xi}}{\sqrt{\left(\dfrac{\partial x}{\partial \xi}\right)^2 + \left(\dfrac{\partial y}{\partial \xi}\right)^2}} \end{aligned}\right\} \tag{4.40}$$

在 $\eta=-1$ 的边界上，有

$$\left.\begin{aligned} l &= \frac{\dfrac{\partial y}{\partial \xi}}{\sqrt{\left(\dfrac{\partial x}{\partial \xi}\right)^2 + \left(\dfrac{\partial y}{\partial \xi}\right)^2}} \\ m &= \frac{-\dfrac{\partial x}{\partial \xi}}{\sqrt{\left(\dfrac{\partial x}{\partial \xi}\right)^2 + \left(\dfrac{\partial y}{\partial \xi}\right)^2}} \end{aligned}\right\} \tag{4.41}$$

4.3 平面等参单元的有限元计算

通过 4.2 节的分析，建立了整体坐标微分面积和微分线段的局部坐标表达式，本节将建立等参单元的应变转换矩阵、应力转换矩阵、单元刚度矩阵及等效结点荷载列阵，介绍等参单元的有限元计算。

4.3.1 应变转换矩阵

将位移模式 $u=\sum N_i u_i$，$v=\sum N_i v_i$ 代入几何方程，可得到

$$\boldsymbol{\varepsilon}=\begin{Bmatrix}\varepsilon_x\\ \varepsilon_y\\ \gamma_{xy}\end{Bmatrix}=\boldsymbol{Lu}=\boldsymbol{LN}\,\boldsymbol{a}^{\mathrm{e}}=\boldsymbol{L}[\boldsymbol{N}_1\quad \boldsymbol{N}_2\quad \boldsymbol{N}_3\quad \boldsymbol{N}_4]\boldsymbol{a}^{\mathrm{e}}$$

$$=[\boldsymbol{B}_1\quad \boldsymbol{B}_2\quad \boldsymbol{B}_3\quad \boldsymbol{B}_4]\boldsymbol{a}^{\mathrm{e}}=\boldsymbol{B}\,\boldsymbol{a}^{\mathrm{e}} \tag{4.42}$$

式中：$\boldsymbol{a}^{\mathrm{e}}$ 为单元的结点位移列阵，见式（4.11），代表了 4 个结点的 8 个结点位移值。应变转换矩阵的子矩阵为

$$\boldsymbol{B}_i=\begin{bmatrix}\frac{\partial}{\partial x} & 0\\ 0 & \frac{\partial}{\partial y}\\ \frac{\partial}{\partial y} & \frac{\partial}{\partial x}\end{bmatrix}\begin{bmatrix}N_i & 0\\ 0 & N_i\end{bmatrix}=\begin{bmatrix}\frac{\partial N_i}{\partial x} & 0\\ 0 & \frac{\partial N_i}{\partial y}\\ \frac{\partial N_i}{\partial y} & \frac{\partial N_i}{\partial x}\end{bmatrix}\quad (i=1,2,3,4) \tag{4.43}$$

4.3.2　应力转换矩阵

以平面应力问题为例，将式（4.42）代入物理方程，可得到以单元结点位移表示的单元应力，为

$$\boldsymbol{\sigma}=\boldsymbol{D\varepsilon}=\boldsymbol{DBa}^{\mathrm{e}}=\boldsymbol{D}[\boldsymbol{B}_1\quad \boldsymbol{B}_2\quad \boldsymbol{B}_3\quad \boldsymbol{B}_4]\boldsymbol{a}^{\mathrm{e}}$$

$$=[\boldsymbol{S}_1\quad \boldsymbol{S}_2\quad \boldsymbol{S}_3\quad \boldsymbol{S}_4]\boldsymbol{a}^{\mathrm{e}}=\boldsymbol{Sa}^{\mathrm{e}} \tag{4.44}$$

于是，可以得到 3×8 的应变转换矩阵 $\boldsymbol{S}$，应变转换矩阵的子矩阵 $\boldsymbol{S}_i$ 为

$$\boldsymbol{S}_i=\boldsymbol{DB}_i=\frac{E}{1-\mu^2}\begin{bmatrix}\frac{\partial N_i}{\partial x} & \mu\frac{\partial N_i}{\partial y}\\ \mu\frac{\partial N_i}{\partial x} & \frac{\partial N_i}{\partial y}\\ \frac{1-\mu}{2}\frac{\partial N_i}{\partial y} & \frac{1-\mu}{2}\frac{\partial N_i}{\partial x}\end{bmatrix}\quad (i=1,2,3,4) \tag{4.45}$$

对于平面应变问题，只需将式（4.45）的应力转换矩阵中的 E 换成 $\dfrac{E}{1-\mu^2}$，μ 换成 $\dfrac{\mu}{1-\mu}$ 即可。

4.3.3　单元刚度矩阵

利用等参单元的坐标变换，可以将原先在子单元上的积分区域转化到在母单元上的标准单元区域上进行积分，使得积分的上下限统一。应用 4.2 节微分面积的计算结果，可将单元刚度矩阵 $\boldsymbol{k}$ 写为

$$\boldsymbol{k}=\iint_{\Omega^{\mathrm{e}}}\boldsymbol{B}^{\mathrm{T}}\boldsymbol{DB}t\,\mathrm{d}x\mathrm{d}y=\int_{-1}^{1}\int_{-1}^{1}\boldsymbol{B}^{\mathrm{T}}\boldsymbol{DB}t\,|\boldsymbol{J}|\,\mathrm{d}\xi\mathrm{d}\eta \tag{4.46}$$

单元刚度矩阵可写成分块矩阵的形式，为

$$\boldsymbol{k}=\begin{bmatrix}\boldsymbol{k}_{11} & \boldsymbol{k}_{12} & \boldsymbol{k}_{13} & \boldsymbol{k}_{14}\\ \boldsymbol{k}_{21} & \boldsymbol{k}_{22} & \boldsymbol{k}_{23} & \boldsymbol{k}_{24}\\ \boldsymbol{k}_{31} & \boldsymbol{k}_{32} & \boldsymbol{k}_{33} & \boldsymbol{k}_{34}\\ \boldsymbol{k}_{41} & \boldsymbol{k}_{42} & \boldsymbol{k}_{43} & \boldsymbol{k}_{44}\end{bmatrix} \tag{4.47}$$

其中

$$k_{ij}=\int_{-1}^{1}\int_{-1}^{1}\boldsymbol{B}_i^{\mathrm{T}}\boldsymbol{D}\,\boldsymbol{B}_j t\,|\boldsymbol{J}|\,\mathrm{d}\xi\mathrm{d}\eta=\begin{bmatrix}H_{11} & H_{12}\\ H_{21} & H_{22}\end{bmatrix}\quad(i,j=1,2,3,4)\tag{4.48}$$

其中

$$H_{11}=\int_{-1}^{1}\int_{-1}^{1}\left[\frac{E}{1-\mu^2}\frac{\partial N_i}{\partial x}\frac{\partial N_j}{\partial x}+\frac{E}{2(1+\mu)}\frac{\partial N_i}{\partial y}\frac{\partial N_j}{\partial y}\right]t\,|\boldsymbol{J}|\,\mathrm{d}\xi\mathrm{d}\eta\tag{4.49}$$

$$H_{12}=\int_{-1}^{1}\int_{-1}^{1}\left[\frac{\mu E}{1-\mu^2}\frac{\partial N_i}{\partial x}\frac{\partial N_j}{\partial y}+\frac{E}{2(1+\mu)}\frac{\partial N_i}{\partial y}\frac{\partial N_j}{\partial x}\right]t\,|\boldsymbol{J}|\,\mathrm{d}\xi\mathrm{d}\eta\tag{4.50}$$

$$H_{21}=\int_{-1}^{1}\int_{-1}^{1}\left[\frac{\mu E}{1-\mu^2}\frac{\partial N_i}{\partial y}\frac{\partial N_j}{\partial x}+\frac{E}{2(1+\mu)}\frac{\partial N_i}{\partial x}\frac{\partial N_j}{\partial y}\right]t\,|\boldsymbol{J}|\,\mathrm{d}\xi\mathrm{d}\eta\tag{4.51}$$

$$H_{22}=\int_{-1}^{1}\int_{-1}^{1}\left[\frac{E}{1-\mu^2}\frac{\partial N_i}{\partial y}\frac{\partial N_j}{\partial y}+\frac{E}{2(1+\mu)}\frac{\partial N_i}{\partial x}\frac{\partial N_j}{\partial x}\right]t\,|\boldsymbol{J}|\,\mathrm{d}\xi\mathrm{d}\eta\tag{4.52}$$

4.3.4 等效结点荷载列阵

1. 集中力的等效结点荷载

设在矩阵单元 M 点上作用集中力 $\boldsymbol{P}$，$\boldsymbol{P}=[P_x\quad P_y]^{\mathrm{T}}$，它的等效结点荷载列阵为

$$\boldsymbol{R}^e=[R_{ix}\quad R_{iy}\quad R_{jx}\quad R_{jy}\quad R_{mx}\quad R_{my}\quad R_{px}\quad R_{py}]^{\mathrm{T}}\tag{4.53}$$

由虚功原理可得 $\boldsymbol{R}^e=\boldsymbol{N}^{\mathrm{T}}\boldsymbol{P}$，展开写成

$$\boldsymbol{R}^e=[N_1P_x\quad N_1P_y\quad N_2P_x\quad N_2P_y\quad N_3P_x\quad N_3P_y\quad N_4P_x\quad N_4P_y]^{\mathrm{T}}\tag{4.54}$$

即

$$R_{ix}=N_i|_{M(x,y)}P_x,\qquad R_{iy}=N_i|_{M(x,y)}P_y\quad(i=1,2,3,4)\tag{4.55}$$

在实际计算中，由于集中力总是作用在单元结点上，所以可直接给出其结点荷载，而不必进行计算。

2. 分布体力的等效结点荷载列阵

设分布体力为 $\boldsymbol{f}=[f_x\quad f_y]^{\mathrm{T}}$，其中 f_x、f_y 为体力分量的集度，设单元厚度为 t，可将微分体积 $t\mathrm{d}x\mathrm{d}y$ 上的体力 $\boldsymbol{f}t\mathrm{d}x\mathrm{d}y$ 作为集中荷载 $\mathrm{d}\boldsymbol{P}$，代入 $\boldsymbol{R}^e=\boldsymbol{N}^{\mathrm{T}}\boldsymbol{P}$，得到

$$\boldsymbol{R}^e=\iint_{\Omega^e}N^{\mathrm{T}}\mathrm{d}\boldsymbol{P}=\iint_{\Omega^e}N^{\mathrm{T}}\boldsymbol{f}t\,\mathrm{d}x\mathrm{d}y\tag{4.56}$$

代入整体坐标微分面积的计算公式，得到

$$\boldsymbol{R}^e=\int_{-1}^{1}\int_{-1}^{1}\boldsymbol{N}^{\mathrm{T}}\boldsymbol{f}t\,|\boldsymbol{J}|\,\mathrm{d}\xi\mathrm{d}\eta\tag{4.57}$$

写成展开式的形式，为

$$\left.\begin{aligned}R_{ix}&=\int_{-1}^{1}\int_{-1}^{1}N_if_xt\,|\boldsymbol{J}|\,\mathrm{d}\xi\mathrm{d}\eta\\ R_{iy}&=\int_{-1}^{1}\int_{-1}^{1}N_if_yt\,|\boldsymbol{J}|\,\mathrm{d}\xi\mathrm{d}\eta\end{aligned}\right\}\quad(i=1,2,3,4)\tag{4.58}$$

设单元厚度 t 为常量，则重力在局部坐标下的等效结点荷载为

$$R_{ix}=0,\quad R_{iy}=f_y t\int_{-1}^{1}\int_{-1}^{1}N_i\,|\boldsymbol{J}|\,\mathrm{d}\xi\mathrm{d}\eta\quad(i=1,2,3,4)\tag{4.59}$$

式中：f_y 为重力 y 向分量的集度。

3. 分布面力的等效结点荷载列阵

设分布面力为 $\bar{\boldsymbol{f}}=\left[\bar{f}_x\quad\bar{f}_y\right]^{\mathrm{T}}$，其中 $\bar{f}_x$，$\bar{f}_y$ 为体力分量的集度，设单元厚度为 t，可将微分面积 $t\mathrm{d}s$ 上的面力 $\bar{\boldsymbol{f}}t\mathrm{d}s$ 作为集中荷载 $\mathrm{d}\boldsymbol{P}$，代入 $\boldsymbol{R}^{\mathrm{e}}=\boldsymbol{N}^{\mathrm{T}}\boldsymbol{P}$，得到

$$\boldsymbol{R}^{\mathrm{e}}=\int_{S^{\mathrm{e}}}\boldsymbol{N}^{\mathrm{T}}\mathrm{d}\boldsymbol{P}=\int_{S^{\mathrm{e}}}\boldsymbol{N}^{\mathrm{T}}\bar{\boldsymbol{f}}t\mathrm{d}s\tag{4.60}$$

写成展开式的形式，为

$$R_{ix}=\int_{S^{\mathrm{e}}}N_i\bar{f}_x t\mathrm{d}s,\qquad R_{iy}=\int_{S^{\mathrm{e}}}N_i\bar{f}_y t\mathrm{d}s\quad(i=1,2,3,4)\tag{4.61}$$

例如，在 $\xi=\pm1$ 的边界上，代入整体坐标下微分线段的计算公式，得到

$$\boldsymbol{R}^{\mathrm{e}}=\int_{-1}^{1}\boldsymbol{N}^{\mathrm{T}}\bar{\boldsymbol{f}}t\sqrt{\left(\frac{\partial x}{\partial\eta}\bigg|_{\xi=\pm1}\right)^2+\left(\frac{\partial y}{\partial\eta}\bigg|_{\xi=\pm1}\right)^2}\,\mathrm{d}\eta\tag{4.62}$$

写成分量的形式，为

$$R_{ix}=\int_{-1}^{1}N_i\,|_{\xi=\pm1}\bar{f}_x t\sqrt{\left(\frac{\partial x}{\partial\eta}\bigg|_{\xi=\pm1}\right)^2+\left(\frac{\partial y}{\partial\eta}\bigg|_{\xi=\pm1}\right)^2}\,\mathrm{d}\eta\tag{4.63}$$

$$R_{iy}=\int_{-1}^{1}N_i\,|_{\xi=\pm1}\bar{f}_y t\sqrt{\left(\frac{\partial x}{\partial\eta}\bigg|_{\xi=\pm1}\right)^2+\left(\frac{\partial y}{\partial\eta}\bigg|_{\xi=\pm1}\right)^2}\,\mathrm{d}\eta\tag{4.64}$$

同理，在 $\eta=\pm1$ 的边界上，有

$$\boldsymbol{R}^{\mathrm{e}}=\int_{-1}^{1}N^{\mathrm{T}}\bar{\boldsymbol{f}}t\sqrt{\left(\frac{\partial x}{\partial\xi}\bigg|_{\eta=\pm1}\right)^2+\left(\frac{\partial y}{\partial\xi}\bigg|_{\eta=\pm1}\right)^2}\,\mathrm{d}\xi\tag{4.65}$$

写成分量的形式，为

$$R_{ix}=\int_{-1}^{1}N_i\,|_{\eta=\pm1}\bar{f}_x t\sqrt{\left(\frac{\partial x}{\partial\xi}\bigg|_{\eta=\pm1}\right)^2+\left(\frac{\partial y}{\partial\xi}\bigg|_{\eta=\pm1}\right)^2}\,\mathrm{d}\xi\tag{4.66}$$

$$R_{iy}=\int_{-1}^{1}N_i\,|_{\eta=\pm1}\bar{f}_y t\sqrt{\left(\frac{\partial x}{\partial\xi}\bigg|_{\eta=\pm1}\right)^2+\left(\frac{\partial y}{\partial\xi}\bigg|_{\eta=\pm1}\right)^2}\,\mathrm{d}\xi\tag{4.67}$$

如果在单元边界上受法向分布面力，那么式（4.62）和式（4.65）还可以进一步简化。设在 $\xi=1$ 的边界上有法向分布面力 $q(\eta)$，则面力矢量为 $\bar{\boldsymbol{f}}=\begin{Bmatrix}l\\m\end{Bmatrix}q(\eta)$，将其代入式（4.62），并代入 4.2 节计算的 l 和 m 值，于是有

$$\boldsymbol{R}^{\mathrm{e}}=\int_{-1}^{1}\boldsymbol{N}^{\mathrm{T}}\begin{Bmatrix}l\\m\end{Bmatrix}q(\eta)t\sqrt{\left(\frac{\partial x}{\partial\eta}\bigg|_{\xi=\pm1}\right)^2+\left(\frac{\partial y}{\partial\eta}\bigg|_{\xi=\pm1}\right)^2}\,\mathrm{d}\eta=\int_{-1}^{1}\boldsymbol{N}^{\mathrm{T}}\begin{Bmatrix}\dfrac{\partial y}{\partial\eta}\\-\dfrac{\partial x}{\partial\eta}\end{Bmatrix}q(\eta)t\mathrm{d}\eta\tag{4.68}$$

例 4.1 如图 4.3 所示的平行四边形单元，底边长为 a，斜边长为 b，在边界 34 上作用有三角形分布荷载 q，试分别计算重力和三角形分布荷载作用下的该等参单元的等效结点荷载列阵。

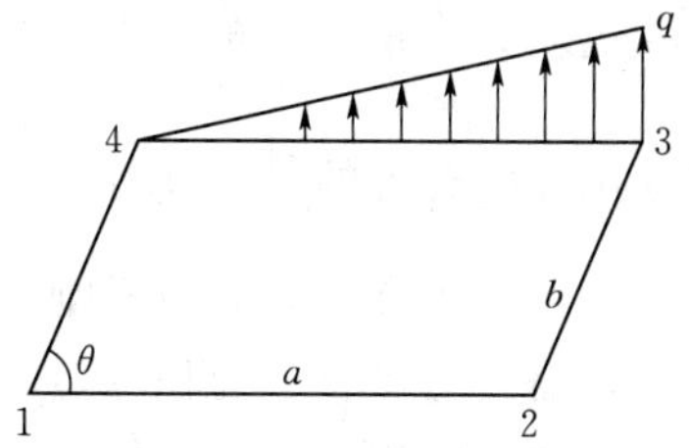

图 4.3 平行四边形单元

解： 已知重力的集度为 $\boldsymbol{f}=[0\quad -\rho g]^{\mathrm{T}}$，则由分布体力的等效结点荷载列阵计算式 (4.57)，有

$$\boldsymbol{R}^{\mathrm{e}}=\int_{-1}^{1}\int_{-1}^{1}\boldsymbol{N}^{\mathrm{T}}\begin{Bmatrix}0\\-\rho g\end{Bmatrix}t\,|\boldsymbol{J}|\,\mathrm{d}\xi\mathrm{d}\eta$$

$$=-\rho g t\int_{-1}^{1}\int_{-1}^{1}[0\quad N_1\quad 0\quad N_2\quad 0\quad N_3\quad 0\quad N_4]^{\mathrm{T}}\,|\boldsymbol{J}|\,\mathrm{d}\xi\mathrm{d}\eta$$

其中，雅可比行列式的值为

$$|\boldsymbol{J}|=\begin{vmatrix}\dfrac{\partial x}{\partial \xi} & \dfrac{\partial y}{\partial \xi}\\ \dfrac{\partial x}{\partial \eta} & \dfrac{\partial y}{\partial \eta}\end{vmatrix}$$

$$=\frac{1}{16}\begin{vmatrix}(1-\eta)(x_2-x_1)+(1+\eta)(x_3-x_4) & (1-\eta)(y_2-y_1)+(1+\eta)(y_3-y_4)\\(1-\xi)(x_4-x_1)+(1+\xi)(x_3-x_2) & (1-\xi)(y_4-y_1)+(1+\xi)(y_3-y_2)\end{vmatrix}$$

$$=\frac{1}{16}\begin{vmatrix}2a & 0\\2b\cos\theta & 2b\sin\theta\end{vmatrix}=\frac{1}{4}ab\sin\theta=\frac{1}{4}A$$

其中，A 是子单元面积，于是有

$$\boldsymbol{R}^{\mathrm{e}}=-\frac{\rho g t A}{4}\int_{-1}^{1}\int_{-1}^{1}[0\quad N_1\quad 0\quad N_2\quad 0\quad N_3\quad 0\quad N_4]^{\mathrm{T}}\mathrm{d}\xi\mathrm{d}\eta$$

$$=-\frac{\rho g t A}{4}[0\quad 1\quad 0\quad 1\quad 0\quad 1\quad 0\quad 1]^{\mathrm{T}}$$

即重力的等效结点荷载列阵是将单元自重平均分配到 4 个结点上。

下面计算三角形分布荷载的等效结点荷载列阵。在 $\eta=1$ 的边界上（对应边界 34）的三角形分布面力，其面力集度可表示为 $\bar{\boldsymbol{f}}=\left[0\quad \frac{1}{2}(1+\xi)q\right]^{\mathrm{T}}$，代入式 $\boldsymbol{R}^{\mathrm{e}}=\int_{S^{\mathrm{e}}}\boldsymbol{N}^{\mathrm{T}}\bar{\boldsymbol{f}}t\mathrm{d}s$，并考虑到 $ds|_{\eta=1}=\frac{1}{2}l_{34}d\xi$，有

$$\boldsymbol{R}^{\mathrm{e}}=\int_{-1}^{1}N^{\mathrm{T}}\begin{Bmatrix}0\\\frac{1}{2}(1+\xi)q\end{Bmatrix}t\,\frac{1}{2}a\,\mathrm{d}\xi=\frac{1}{2}qta\int_{-1}^{1}(1+\xi)\,[0\quad N_1\quad 0\quad N_2\quad 0\quad N_3\quad 0\quad N_4]^{\mathrm{T}}\mathrm{d}\xi$$

在 $\eta=1$ 的边界上，$N_1=0$，$N_2=0$，$N_3=\frac{1}{2}(1+\xi)$，$N_4=\frac{1}{2}(1-\xi)$，代入上式，经过计算，得到

$$\boldsymbol{R}^{\mathrm{e}}=\frac{1}{2}qta\left[0\quad 0\quad 0\quad 0\quad 0\quad \frac{2}{3}\quad 0\quad \frac{1}{3}\right]^{\mathrm{T}}$$

上式表明，三角形分布面力的等效结点荷载列阵是将分布面力合力的 $\frac{2}{3}$ 分配给 q 作用的所在结点，合力的 $\frac{1}{3}$ 分配给边界的另外一个结点。

可以看出，等参单元的单元刚度矩阵和等效结点荷载列阵的计算都涉及大量的积分运算，因此，需要寻求合适的积分运算方法。该方法一方面需要较快的积分运算速度，另一方面，也需要保证积分运算的精度。这成为等参单元程序设计中必须要考虑的一个重要问题。4.4 节将对此问题进行分析和解决。

4.4　高斯数值积分计算方法

由 4.3 节的分析可知，分布面力的等效结点荷载列阵计算可归结为标准积分形式，为

$$\mathrm{I} = \int_{-1}^{1} F(\xi)\mathrm{d}\xi \tag{4.69}$$

而分布体力和单元刚度矩阵元素计算的标准积分形式为

$$\mathrm{II} = \int_{-1}^{1}\int_{-1}^{1} F(\xi,\eta)\mathrm{d}\xi\mathrm{d}\eta \tag{4.70}$$

在空间问题中还将遇到三维积分形式，为

$$\mathrm{III} = \int_{-1}^{1}\int_{-1}^{1}\int_{-1}^{1} F(\xi,\eta,\zeta)\mathrm{d}\xi\mathrm{d}\eta\mathrm{d}\zeta \tag{4.71}$$

在一般情况下，由于被积函数比较复杂，很难获得积分的原函数，上述积分计算只能采用数值积分计算方法。数值积分方法包括两类：一类是等间距数值积分，如辛普森方法等；另一类是不等间距数值积分方法，如高斯数值积分方法。高斯数值积分方法对积分点位置进行了优化处理，所以具有比较高的精度。本节将介绍高斯数值积分计算方法。

4.4.1　一般插值求积法

对 $\int_{-1}^{1} F(\xi)\mathrm{d}\xi$ 的数值积分公式是矩形求积公式和梯形求积公式，令 $\xi_1 = -1$，$\xi_n = 1$，在区间 $[\xi_1, \xi_n]$ 上设置 n 个求积节点，即 $\xi_1, \xi_2, \cdots, \xi_n$，则

矩形求积公式为

$$\int_{-1}^{1} F(\xi)\mathrm{d}\xi = \sum_{i=1}^{n-1} F(\xi_i)(\xi_{i+1} - \xi_i) \tag{4.72}$$

梯形求积公式为

$$\int_{-1}^{1} F(\xi)\mathrm{d}\xi = \sum_{i=1}^{n-1} \frac{F(\xi_{i+1}) + F(\xi_i)}{2}(\xi_{i+1} - \xi_i) \tag{4.73}$$

只有当 $F(\xi)$ 为常数或零次多项式时矩形求积公式才精确成立，只有当 $F(\xi)$ 为零次或一次多项式时梯形求积公式才精确成立。能使数值积分公式精确成立的最高多项式次数，称为该数值积分计算公式的代数精确度。所以，矩形求积公式具有零次代数精确度，梯形

公式具有一次代数精确度。代数精确度越高，计算结果越精确。式（4.72）和式（4.73）可合并写成一般形式，为

$$\int_{-1}^{1} F(\xi)\mathrm{d}\xi = \sum_{i=1}^{n} H_i F(\xi_i) \tag{4.74}$$

式中：n 为积分点的个数，其值为节点数减 1；ξ_i 为积分点坐标，简称为积分点；H_i 为积分权系数，又称为求积系数。

4.4.2 一维高斯数值积分公式

在被积函数 $F(\xi)$ 已知的情况下，为了获得标准积分的解，根据式（4.74），需要已知积分点数量，分别求出积分点坐标 ξ_i 和积分权系数 H_i 。

根据 1.5 节的拉格朗日插值方法，可将 $F(\xi)$ 写成 n 个插值点的拉格朗日插值多项式，为

$$F(\xi) = \sum_{i=1}^{n} l_i^{n-1}(\xi) F(\xi_i) \tag{4.75}$$

可将式（4.75）写成展开式的形式，为

$$F(\xi) = l_1^{n-1}(\xi)F(\xi_1) + l_2^{n-1}(\xi)F(\xi_2) + \cdots + l_n^{n-1}(\xi)F(\xi_n) \tag{4.76}$$

式中：$l_i^{n-1}(\xi)$ 为 $n-1$ 阶拉格朗日插值函数。

$l_i^{n-1}(\xi)$ 的表达式为

$$l_i^{n-1}(\xi) = \frac{\xi-\xi_1}{\xi_i-\xi_1}\,\frac{\xi-\xi_2}{\xi_i-\xi_3}\cdots\frac{\xi-\xi_{i-1}}{\xi_i-\xi_{i-1}}\,\frac{\xi-\xi_{i+1}}{\xi_i-\xi_{i+1}}\cdots\frac{\xi-\xi_n}{\xi_i-\xi_n} \tag{4.77}$$

将式（4.75）代入 $\int_{-1}^{1} F(\xi)\mathrm{d}\xi$，得到

$$\int_{-1}^{1} F(\xi)\mathrm{d}\xi = \int_{-1}^{1} \sum_{i=1}^{n} l_i^{n-1}(\xi)F(\xi_i)\mathrm{d}\xi = \sum_{i=1}^{n}\left[\int_{-1}^{1} l_i^{n-1}(\xi)\mathrm{d}\xi\right]F(\xi_i) \tag{4.78}$$

将式（4.78）和式（4.74）对比，得到

$$H_i = \int_{-1}^{1} l_i^{n-1}(\xi)\mathrm{d}\xi \tag{4.79}$$

将式（4.77）的拉格朗日插值函数 $l_i^{n-1}(\xi)$ 的代入式（4.79），即可求得积分权系数 H_i 。式（4.79）表明，积分权系数 H_i 与被积函数 $F(\xi)$ 无关，仅与积分点个数和积分点坐标 ξ_i 有关，因此，在积分点个数给定的情况下，需要首先求出积分点坐标 ξ_i ，再来计算积分权系数 H_i 。

积分点坐标 ξ_i 按式（4.80）求解，为

$$\int_{-1}^{1} \xi^{i-1} P(\xi)\mathrm{d}\xi = 0 \quad (i = 1,2,\cdots,n) \tag{4.80}$$

式中：ξ^{i-1} 为 ξ 的 $i-1$ 次幂；$P(\xi)$ 为关于 ξ 的 n 次多项式。

$$P(\xi) = (\xi-\xi_1)(\xi-\xi_2)\cdots(\xi-\xi_n) = \prod_{j=1}^{n}(\xi-\xi_j) \tag{4.81}$$

式中：n 为积分点个数。

通过将式（4.81）中的 $P(\xi)$ 表达式代入式（4.80），可得到 n 个方程，这些方程中包含了 n 个积分点坐标 ξ_i ，联立方程组求解即可获得 n 个积分点坐标 ξ_i 。

积分点数量越多，数值积分计算的精度就越高，当被积函数 $F(\xi)$ 为自变量的 m 次多项式时，积分点个数 n 需要满足

$$n \geqslant \frac{m+1}{2} \tag{4.82}$$

那么，应用高斯数值积分就可以计算得到精确的积分值。

通过上述分析发现，积分点坐标 ξ_i 和积分权系数 H_i 都只与积分点个数 n 有关，与被积函数 $F(\xi)$ 无关。因此，只要给定积分点个数 n ，就可以通过式（4.80）联立方程，解出积分点坐标 ξ_i ，再将积分点坐标 ξ_i 代入式（4.79），解出积分权系数 H_i 。于是，表4.2给出了 $n=1\sim5$ 对应的积分点坐标和积分权系数。在实际计算中，可以查表4.2直接获得计算积分点个数所对应的积分点坐标和积分权系数。

表4.2　　不同积分点个数对应的积分点坐标和积分权系数

积分点个数 n	$L(\xi)$	积分点坐标 ξ_i	积分权系数 H_i
1	ξ	0	2
2	$\frac{1}{2}(3\xi^2-1)$	$-\frac{1}{\sqrt{3}}, \frac{1}{\sqrt{3}}$	1，1
3	$\frac{1}{2}(5\xi^3-3\xi)$	$-\sqrt{\frac{3}{5}}$, 0, $\sqrt{\frac{3}{5}}$	$\frac{5}{9}, \frac{8}{9}, \frac{5}{9}$
4	$\frac{1}{8}(35\xi^4-30\xi^2+3)$	±0.861136， ±0.339981	0.347855， 0.652145
5	$\frac{1}{8}(63\xi^5-70\xi^3+15\xi)$	±0.90618， ±0.538469， 0	0.236927， 0.478629， 0.568889

表4.2中的 $L(\xi)=\dfrac{1}{2^n n!}\dfrac{\mathrm{d}^n(\xi^2-1)^n}{\mathrm{d}\xi^n}$ ，称为勒让德多项式。为了简化计算，避免采用式（4.80）的联立方程求解，在积分点个数确定后，可以通过积分点坐标满足 $L(\xi_i)=0$ 来确定积分点坐标 ξ_i ，这和式（4.80）的计算结果是一样的，即积分点坐标 ξ_i 是勒让德多项式 $L(\xi)$ 的根。

例4.2　采用式（4.79）和式（4.80）计算两点高斯数值积分的积分点坐标和积分权系数。

解：已知积分点个数 $n=2$ ，先计算两点积分的坐标 ξ_1 、ξ_2 。

二次多项式为 $P(\xi)=(\xi-\xi_1)(\xi-\xi_2)$ ，将其代入 $\int_{-1}^{1}\xi^{i-1}P(\xi)\mathrm{d}\xi=0\ (i=1,2)$ ，得到

$$\int_{-1}^{1}(\xi-\xi_1)(\xi-\xi_2)\mathrm{d}\xi=\frac{2}{3}+2\xi_1\xi_2=0 \qquad (i=1)$$

$$\int_{-1}^{1}\xi(\xi-\xi_1)(\xi-\xi_2)\mathrm{d}\xi=-\frac{2}{3}(\xi_1+\xi_2)=0 \qquad (i=2)$$

联立上面包含 ξ_1 、ξ_2 的方程，解出 $\xi_1=-\frac{1}{\sqrt{3}}$，$\xi_2=\frac{1}{\sqrt{3}}$。

再将积分点坐标值代入式（4.79）计算积分权系数，为

$$H_1=\int_{-1}^{1}l_1^1(\xi)\mathrm{d}\xi=\int_{-1}^{1}\frac{(\xi-\xi_2)}{(\xi_1-\xi_2)}\mathrm{d}\xi=1$$

$$H_2=\int_{-1}^{1}l_2^1(\xi)\mathrm{d}\xi=\int_{-1}^{1}\frac{(\xi-\xi_1)}{(\xi_2-\xi_1)}\mathrm{d}\xi=1$$

可见，积分点坐标和积分权系数的计算结果和表 4.2 一致。

例 4.3　已知 $f(x)=3x^3+3x^2-x+2$，试用高斯积分计算 $\int_{-1}^{1}f(x)\mathrm{d}x$。

解： 被积函数 $f(x)$ 为 3 次多项式，因此，积分点个数 $n\geqslant\frac{m+1}{2}=2$，取 $n=2$，查表 4.2，得到两个积分点的坐标和积分权系数，有

$$x_1=-\frac{1}{\sqrt{3}},\ x_2=\frac{1}{\sqrt{3}},\ H_1=1,\ H_2=1$$

将 x_1 、x_2 代入 $f(x)$，得到 $f(x_1)=3$，$f(x_2)=3$，于是，有

$$\int_{-1}^{1}f(x)\mathrm{d}x=\sum_{i=1}^{2}H_if(x_i)=H_1f(x_1)+H_2f(x_2)=6$$

可见，采用两个积分点位置的高斯数值积分的计算结果和直接积分计算的精确解相等，这是因为，题中采用的代两个积分点数目已经满足了式（4.82）的要求。

4.4.3　二维高斯数值积分公式

利用一维高斯数值积分计算公式，可以推导得到二维高斯数值积分计算公式。根据二重积分可化为二次积分的性质，有

$$\int_{-1}^{1}\int_{-1}^{1}F(\xi,\eta)\mathrm{d}\xi\mathrm{d}\eta=\int_{-1}^{1}\left[\int_{-1}^{1}F(\xi,\eta)\mathrm{d}\xi\right]\mathrm{d}\eta=\int_{-1}^{1}\left[\sum_{i=1}^{n}H_iF(\xi_i,\eta)\right]\mathrm{d}\eta=\sum_{i=1}^{n}H_i\int_{-1}^{1}[F(\xi_i,\eta)\mathrm{d}\eta]$$

$$=\sum_{i=1}^{n}H_i\left[\sum_{j=1}^{n}H_jF(\xi_i,\eta_j)\right]=\sum_{i=1}^{n}\sum_{j=1}^{n}H_iH_jF(\xi_i,\eta_j) \qquad (4.83)$$

即

$$\int_{-1}^{1}\int_{-1}^{1}F(\xi,\eta)\mathrm{d}\xi\mathrm{d}\eta=\sum_{i=1}^{n}\sum_{j=1}^{n}H_iH_jF(\xi_i,\eta_j) \qquad (4.84)$$

式中：(ξ_i, η_j) 为积分点坐标；H_i 、H_j 为积分权系数。

式（4.84）即为二维问题的高斯数值积分计算公式。同理，可以得到三维问题的高斯数值积分计算公式，为

$$\int_{-1}^{1}\int_{-1}^{1}\int_{-1}^{1} F(\xi,\eta,\zeta)\mathrm{d}\xi\mathrm{d}\eta\mathrm{d}\zeta = \sum_{i=1}^{n}\sum_{j=1}^{n}\sum_{k=1}^{n} H_i H_j H_k F(\xi_i, \eta_j, \zeta_k) \tag{4.85}$$

下面分析等参单元有限元计算中的各个量需要采用多少个积分点才能取得精确解，以及这些量对应的高斯数值积分计算公式。

1. 分布体力引起的等效节点荷载

分布体力引起的等效节点、荷载为

$$\boldsymbol{R}^{\mathrm{e}} = \int_{-1}^{1}\int_{-1}^{1} \boldsymbol{N}^{\mathrm{T}} \boldsymbol{f} t \,|\boldsymbol{J}|\, \mathrm{d}\xi\mathrm{d}\eta \tag{4.86}$$

式（4.86）中，四结点任意四边形等参单元的形函数 N_i 对每个局部坐标都是一次式，所以 $\boldsymbol{N}^{\mathrm{T}}$ 中的各个元素对局部坐标的最高幂次也是1，设体力矢量 $\boldsymbol{f}$ 为常量，而雅可比行列式 $|\boldsymbol{J}|$ 的元素对每个局部坐标的最高幂次也是1，因此，被积函数 $F(\xi,\eta)$ 对每个局部坐标的最高幂次 $m=2$，积分点个数要求 $n \geqslant \dfrac{m+1}{2} = 1.5$，取 $n=2$，则积分点坐标和积分权系数为

$$\xi_1 = -\frac{1}{\sqrt{3}}, \quad \xi_2 = \frac{1}{\sqrt{3}}, \quad H_1 = 1, \quad H_2 = 1 \tag{4.87}$$

两个方向共需积分点数目为 $2^2 = 4$ 个，积分点坐标为

$$\left.\begin{aligned}
(\xi_1, \eta_1) &= \left(-\frac{1}{\sqrt{3}}, -\frac{1}{\sqrt{3}}\right)\\
(\xi_1, \eta_2) &= \left(-\frac{1}{\sqrt{3}}, \frac{1}{\sqrt{3}}\right)\\
(\xi_2, \eta_1) &= \left(\frac{1}{\sqrt{3}}, -\frac{1}{\sqrt{3}}\right)\\
(\xi_2, \eta_2) &= \left(\frac{1}{\sqrt{3}}, \frac{1}{\sqrt{3}}\right)
\end{aligned}\right\} \tag{4.88}$$

则有

$$\begin{aligned}
\boldsymbol{R}^{\mathrm{e}} &= \int_{-1}^{1}\int_{-1}^{1} F(\xi,\eta)\mathrm{d}\xi\mathrm{d}\eta = \sum_{i=1}^{2}\sum_{j=1}^{2} H_i H_j F(\xi_i, \eta_j)\\
&= H_1[H_1 F(\xi_1, \eta_1) + H_2 F(\xi_1, \eta_2)] + H_2[H_1 F(\xi_2, \eta_1) + H_2 F(\xi_2, \eta_2)]\\
&= F(\xi_1, \eta_1) + F(\xi_1, \eta_2) + F(\xi_2, \eta_1) + F(\xi_2, \eta_2)
\end{aligned} \tag{4.89}$$

代入积分点坐标，得到

$$\boldsymbol{R}^{\mathrm{e}} = F\left(-\frac{1}{\sqrt{3}}, -\frac{1}{\sqrt{3}}\right) + F\left(-\frac{1}{\sqrt{3}}, \frac{1}{\sqrt{3}}\right) + F\left(\frac{1}{\sqrt{3}}, -\frac{1}{\sqrt{3}}\right) + F\left(\frac{1}{\sqrt{3}}, \frac{1}{\sqrt{3}}\right) \tag{4.90}$$

2. 分布面力引起的等效节点荷载

以 $\xi=1$ 的边界为例，有

$$\boldsymbol{R}^{\mathrm{e}}=\int_{-1}^{1}\boldsymbol{N}^{\mathrm{T}}\bar{\boldsymbol{f}}t\sqrt{\left(\frac{\partial x}{\partial\eta}\bigg|_{\xi=1}\right)^2+\left(\frac{\partial y}{\partial\eta}\bigg|_{\xi=1}\right)^2}\mathrm{d}\eta \tag{4.91}$$

对于四结点任意四边形等参单元，式（4.91）中 $\boldsymbol{N}^{\mathrm{T}}$ 的各个元素对 η 的最高幂次是 1，设面力矢量 $\bar{\boldsymbol{f}}$ 线性分布，也是 η 的一次函数，而 $\sqrt{\left(\frac{\partial x}{\partial\eta}\Big|_{\xi=1}\right)^2+\left(\frac{\partial y}{\partial\eta}\Big|_{\xi=1}\right)^2}$ 是一个常数项，因此，被积函数 $F(1,\eta)$ 对 η 坐标的最高幂次 $m=2$，积分点个数要求 $n\geqslant\frac{m+1}{2}=1.5$。取 $n=2$，则积分点坐标和积分权系数为

$$\eta_1=-\frac{1}{\sqrt{3}},\quad \eta_2=\frac{1}{\sqrt{3}},\quad H_1=1,\quad H_2=1 \tag{4.92}$$

则有

$$\boldsymbol{R}^{\mathrm{e}}=\int_{-1}^{1}\boldsymbol{N}^{\mathrm{T}}\bar{\boldsymbol{f}}t\sqrt{\left(\frac{\partial x}{\partial\eta}\bigg|_{\xi=1}\right)^2+\left(\frac{\partial y}{\partial\eta}\bigg|_{\xi=1}\right)^2}\mathrm{d}\eta=\sum_{i=1}^{n}H_iF(\eta_i) \tag{4.93}$$

即

$$\boldsymbol{R}^{\mathrm{e}}=F\left(1,-\frac{1}{\sqrt{3}}\right)+F\left(1,\frac{1}{\sqrt{3}}\right)\quad(\xi=1\text{ 的边界}) \tag{4.94}$$

同理，可得到在其他三个边界的分布面力对应等效结点荷载的高斯数值积分计算公式，为

$$\boldsymbol{R}^{\mathrm{e}}=F\left(-1,-\frac{1}{\sqrt{3}}\right)+F\left(-1,\frac{1}{\sqrt{3}}\right)\quad(\xi=-1\text{ 的边界}) \tag{4.95}$$

$$\boldsymbol{R}^{\mathrm{e}}=F\left(-\frac{1}{\sqrt{3}},1\right)+F\left(\frac{1}{\sqrt{3}},1\right)\quad(\eta=1\text{ 的边界}) \tag{4.96}$$

$$\boldsymbol{R}^{\mathrm{e}}=F(-\frac{1}{\sqrt{3}},-1)+F(\frac{1}{\sqrt{3}},-1)\quad(\eta=-1\text{ 的边界}) \tag{4.97}$$

3. 单元刚度矩阵

根据前面所学的知识，单元刚度矩阵 $\boldsymbol{k}$ 的积分表达式为

$$\boldsymbol{k}=\int_{-1}^{1}\int_{-1}^{1}\boldsymbol{B}^{\mathrm{T}}\boldsymbol{D}\boldsymbol{B}t\,|\boldsymbol{J}|\,\mathrm{d}\xi\mathrm{d}\eta \tag{4.98}$$

单元刚度矩阵可写成分块矩阵的形式，为

$$\boldsymbol{k}=\begin{bmatrix}\boldsymbol{k}_{11}&\boldsymbol{k}_{12}&\boldsymbol{k}_{13}&\boldsymbol{k}_{14}\\\boldsymbol{k}_{21}&\boldsymbol{k}_{22}&\boldsymbol{k}_{23}&\boldsymbol{k}_{24}\\\boldsymbol{k}_{31}&\boldsymbol{k}_{32}&\boldsymbol{k}_{33}&\boldsymbol{k}_{34}\\\boldsymbol{k}_{41}&\boldsymbol{k}_{42}&\boldsymbol{k}_{43}&\boldsymbol{k}_{44}\end{bmatrix} \tag{4.99}$$

其中

$$\boldsymbol{k}_{ij}=\int_{-1}^{1}\int_{-1}^{1}\boldsymbol{B}_i^{\mathrm{T}}\boldsymbol{D}\,\boldsymbol{B}_jt\,|\boldsymbol{J}|\,\mathrm{d}\xi\mathrm{d}\eta=\begin{bmatrix}H_{11}&H_{12}\\H_{21}&H_{22}\end{bmatrix}\quad(i,j=1,2,3,4) \tag{4.100}$$

$$\left.\begin{aligned}
H_{11} &= \int_{-1}^{1}\int_{-1}^{1}\left[\frac{E}{1-\mu^2}\frac{\partial N_i}{\partial x}\frac{\partial N_j}{\partial x}+\frac{E}{2(1+\mu)}\frac{\partial N_i}{\partial y}\frac{\partial N_j}{\partial y}\right]t\,|\boldsymbol{J}|\,\mathrm{d}\xi\mathrm{d}\eta \\
H_{12} &= \int_{-1}^{1}\int_{-1}^{1}\left[\frac{\mu E}{1-\mu^2}\frac{\partial N_i}{\partial x}\frac{\partial N_j}{\partial y}+\frac{E}{2(1+\mu)}\frac{\partial N_i}{\partial y}\frac{\partial N_j}{\partial x}\right]t\,|\boldsymbol{J}|\,\mathrm{d}\xi\mathrm{d}\eta \\
H_{21} &= \int_{-1}^{1}\int_{-1}^{1}\left[\frac{\mu E}{1-\mu^2}\frac{\partial N_i}{\partial y}\frac{\partial N_j}{\partial x}+\frac{E}{2(1+\mu)}\frac{\partial N_i}{\partial x}\frac{\partial N_j}{\partial y}\right]t\,|\boldsymbol{J}|\,\mathrm{d}\xi\mathrm{d}\eta \\
H_{22} &= \int_{-1}^{1}\int_{-1}^{1}\left[\frac{E}{1-\mu^2}\frac{\partial N_i}{\partial y}\frac{\partial N_j}{\partial y}+\frac{E}{2(1+\mu)}\frac{\partial N_i}{\partial x}\frac{\partial N_j}{\partial x}\right]t\,|\boldsymbol{J}|\,\mathrm{d}\xi\mathrm{d}\eta
\end{aligned}\right\}\tag{4.101}$$

形函数对整体坐标的导数计算公式，见式（4.21），为

$$\left.\begin{aligned}
\frac{\partial N_i}{\partial x} &= \frac{1}{|\boldsymbol{J}|}\left(\frac{\partial y}{\partial \eta}\frac{\partial N_i}{\partial \xi}-\frac{\partial y}{\partial \xi}\frac{\partial N_i}{\partial \eta}\right)=\frac{1}{|\boldsymbol{J}|}\left(\frac{\partial N_i}{\partial \xi}\sum_{i=1}^{4}\frac{\partial N_i}{\partial \eta}y_i-\frac{\partial N_i}{\partial \eta}\sum_{i=1}^{4}\frac{\partial N_i}{\partial \xi}y_i\right) \\
\frac{\partial N_i}{\partial y} &= \frac{1}{|\boldsymbol{J}|}\left(-\frac{\partial x}{\partial \eta}\frac{\partial N_i}{\partial \xi}+\frac{\partial x}{\partial \xi}\frac{\partial N_i}{\partial \eta}\right)=\frac{1}{|\boldsymbol{J}|}\left(\frac{\partial N_i}{\partial \eta}\sum_{i=1}^{4}\frac{\partial N_i}{\partial \xi}x_i-\frac{\partial N_i}{\partial \xi}\sum_{i=1}^{4}\frac{\partial N_i}{\partial \eta}x_i\right)
\end{aligned}\right\}\tag{4.102}$$

从式（4.102）可以看出，等号右边的括号内表达式对每个局部坐标都是一次式，同时，分母中的雅可比行列式 $|\boldsymbol{J}|$ 中的元素对每个局部坐标的最高幂次也是 1，因此单元刚度矩阵中的偏导数项，如 $\frac{\partial N_i}{\partial x}$、$\frac{\partial N_i}{\partial y}$ 等，对每个局部坐标的幂次为 0，被积函数对每个局部坐标的最高幂次 $m=1$，需要积分点数目为 $\frac{m+1}{2}=1$，因此，取 $n=1$。在实际计算中，单元刚度矩阵通常取与结点荷载积分点数相等，即 $n=2$，共需 $2^2=4$ 个，积分点坐标为

$$\left.\begin{aligned}
(\xi_1,\eta_1) &= \left(-\frac{1}{\sqrt{3}},-\frac{1}{\sqrt{3}}\right) \\
(\xi_1,\eta_2) &= \left(-\frac{1}{\sqrt{3}},\frac{1}{\sqrt{3}}\right) \\
(\xi_2,\eta_1) &= \left(\frac{1}{\sqrt{3}},-\frac{1}{\sqrt{3}}\right) \\
(\xi_2,\eta_2) &= \left(\frac{1}{\sqrt{3}},\frac{1}{\sqrt{3}}\right)
\end{aligned}\right\}\tag{4.103}$$

积分权系数为 $H_1=1$，$H_2=1$。因此，有

$$H_{ij}=F_{ij}\left(-\frac{1}{\sqrt{3}},-\frac{1}{\sqrt{3}}\right)+F_{ij}\left(-\frac{1}{\sqrt{3}},\frac{1}{\sqrt{3}}\right)+F_{ij}\left(\frac{1}{\sqrt{3}},-\frac{1}{\sqrt{3}}\right)+F_{ij}\left(\frac{1}{\sqrt{3}},\frac{1}{\sqrt{3}}\right)\quad(i,j=1,2)\tag{4.104}$$

式中：H_{ij} 为单元刚度矩阵分块子矩阵的 4 个元素；$F_{ij}(\xi,\eta)$ 为相应 H_{ij} 积分表达式的被积函数，见式（4.101）。

例 4.4 已知 $f(x,y)=x^3+3x^2y+y^3$，试用高斯数值积分计算 $\int_{-1}^{1}\int_{-1}^{1}f(x,y)\mathrm{d}x\mathrm{d}y$。

解： 被积函数 $f(x,y)$ 对每个坐标的最高幂次 $m=3$，积分点个数要求 $n\geqslant\frac{m+1}{2}=2$，取 $n=2$，查表 4.2，得到积分点坐标和积分权系数，为

$$x_1=-\frac{1}{\sqrt{3}},\quad x_2=\frac{1}{\sqrt{3}},\quad H_1=1,\quad H_2=1$$

两个方向共需积分点数目为 $2^2=4$ 个，积分点坐标及对应函数值为

$$(x_1,y_1)=\left(-\frac{1}{\sqrt{3}},-\frac{1}{\sqrt{3}}\right),\quad f(x_1,y_1)=-\frac{5}{3\sqrt{3}}$$

$$(x_1,y_2)=\left(-\frac{1}{\sqrt{3}},-\frac{1}{\sqrt{3}}\right),\quad f(x_1,y_2)=-\frac{1}{\sqrt{3}}$$

$$(x_2,y_1)=\left(\frac{1}{\sqrt{3}},-\frac{1}{\sqrt{3}}\right),\quad f(x_2,y_1)=-\frac{1}{\sqrt{3}}$$

$$(x_2,y_2)=\left(\frac{1}{\sqrt{3}},-\frac{1}{\sqrt{3}}\right),\quad f(x_2,y_2)=\frac{5}{3\sqrt{3}}$$

根据二维高斯数值积分计算公式（4.84），有

$$\begin{aligned}\int_{-1}^{1}\int_{-1}^{1}f(x,y)\ \mathrm{d}x\mathrm{d}y&=\sum_{i=1}^{2}\sum_{j=1}^{2}H_iH_jf(x_i,y_j)\\&=f(x_1,y_1)+f(x_1,y_2)+f(x_2,y_1)+f(x_2,y_2)=0\end{aligned}$$

可见，二维高斯数值积分的计算结果和直接积分的计算结果相等，当积分点数目满足要求后，高斯数值积分的计算结果是精确解。

4.5 等参变换条件和等参单元的收敛性

4.5.1 等参变换条件

等参单元计算的首要条件是建立整体坐标系和局部坐标系的坐标变换关系，由等参单元的数学分析可知，两种坐标系之间可以变换的条件是雅可比行列式 $|\boldsymbol{J}|\neq0$。如果 $|\boldsymbol{J}|=0$，那么，雅可比矩阵的逆矩阵 $\boldsymbol{J}^{-1}$ 就不存在，式（4.21）就不成立，两种坐标系之间的偏导数变换将不能实现，后续的计算就无法进行。同时，如果 $|\boldsymbol{J}|=0$，则由局部坐标表示的面积元素 $\mathrm{d}A=0$，即局部坐标系中的面积元素 $\mathrm{d}\xi\mathrm{d}\eta$ 对应整体坐标系中的一个点，这也意味着坐标变换不能一一对应。如果既存在 $|\boldsymbol{J}|>0$，又存在 $|\boldsymbol{J}|<0$，那么，由于 $|\boldsymbol{J}|$ 是连续函数，则必然存在一点，使得 $|\boldsymbol{J}|=0$。等参单元的计算要求在实际单元的所有点上，都必须满足 $|\boldsymbol{J}|>0$，这样才能保证单元的所有点不出现 $|\boldsymbol{J}|=0$ 的情况，从而建立起整体坐标系和局部坐标系的一一对应关系和实现两种坐标偏导数的变换。下面研究雅可比行列式 $|\boldsymbol{J}|=0$ 和出现负值时对应的情形，以便在进行等参单元计算时避免出现这些情况。

由等参单元的数学分析可知，雅可比行列式 $|\boldsymbol{J}|$ 是实际单元微面积与母单元微面积

的比值，即实际单元微分面积的放大（缩小）系数。即

$$dA = |\boldsymbol{J}|\,d\xi d\eta \tag{4.105}$$

则对如图 4.4 所示的任意四边形单元，在 1 结点处的微面积为

$$dA_1 = |d\boldsymbol{r}_1| \cdot |d\boldsymbol{r}_2| \sin\theta_1 = |\boldsymbol{J}_1|\,d\xi d\eta \tag{4.106}$$

有

$$|\boldsymbol{J}_1| = \frac{|d\boldsymbol{r}_1| \cdot |d\boldsymbol{r}_2|}{d\xi d\eta} \sin\theta_1 = \alpha_1 l_{12} l_{14} \sin\theta_1 \tag{4.107}$$

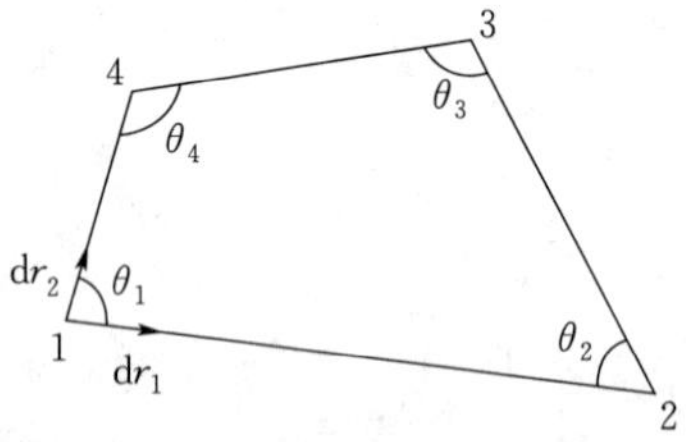

图 4.4　任意四边形单元

式中：l_{ij} 为 i 结点到 j 结点的距离，即 ij 边界的长度；α_1 为一个正的调整系数，用来调整微分长度比值与有限长度 l_{12} 和 l_{14} 的关系。

同理，可以写出另外 3 个结点处的雅可比行列式，为

$$\left.\begin{aligned} |\boldsymbol{J}_2| &= \alpha_2 l_{23} l_{21} \sin\theta_2 \\ |\boldsymbol{J}_3| &= \alpha_3 l_{34} l_{32} \sin\theta_3 \\ |\boldsymbol{J}_4| &= \alpha_4 l_{41} l_{43} \sin\theta_4 \end{aligned}\right\} \tag{4.108}$$

为了保证 $|\boldsymbol{J}| > 0$，则必须要求：①$l_{ij} > 0$，即 4 个边界的长度不能为 0；②$\sin\theta_1 > 0$，即边界和边界之间在单元内部的夹角 θ_i 需要满足 $0 < \theta_i < \pi\ (i = 1,2,3,4)$。图 4.5 和图 4.6 分别给出了这两种要求的反面情况，是不正确的单元形式：在图 4.5 中，3 点和 4 点重合，边界 $l_{34}=0$，这将会导致 $|\boldsymbol{J}_3| = |\boldsymbol{J}_4| = 0$；在图 4.6 中，$\theta_4 > \pi$，$|\boldsymbol{J}_4| < 0$，这将导致在 4 结点附近的某些点出现 $|\boldsymbol{J}| = 0$ 的情况。

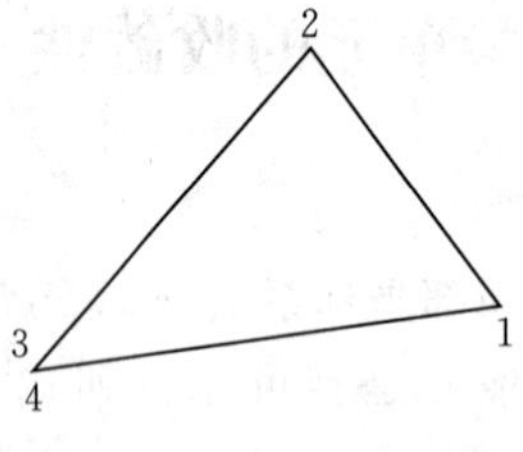

图 4.5　单元的两个结点重合

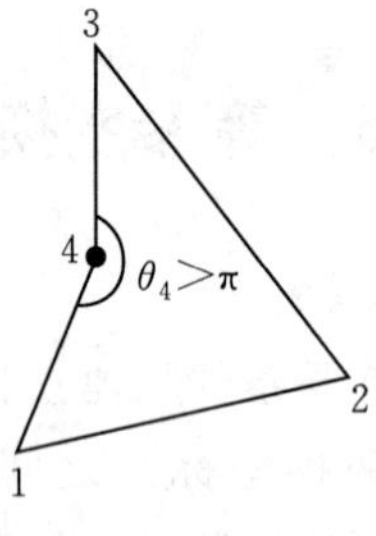

图 4.6　单元在结点处向内凹陷

为了实现两种坐标系之间的坐标变换，保证等参单元计算的顺利进行，单元的 4 个结点中不能有重合的结点（两个结点的坐标相同），同时，单元的形状不能出现在结点处向内凹陷的情形。

4.5.2　等参单元的收敛性

单元的收敛性取决于单元的完备性和连续性。先分析等参单元的完备性。如果位移模式包含完全线性项（一次完全多项式），就可以反映单元的刚体位移和常量应变，位移模式就能满足完备性要求。

对四结点任意四边形等参单元，坐标变换式和位移模式为

$$\left.\begin{aligned} x &= \sum_{i=1}^{4} N_i(\xi,\eta)x_i \\ y &= \sum_{i=1}^{4} N_i(\xi,\eta)y_i \end{aligned}\right\},\quad \left.\begin{aligned} u &= \sum_{i=1}^{4} N_i(\xi,\eta)u_i \\ v &= \sum_{i=1}^{4} N_i(\xi,\eta)v_i \end{aligned}\right\} \tag{4.109}$$

假设单元位移场包含一个完全线性多项式，即

$$\left.\begin{aligned} u &= \alpha_1 + \alpha_2 x + \alpha_3 y + \cdots \\ v &= \alpha_4 + \alpha_5 x + \alpha_6 y + \cdots \end{aligned}\right\} \tag{4.110}$$

将它赋予任意四边形单元的 4 个结点，有

$$\left.\begin{aligned} u_i &= \alpha_1 + \alpha_2 x_i + \alpha_3 y_i + \cdots \\ v_i &= \alpha_4 + \alpha_5 x_i + \alpha_6 y_i + \cdots \end{aligned}\right\} \tag{4.111}$$

其中，$i=1$，2，3，4

将式（4.111）代入四结点任意四边形等参单元的位移模式，有

$$\left.\begin{aligned} u &= \sum_{i=1}^{4} N_i(\xi,\eta)(\alpha_1 + \alpha_2 x_i + \alpha_3 y_i + \cdots) \\ &= \alpha_1 \sum_{i=1}^{4} N_i(\xi,\eta) + \alpha_1 \sum_{i=1}^{4} N_i(\xi,\eta)x_i + \alpha_3 \sum_{i=1}^{4} N_i(\xi,\eta)y_i + \cdots \\ v &= \sum_{i=1}^{4} N_i(\xi,\eta)(\alpha_4 + \alpha_5 x_i + \alpha_6 y_i + \cdots) \\ &= \alpha_4 \sum_{i=1}^{4} N_i(\xi,\eta) + \alpha_5 \sum_{i=1}^{4} N_i(\xi,\eta)x_i + \alpha_6 \sum_{i=1}^{4} N_i(\xi,\eta)y_i + \cdots \end{aligned}\right\} \tag{4.112}$$

于是，要使得式（4.112）包含一个完全线性多项式，就必须要同时满足以下条件，为

$$\left.\begin{aligned} \sum_{i=1}^{4} N_i(\xi,\eta) &= 1 \\ \sum_{i=1}^{4} N_i(\xi,\eta)x_i &= x \\ \sum_{i=1}^{4} N_i(\xi,\eta)y_i &= y \end{aligned}\right\} \tag{4.113}$$

式（4.113）中的后两个条件四结点任意四边形等参单元是自然满足的，即坐标变换式，因此，检验位移模式是否满足完备性要求，只需要验证式（4.113）中的第一个式子，对于四结点任意四边形等参单元，由形函数公式（4.6），有

$$\begin{aligned} \sum_{i=1}^{4} N_i(\xi,\eta) &= \frac{1}{4}(1-\xi)(1-\eta) + \frac{1}{4}(1+\xi)(1-\eta) + \frac{1}{4}(1-\xi)(1+\eta) + \frac{1}{4}(1+\xi)(1+\eta) \\ &= \frac{1}{2}(1-\eta) + \frac{1}{2}(1+\eta) = 1 \end{aligned} \tag{4.114}$$

因此，四结点任意四边形等参单元的位移模式满足完备性要求。位移模式完备性要求

的分析也适用于其他所有等参单元，包括平面高次等参单元和空间等参单元。对于具有 m 个结点的等参单元，为了使得位移模式满足完备性要求，形函数必须且仅需满足 $\sum_{i=1}^{m} N_i(\xi,\eta) = 1$ 。

下面分析等参单元的连续性。位移模式在各单元内部是连续的，只需考察任意两个单元在单元的公共边界上是否连续。以图 4.2（a）中单元的边界 23 为例，在该边界上，$N_1=0, N_2 = \frac{1}{2}(1-\eta)$ ，$N_3 = \frac{1}{2}(1+\eta)$ ，$N_4=0$，代入等参单元的位移模式，得到

$$\left.\begin{aligned} u &= \sum_{i=1}^{4} N_i(\xi,\eta)u_i = \frac{1}{2}(u_3+u_2)+\frac{1}{2}(u_3-u_2)\eta \\ v &= \sum_{i=1}^{4} N_i(\xi,\eta)v_i = \frac{1}{2}(v_3+v_2)+\frac{1}{2}(v_3-v_2)\eta \end{aligned}\right\} \tag{4.115}$$

由式（4.115）可见，在单元边界上的位移是一个线性函数，而在该边界上有两个结点，因此，由两个结点的位移值可以唯一确定式（4.115）中的线性函数，即与其相邻的单元在该交界边上具有相同的位移分布，位移模式在各个单元的边界上也是连续的。四结点任意四边形等参单元的位移模式同时也满足连续性要求。因而，四结点任意四边形等参单元是完备保续单元，随着单元尺寸的逐步减小，有限单元法的计算结果将收敛于精确解。

4.6 高 次 等 参 单 元

前面分析了四结点任意四边形等参单元的计算和收敛性，四结点任意四边形单元是最基本也是应用最广泛的等参单元，它的位移模式是双线性形式，它的边界是直线边界，采用该等参单元不能适应曲线边界，如果计算曲线边界将会引起一定的误差。为了适应复杂的曲线边界结构，如拱桥结构和曲面拱坝等，同时，也为了提高等参单元的计算精度，在四结点任意四边形等参单元的基础上，在单元边界上增加结点，形成高次等参单元，本节将介绍具有更高幂次位移模式的等参单元，即高次等参单元。

4.6.1　八结点等参单元

在四结点任意四边形等参单元的各边中点都增加一个结点，该单元将变成八结点等参单元。八结点等参单元的四边都是曲线边界，如图 4.7（a）所示，经过等参变换后的母单元仍然是标准正方形单元，如图 4.7（b）所示。

八结点等参单元的坐标变换式为

$$\left.\begin{aligned} x &= \sum_{i=1}^{8} N_i(\xi,\eta)x_i \\ y &= \sum_{i=1}^{8} N_i(\xi,\eta)y_i \end{aligned}\right\} \tag{4.116}$$

位移模式为

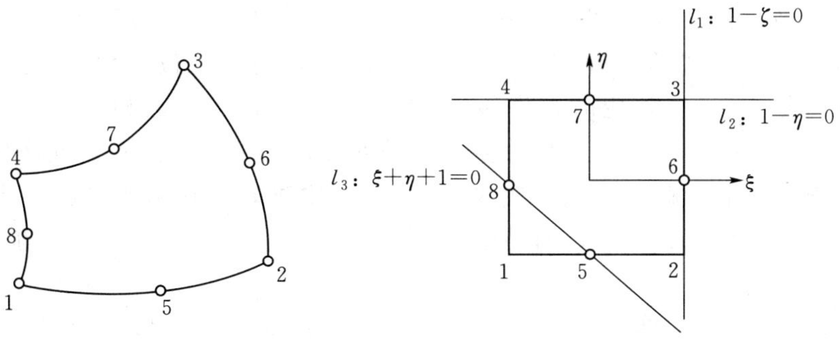

(a) 曲线边界的子单元　　(b) 标准正方形的母单元

图 4.7　八结点等参单元

$$\left.\begin{aligned} u &= \sum_{i=1}^{8} N_i(\xi,\eta)u_i \\ v &= \sum_{i=1}^{8} N_i(\xi,\eta)v_i \end{aligned}\right\} \tag{4.117}$$

在式（4.116）和式（4.117）中，N_i（ξ，η）是定义在母单元局部坐标上的形函数。按照待定系数法来确定插值形函数时，因为结点数为 8 个，所以一共有 16 个自由度，位移模式为

$$\left.\begin{aligned} u &= \alpha_1 + \alpha_2\xi + \alpha_3\eta + \alpha_4\xi\eta^2 + \alpha_5\xi^2 + \alpha_6\eta^2 + \alpha_7\xi\eta^2 + \alpha_8\xi^2\eta \\ v &= \alpha_9 + \alpha_{10}\xi + \alpha_{11}\eta + \alpha_{12}\xi\eta^2 + \alpha_{13}\xi^2 + \alpha_{14}\eta^2 + \alpha_{15}\xi\eta^2 + \alpha_{16}\xi^2\eta \end{aligned}\right\} \tag{4.118}$$

如果单元的结点数已知，那么位移模式中多项式的待定系数个数是唯一确定的，而且多项式的各个幂次项也是固定的，一般来说，从常数项开始，依次从低次幂到高次幂逐渐增加到所需的项数。多项式的各幂次项按帕斯卡（Pascal）三角形从上到下配置确定，如图 4.8 所示，并且在同一行中优先取对称轴上的项，从对称轴项开始向左右两侧选择增加项，这样使得多项式的幂次尽可能最低。

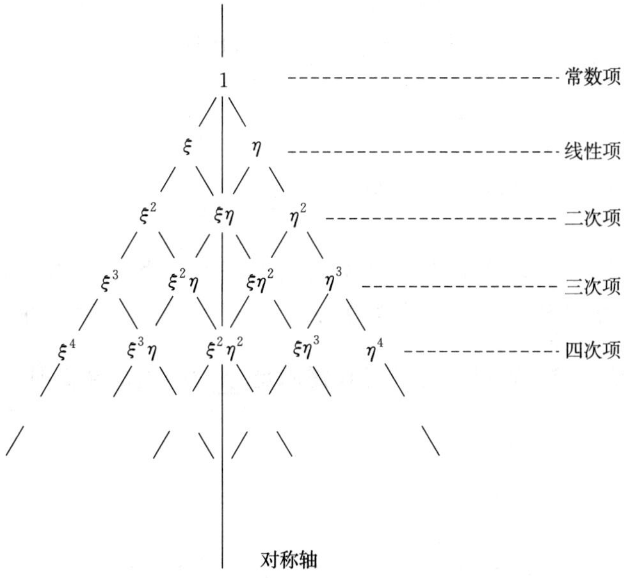

图 4.8　帕斯卡（Pascal）三角形

对于结点数已经确定的单元，按照帕斯卡（Pascal）三角形配置对应的多项式，得到的位移模式表达式总是确定的。按式（4.118）确定的位移模式，当ξ固定时，位移为η的二次式，当η固定时，位移为ξ的二次式，故该位移模式称为双二次函数位移模式。对于高次单元，结点数较多，通过列方程组求解待定系数比较复杂，很难获得高阶方程组的解析解。因此，在式（4.117）中确定形函数形式时，基本不采用列方程组求解待定系数的方法，而是根据形函数的基本性质，采用几何的方法来确定形函数的具体形式。

在式（4.118）中，单元位移写为插值函数的形式，其中形函数具有以下性质：①$N_i(\xi,\ \eta)$（$i=1,2,\cdots,8$）为双二次函数；②N_i（ξ_j，η_j）在本结点（$i=j$）处取值为1，在其他结点（$i\neq j$）处取值为0。

以N_1为例，N_1在2～8结点取值都要为0，而3条直线（l_1，l_2，l_3）通过了这些点，如图4.7（b）所示，取这三条直线方程的左边项相乘，就能保证除1结点以外的其他所有结点处的值都等于0，因此，设

$$N_1 = A(1-\xi)(1-\eta)(\xi+\eta+1) \tag{4.119}$$

式中：A为待定系数。

$N_1(\xi_1,\ \eta_1)=1$，将$\xi=-1$，$\eta=-1$代入式（4.119），解得$A=-\dfrac{1}{4}$，因此，得到

$$N_1 = \frac{1}{4}(1-\xi)(1-\eta)(-\xi-\eta-1) \tag{4.120}$$

同理，可求出另外7个形函数，将它们合并，得到

$$N_i = \frac{1}{4}(1+\xi_i\xi)(1+\eta_i\eta)(\xi_i\xi+\eta_i\eta-1)\quad (i=1,\ 2,\ 3,\ 4) \tag{4.121}$$

$$\left.\begin{aligned} N_5 &= \frac{1}{2}(1-\xi^2)(1-\eta) \\ N_6 &= \frac{1}{2}(1-\eta^2)(1+\xi) \\ N_7 &= \frac{1}{2}(1-\xi^2)(1+\eta) \\ N_8 &= \frac{1}{2}(1-\eta^2)(1-\xi) \end{aligned}\right\} \tag{4.122}$$

下面分析上述高次等参单元的位移模式是否满足完备性要求和连续性要求。根据4.5.2节的四结点任意四边形单元的完备性分析，对于具有m个结点的等参单元，为了使位移模式满足完备性要求，形函数必须且仅需满足$\sum\limits_{i=1}^{m}N_i(\xi,\eta)=1$即可。则对于八结点等参单元，有

$$\begin{aligned}\sum_{i=1}^{8}N_i = &\frac{1}{4}(1-\xi)(1-\eta)(-\xi-\eta-1)+\frac{1}{4}(1+\xi)(1-\eta)(\xi-\eta-1) \\ &+\frac{1}{4}(1+\xi)(1+\eta)(\xi+\eta-1)+\frac{1}{4}(1-\xi)(1+\eta)(-\xi+\eta-1)\end{aligned}$$

$$+\frac{1}{2}(1-\xi^2)(1-\eta)+\frac{1}{2}(1-\eta^2)(1+\xi)+\frac{1}{2}(1-\xi^2)(1+\eta)$$
$$+\frac{1}{2}(1-\eta^2)(1-\xi)=1 \tag{4.123}$$

可见，八结点等参单元的位移模式满足完备性要求。

下面分析位移模式的连续性。由于八结点等参单元的位移模式为双二次函数，在单元内部位移是连续函数，在单元的边界上，以边界 263 为例，如图 4.7（b）所示，有 $\xi=1$，代入式（4.122），有 $N_1=N_4=N_5=N_7=N_8=0$，$N_2=-\frac{1}{2}\eta(1-\eta)$，$N_3=\frac{1}{2}\eta(1+\eta)$，$N_6=(1-\eta^2)$，代入式（4.117），得到

$$\left.\begin{aligned}u&=-\frac{1}{2}\eta(1-\eta)u_2+\frac{1}{2}\eta(1+\eta)u_3+(1-\eta^2)u_6\\v&=-\frac{1}{2}\eta(1-\eta)v_2+\frac{1}{2}\eta(1+\eta)v_3+(1-\eta^2)v_6\end{aligned}\right\} \tag{4.124}$$

可见，在八结点等参单元的边界上，位移是单变量的二次函数，在该边界上有 3 个结点，可以唯一确定一个二次函数，因此，相邻单元的公共边具有完全相同的 3 个结点，边界上所有点都具有相同的位移，从而保证了位移的连续性。

因此，按照几何方法构造的八结点等参单元的位移模式满足完备性要求和连续性要求，八结点等参单元的有限元计算结果将收敛于正确解。

4.6.2 变结点等参单元

在实际有限元计算中，结构有些部位需要布置高精度的单元，如八结点单元，有的部位对计算精度要求不高，只需采用四结点单元，于是，会遇到低阶单元与高阶单元的连接问题。变结点等参单元可以很好地解决这个问题，如图 4.9（a）所示，最左边的是四结点单元，最右边是八结点单元，中间的五结点单元称为过渡单元。将四结点单元和八结点单元连接在一起，并且使得各个相邻单元在交界边上的位移仍然保持连续。

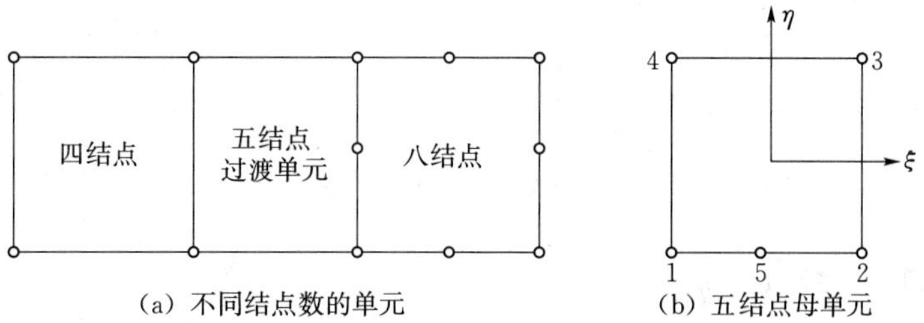

（a）不同结点数的单元　（b）五结点母单元

图 4.9　变结点等参单元

变结点等参单元的形函数可以通过对四结点等参单元的形函数进行修正得到，如图 4.9（b）所示的五结点母单元，假设 4 个角点（结点 1、2、3、4）的形函数为

$$\hat{N}_i=\frac{1}{4}(1+\xi_i\xi)(1+\eta_i\eta)\qquad(i=1,2,3,4) \tag{4.125}$$

结点 5 的形函数按照几何的方法构造，为 $N_5=\frac{1}{2}(1-\xi^2)(1-\eta)$。不难发现，$\hat{N}_3$ 、$\hat{N}_4$ 、N_5可以满足在本结点处取值为 1，在其他结点处取值为 0 的要求。但是，$\hat{N}_1$ 、$\hat{N}_2$ 在结点 5 取值为 $\frac{1}{2}$ ，不为零，因此，需要对 $\hat{N}_1$ 、$\hat{N}_2$ 进行修正，修正后，就得到了五结点等参单元的形函数，见式（4.126）。

$$\left.\begin{aligned}
N_1&=\hat{N}_1-\frac{1}{2}N_5\\
N_2&=\hat{N}_2-\frac{1}{2}N_5\\
N_3&=\hat{N}_3\\
N_4&=\hat{N}_4\\
N_5&=\frac{1}{2}(1-\xi^2)(1-\eta)
\end{aligned}\right\}\tag{4.126}$$

类似地，还可以分析六结点和七结点等参单元的形函数，最后将四结点到八结点等参单元的形函数写成统一的形式，见式（4.127）。

$$\left.\begin{aligned}
N_1&=\hat{N}_1-\frac{1}{2}N_5-\frac{1}{2}N_8\\
N_2&=\hat{N}_2-\frac{1}{2}N_5-\frac{1}{2}N_6\\
N_3&=\hat{N}_3-\frac{1}{2}N_6-\frac{1}{2}N_7\\
N_4&=\hat{N}_4-\frac{1}{2}N_7-\frac{1}{2}N_8\\
N_5&=\frac{1}{2}(1-\xi^2)(1-\eta)\\
N_6&=\frac{1}{2}(1-\eta^2)(1+\xi)\\
N_7&=\frac{1}{2}(1-\xi^2)(1+\eta)\\
N_8&=\frac{1}{2}(1-\eta^2)(1-\xi)
\end{aligned}\right\}\tag{4.127}$$

其中，$\hat{N}_i=\frac{1}{4}(1+\xi_i\xi)(1+\eta_i\eta)$（$i$=1，2，3，4）。

可以看出，如果实际等参单元的结点个数不足 8 个，如六结点等参单元，则 N_7、N_8 都取为零，采用式（4.127）只需计算 N_1～N_6的值。

四结点到八结点单元的形函数的计算程序如下：

```
SUBROUTINE FUN4TO8(ND, NEE, R, S, FUN)
DIM XI(8), ETA(8), FUN(*)
DATA XI /-1, 1, 1, -1, 0, 1, 0, -1 /
DATA ETA /-1, -1, 1, 1, -1,0, 1, 0 /
```

```
DO 25 K=1, ND
25 FUN(K)=0
DO 10 I=1, ND
G1=0.5*(1+ XI(I)*R)
IF XI(I)=0 THEN G1=1-R*R
G2=0.5*(1+ ETA(I)*S)
IF ETA(I)=0 THEN G2=1-S*S
FUN(I)=G1*G1
10 CONTINUE
IF ND=4 RETURN
F5=FUN(5)
F6=FUN(6)
F7=FUN(7)
F8=FUN(8)
FUN(1)= FUN(1)-(F5+F8)/2
FUN(2)= FUN(2)-(F5+F6)/2
FUN(3)= FUN(3)-(F6+F7)/2
FUN(4)= FUN(4)-(F7+F8)/2
CONTINUE
RETURN
END
```

上述构造变结点等参单元形函数的方法具有一般性，可以推广到其他平面单元类型和空间单元类型。例如，可以采用上述构造变结点等参单元形函数的方法建立六结点三角形单元的形函数，计算结果和式（3.34）是一致的，读者可以自行验证。

4.7 变结点等参单元的统一列式

4.6.2 节给出了四结点到八结点等参单元形函数的统一表达式，这对于编程来说是非常方便的，可以把多种不同结点数的等参单元的形函数模型统一写在一个程序模块中，本节将给出四结点到八结点等参单元的有限元计算公式。

设四边形单元的结点数为 m（$m=4$，5，6，7，8），下面分析变结点等参单元的计算公式。

4.7.1 坐标变换

变结点等参单元的坐标变换式为

$$\left.\begin{aligned} x &= \sum_{i=1}^{m} N_i(\xi,\eta)x_i \\ y &= \sum_{i=1}^{m} N_i(\xi,\eta)y_i \end{aligned}\right\} \tag{4.128}$$

4.7.2 位移模式

变结点等参单元的位移模式为

$$\boldsymbol{u}=\begin{Bmatrix}u\\v\end{Bmatrix}=\begin{bmatrix}N_1 & 0 & N_2 & 0 & \cdots & N_m & 0\\0 & N_1 & 0 & N_2 & \cdots & 0 & N_m\end{bmatrix}\begin{Bmatrix}u_1\\v_1\\u_2\\v_2\\\vdots\\u_m\\v_m\end{Bmatrix}$$

$$=[\boldsymbol{I}N_1\quad \boldsymbol{I}N_2\quad \cdots\quad \boldsymbol{I}N_m]\boldsymbol{a}^{\mathrm{e}}=[\boldsymbol{N}_1\quad \boldsymbol{N}_2\quad \cdots\quad \boldsymbol{N}_m]\boldsymbol{a}^{\mathrm{e}}=\boldsymbol{N}\boldsymbol{a}^{\mathrm{e}} \tag{4.129}$$

4.7.3 单元应变

变结点等参单元的单元应变为

$$\boldsymbol{\varepsilon}=[\boldsymbol{B}_1\quad \boldsymbol{B}_2\quad \cdots\quad \boldsymbol{B}_m]\boldsymbol{a}^{\mathrm{e}}=\boldsymbol{B}\boldsymbol{a}^{\mathrm{e}} \tag{4.130}$$

其中，变结点等参单元的应变转换矩阵的子矩阵为

$$\boldsymbol{B}_i=\begin{bmatrix}\dfrac{\partial N_i}{\partial x} & 0\\ 0 & \dfrac{\partial N_i}{\partial y}\\ \dfrac{\partial N_i}{\partial y} & \dfrac{\partial N_i}{\partial x}\end{bmatrix}\quad (i=1,\ 2,\ \cdots,\ m) \tag{4.131}$$

$$\begin{Bmatrix}\dfrac{\partial N_i}{\partial x}\\ \dfrac{\partial N_i}{\partial y}\end{Bmatrix}=\boldsymbol{J}^{-1}\begin{Bmatrix}\dfrac{\partial N_i}{\partial \xi}\\ \dfrac{\partial N_i}{\partial \eta}\end{Bmatrix}=\frac{1}{|\boldsymbol{J}|}\begin{bmatrix}\dfrac{\partial y}{\partial \eta} & -\dfrac{\partial y}{\partial \xi}\\ \dfrac{\partial x}{\partial \eta} & \dfrac{\partial x}{\partial \xi}\end{bmatrix}\begin{Bmatrix}\dfrac{\partial N_i}{\partial \xi}\\ \dfrac{\partial N_i}{\partial \eta}\end{Bmatrix} \tag{4.132}$$

于是有

$$\left.\begin{aligned}\frac{\partial N_i}{\partial x}&=\frac{1}{|\boldsymbol{J}|}\left(\frac{\partial y}{\partial \eta}\frac{\partial N_i}{\partial \xi}-\frac{\partial y}{\partial \xi}\frac{\partial N_i}{\partial \eta}\right)=\frac{1}{|\boldsymbol{J}|}\left(\frac{\partial N_i}{\partial \xi}\sum_{i=1}^{m}\frac{\partial N_i}{\partial \eta}y_i-\frac{\partial N_i}{\partial \eta}\sum_{i=1}^{m}\frac{\partial N_i}{\partial \xi}y_i\right)\\ \frac{\partial N_i}{\partial y}&=\frac{1}{|\boldsymbol{J}|}\left(-\frac{\partial x}{\partial \eta}\frac{\partial N_i}{\partial \xi}-\frac{\partial x}{\partial \xi}\frac{\partial N_i}{\partial \eta}\right)=\frac{1}{|\boldsymbol{J}|}\left(\frac{\partial N_i}{\partial \eta}\sum_{i=1}^{m}\frac{\partial N_i}{\partial \xi}x_i-\frac{\partial N_i}{\partial \xi}\sum_{i=1}^{m}\frac{\partial N_i}{\partial \eta}x_i\right)\end{aligned}\right\} \tag{4.133}$$

雅可比矩阵为

$$\boldsymbol{J}=\frac{\partial(x,y)}{\partial(\xi,\eta)}=\begin{bmatrix}\dfrac{\partial x}{\partial \xi} & -\dfrac{\partial y}{\partial \xi}\\ \dfrac{\partial x}{\partial \eta} & \dfrac{\partial y}{\partial \eta}\end{bmatrix}=\begin{bmatrix}\displaystyle\sum_{i=1}^{m}\frac{\partial N_i}{\partial \xi}x_i & \displaystyle\sum_{i=1}^{m}\frac{\partial N_i}{\partial \xi}y_i\\ \displaystyle\sum_{i=1}^{m}\frac{\partial N_i}{\partial \eta}x_i & \displaystyle\sum_{i=1}^{m}\frac{\partial N_i}{\partial \eta}y_i\end{bmatrix} \tag{4.134}$$

4.7.4 单元应力

将单元应变代入平面应力问题的物理方程，得到

$$\boldsymbol{\sigma} = [\boldsymbol{S}_1 \quad \boldsymbol{S}_2 \quad \cdots \quad \boldsymbol{S}_m]\boldsymbol{a}^{e} = \boldsymbol{S}\boldsymbol{a}^{e} \tag{4.135}$$

式中：$\boldsymbol{S}_i$ 为应力转换矩阵 $\boldsymbol{S}$ 的分块子矩阵。

$$\boldsymbol{S}_i = \boldsymbol{D}\boldsymbol{B}_i = \frac{E}{1-\mu^2}\begin{bmatrix} \dfrac{\partial N_i}{\partial x} & \mu\dfrac{\partial N_i}{\partial y} \\ \mu\dfrac{\partial N_i}{\partial x} & \dfrac{\partial N_i}{\partial y} \\ \dfrac{1-\mu}{2}\dfrac{\partial N_i}{\partial y} & \dfrac{1-\mu}{2}\dfrac{\partial N_i}{\partial x} \end{bmatrix} \quad (i=1,\ 2,\ \cdots,\ m) \tag{4.136}$$

对平面应变问题，只需将式（4.136）中的 E 换成 $\dfrac{E}{1-\mu^2}$，μ 换成 $\dfrac{\mu}{1-\mu}$ 即可。

4.7.5 单元结点荷载列阵

分布体力引起的单元结点荷载列阵为

$$\boldsymbol{R}^{e} = \iint_{\Omega^{e}} \boldsymbol{N}^{\mathrm{T}}\boldsymbol{f}t\,\mathrm{d}x\mathrm{d}y = \int_{-1}^{1}\int_{-1}^{1} \boldsymbol{N}^{\mathrm{T}}\boldsymbol{f}t\,|\boldsymbol{J}|\,\mathrm{d}\xi\mathrm{d}\eta \tag{4.137}$$

分布面力引起的单元结点荷载列阵如下。

在 $\xi=\pm1$ 的边界上，有

$$\boldsymbol{R}^{e} = \int_{S^{e}} \boldsymbol{N}^{\mathrm{T}}\bar{\boldsymbol{f}}t\,\mathrm{d}s = \int_{-1}^{1} \boldsymbol{N}^{\mathrm{T}}\bar{\boldsymbol{f}}t\sqrt{\left(\left.\frac{\partial x}{\partial \eta}\right|_{\xi=\pm1}\right)^2 \left(\left.\frac{\partial y}{\partial \eta}\right|_{\xi=\pm1}\right)^2}\,\mathrm{d}\eta \tag{4.138}$$

如果在边界上受到法向压力 q 作用，则式（4.138）变为

$$\boldsymbol{R}^{e} = \pm\int_{-1}^{1} \boldsymbol{N}^{\mathrm{T}} \begin{Bmatrix} \left.\dfrac{\partial y}{\partial \eta}\right|_{\xi=\pm1} \\ -\left.\dfrac{\partial x}{\partial \eta}\right|_{\xi=\pm1} \end{Bmatrix} q(\eta)t\,\mathrm{d}\eta \tag{4.139}$$

在 $\eta=\pm1$ 的边界上，有

$$\boldsymbol{R}^{e} = \int_{S^{e}} \boldsymbol{N}^{\mathrm{T}}\bar{\boldsymbol{f}}t\,\mathrm{d}s = \int_{-1}^{1} \boldsymbol{N}^{\mathrm{T}}\bar{\boldsymbol{f}}t\sqrt{\left(\left.\frac{\partial x}{\partial \xi}\right|_{\eta=\pm1}\right)^2 + \left(\left.\frac{\partial y}{\partial \xi}\right|_{\eta=\pm1}\right)^2}\,\mathrm{d}\xi \tag{4.140}$$

如果在边界上受到法向压力 q 作用，则式（4.140）变为

$$\boldsymbol{R}^{e} = \pm\int_{-1}^{1} \boldsymbol{N}^{\mathrm{T}} \begin{Bmatrix} \left.\dfrac{\partial y}{\partial \xi}\right|_{\eta=\pm1} \\ -\left.\dfrac{\partial x}{\partial \xi}\right|_{\eta=\pm1} \end{Bmatrix} q(\xi)t\,\mathrm{d}\xi \tag{4.141}$$

4.7.6 单元刚度矩阵

单元刚度矩阵的计算公式为

$$\boldsymbol{k}=\iint_{\Omega^e}\boldsymbol{B}^{\mathrm{T}}\boldsymbol{D}\boldsymbol{B}t\,\mathrm{d}x\mathrm{d}y=\int_{-1}^{1}\int_{-1}^{1}\boldsymbol{B}^{\mathrm{T}}\boldsymbol{D}\boldsymbol{B}t\,|\boldsymbol{J}|\,\mathrm{d}\xi\mathrm{d}\eta \tag{4.142}$$

在计算单元刚度矩阵和单元结点荷载列阵时，需要采用高斯数值积分计算方法。下面以八结点等参单元为例，分析确定高斯数值积分计算的积分点数目。

八结点等参单元体力的等效结点荷载计算公式中，被积函数中的形函数 N_i 见式(4.122)，形函数对局部坐标变量的幂次都是 2 次，雅可比行列式 $|\boldsymbol{J}|$ 对局部坐标变量的幂次都是 3 次。假设体力是常量，则式（4.137）中的被积函数对局部坐标变量的最高幂次是 $m=5$，每个坐标方向的积分点数为 $n\geqslant\frac{m+1}{2}=3$，取 3 个积分点，则应采用 3×3 的数值积分方案。

假设分布面力是局部坐标的一次函数，则式（4.138）中的被积函数对局部坐标变量的最高幂次是 $m=3$，每个坐标方向的积分点数为 $n\geqslant\frac{m+1}{2}=2$，取 2 个积分点，则应采用 2×2 的数值积分方案。

对于单元刚度矩阵，假设 $\boldsymbol{B}^{\mathrm{T}}\boldsymbol{D}\boldsymbol{B}$ 为常量，式（4.142）的被积函数和 $|\boldsymbol{J}|$ 一样，$m=3$，每个坐标方向的积分点数为 $n\geqslant\frac{m+1}{2}=2$，取 2 个积分点，则应采用 2×2 的高斯数值积分方案。

习　题

4.1　有两个相似的平面等参单元，相似比为 α，试分析两个平面等参单元的刚度矩阵之间的关系。

4.2　试证明四结点平行四边形等参单元的雅可比矩阵是常量矩阵。

4.3　试采用式（4.79）和式（4.80）计算一维三阶高斯数值积分的积分点坐标和积分权系数。

4.4　已知 $f(x,y)=3x^2y^3+4y^3x^2$，试用高斯积分计算 $\int_{-1}^{1}\int_{-1}^{1}f(x,y)\mathrm{d}x\mathrm{d}y$。

4.5　试写出七结点等参单元的形函数形式，并验证该单元的完备性。

4.6　如图 4.10 所示的四结点等参单元，边长分别为 a 和 b，试求下列情况下的等效结点荷载。

（1）在 $x=a$ 的边界上作用 x 方向的线性分布荷载，结点 2 处集度为 0，结点 3 处集度为 q。

（2）在 $x=a$ 的边界上受均布压力 q 作用。

（3）在 y 方向受均匀体力作用，体力集度为 ρg。

4.7　如图 4.11 所示的八结点四边形单元，括号中的数值代表结点的整体坐标值，试计算坐标变换式、位移模式、雅可比矩阵以及形函数对整体坐标的偏导数并写出应变转换矩阵和应力转换矩阵。

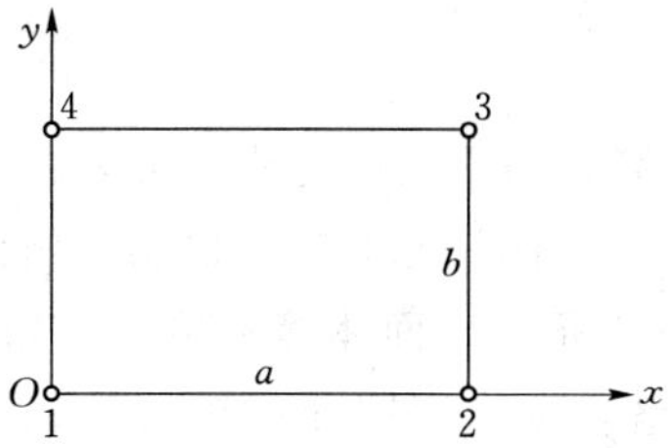

图 4.10　习题 4.6 图

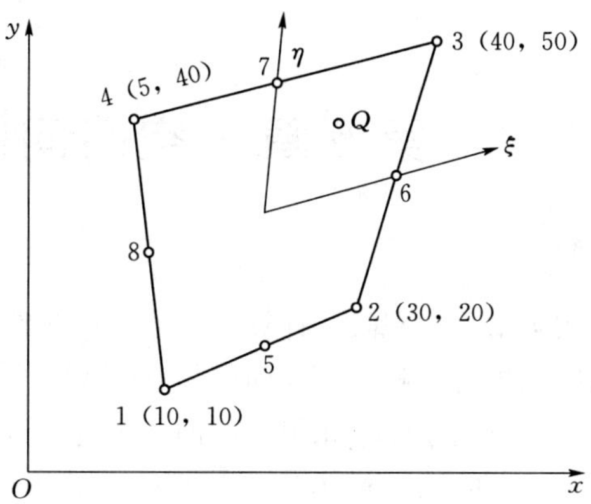

图 4.11　习题 4.7 图

第 5 章　空间问题的有限单元法

在实际结构的有限元计算中，除了一些特殊情况可简化为平面问题求解外，一般都应按空间问题进行求解。空间问题的有限单元法需要用空间立体单元去划分网格，将弹性体离散为多个空间立体单元组成的网格结构。常见的空间单元是六面体等参单元，如图 5.1 (c) 所示，它的应用最为广泛。有时，为了网格的规整，也采用四面体单元和三棱柱单元，如图 5.1 (a)、(b) 所示。图 5.1 中，第一行是结点数较少的单元，第二行是结点数增多后的高次单元。本章介绍空间四面体单元、高次四面体单元以及空间等参单元的计算。

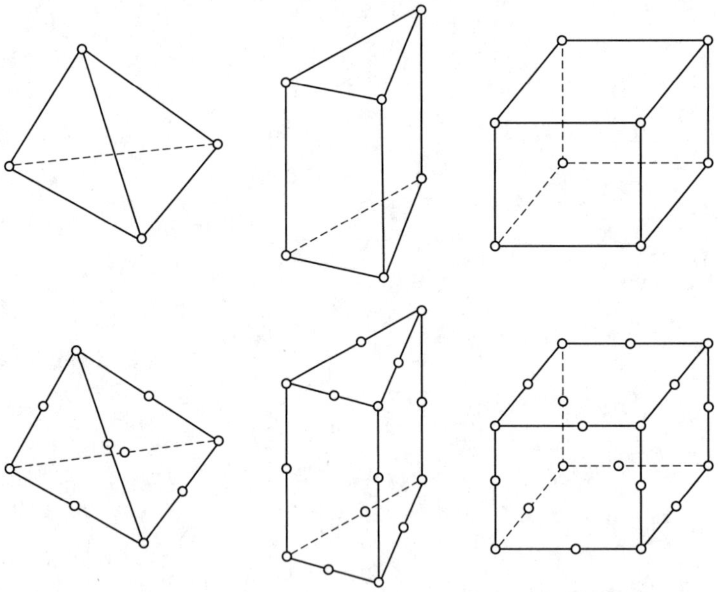

(a) 四面体单元　　(b) 三棱柱单元　　(c) 六面体等参单元

图 5.1　空间立体单元

5.1　空间四面体单元

5.1.1　形成四面体单元的对角线划分法

四面体单元最早被提出，也是最简单的空间单元，如图 5.2 所示，该单元由四个面围成，共有 4 个角点，单元的结点取四面体的四个角点，分别是 i、j、m、p，其中 i、j、m 取在底面三角形，在三角形中按逆时针顺序排列，p 结点按照右手螺旋法则确定，即当按 $i \to j \to m$ 顺序旋转时，右手大拇指指向的角点为 p 结点。按上面的规则进行编码，可确保四面体体积的计算结果不出现负值。

将空间弹性体直接划分为多个空间四面体单元比较难以操作。在实际结构的网格划分中，一般先将弹性体划分为若干个六面体，六面体的结点在 8 个角点，如图 5.3 所示，再通过六面体上的 6 个面的对角线，把六面体分割成 5 个四面体单元。当六面体的角点按图 5.3 编码时，它对应的 5 个四面体单元是 1426、1347、1467、1657、4867。

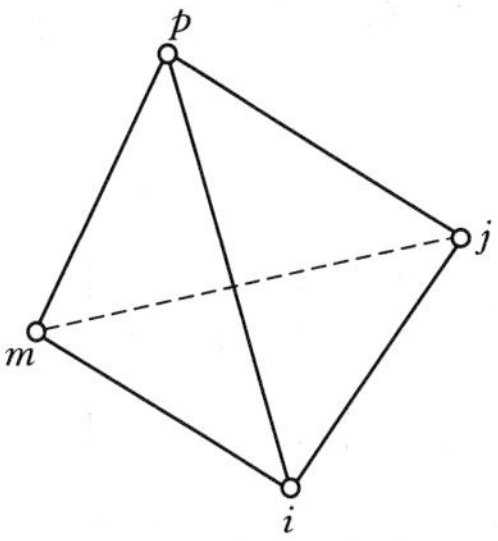

图 5.2 空间四面体单元

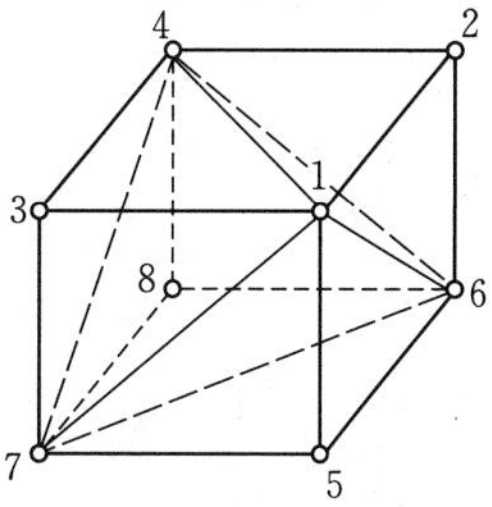

图 5.3 六面体分割为 5 个四面体单元

在划分四面体单元的程序设计中，应注意以下几点：

(1) 首先把弹性体划分为若干个六面体，对其角点进行结点编码，形成结点坐标数组 JZ (NJ，3)。

(2) 再形成六面体的结点码数组 D (8)，结点码的编排顺序见图 5.3。

(3) 获得 5 个四面体单元的结点码数组 $JM(NE,4)$，即 1426、1347、1467、1657、4867。

(4) 四面体单元的结点码顺序是 i、j、m、p，需要遵循右手螺旋法则。

5.1.2 位移模式

空间四面体单元有 4 个结点，每个结点有 3 个位移分量，共有 12 个自由度。单元的结点位移列阵为

$$\boldsymbol{a}^{e} = [u_i \quad v_i \quad w_i \quad u_j \quad v_j \quad w_j \quad u_m \quad v_m \quad w_m \quad u_p \quad v_p \quad w_p]^{T} \tag{5.1}$$

假设单元内位移分量是 x、y、z 的一次线性函数，位移模式取为

$$\left.\begin{aligned} u &= \alpha_1 + \alpha_2 x + \alpha_3 y + \alpha_4 z \\ v &= \alpha_5 + \alpha_6 x + \alpha_7 y + \alpha_8 z \\ w &= \alpha_9 + \alpha_{10} x + \alpha_{11} y + \alpha_{12} z \end{aligned}\right\} \tag{5.2}$$

将 i、j、m、p 这 4 个结点的坐标及结点的位移代入式 (5.2)，可解出待定系数 $\alpha_1 \sim \alpha_{12}$，经过整理后，得到

$$\left.\begin{aligned} u &= N_i u_i + N_j u_j + N_m u_m + N_p u_p \\ v &= N_i v_i + N_j v_j + N_m v_m + N_p v_p \\ w &= N_i w_i + N_j w_j + N_m w_m + N_p w_p \end{aligned}\right\} \tag{5.3}$$

其中

$$N_r = \frac{a_r + b_r x + c_r y + d_r z}{6V} \quad (r=i,\ m), \qquad N_s = \frac{a_s + b_s x + c_s y + d_s z}{6V} \ (s=j,\ p) \tag{5.4}$$

$$\left.\begin{aligned} a_i &= \begin{vmatrix} x_j & y_j & z_j \\ x_m & y_m & z_m \\ x_p & y_p & z_p \end{vmatrix},\ b_i = -\begin{vmatrix} 1 & y_j & z_j \\ 1 & y_m & z_m \\ 1 & y_p & z_p \end{vmatrix},\ c_i = -\begin{vmatrix} x_j & 1 & z_j \\ x_m & 1 & z_m \\ x_p & 1 & z_p \end{vmatrix},\ d_i = -\begin{vmatrix} x_j & y_j & 1 \\ x_m & y_m & 1 \\ x_p & y_p & 1 \end{vmatrix} \\ a_m &= \begin{vmatrix} x_p & y_p & z_p \\ x_i & y_i & z_i \\ x_j & y_j & z_j \end{vmatrix},\ b_m = -\begin{vmatrix} 1 & y_p & z_p \\ 1 & y_i & z_i \\ 1 & y_j & z_j \end{vmatrix},\ c_m = -\begin{vmatrix} x_p & 1 & z_p \\ x_i & 1 & z_i \\ x_j & 1 & z_j \end{vmatrix},\ d_m = -\begin{vmatrix} x_p & y_p & 1 \\ x_i & y_i & 1 \\ x_j & y_j & 1 \end{vmatrix} \end{aligned}\right\} \tag{5.5}$$

$$\left.\begin{aligned} a_j &= -\begin{vmatrix} x_i & y_i & z_i \\ x_m & y_m & z_m \\ x_p & y_p & z_p \end{vmatrix},\ b_j = \begin{vmatrix} 1 & y_i & z_i \\ 1 & y_m & z_m \\ 1 & y_p & z_p \end{vmatrix},\ c_j = \begin{vmatrix} x_i & 1 & z_i \\ x_m & 1 & z_m \\ x_p & 1 & z_p \end{vmatrix},\ d_j = \begin{vmatrix} x_i & y_i & 1 \\ x_m & y_m & 1 \\ x_p & y_p & 1 \end{vmatrix} \\ a_p &= -\begin{vmatrix} x_m & y_m & z_m \\ x_i & y_i & z_i \\ x_j & y_j & z_j \end{vmatrix},\ b_p = \begin{vmatrix} 1 & y_m & z_m \\ 1 & y_i & z_i \\ 1 & y_j & z_j \end{vmatrix},\ c_p = \begin{vmatrix} x_m & 1 & z_m \\ x_i & 1 & z_i \\ x_j & 1 & z_j \end{vmatrix},\ d_p = \begin{vmatrix} x_m & y_m & 1 \\ x_i & y_i & 1 \\ x_j & y_j & 1 \end{vmatrix} \end{aligned}\right\} \tag{5.6}$$

$$V = \frac{1}{6}\begin{vmatrix} 1 & x_i & y_i & z_i \\ 1 & x_j & y_j & z_j \\ 1 & x_m & y_m & z_m \\ 1 & x_p & y_p & z_p \end{vmatrix} \tag{5.7}$$

式中：V 为四面体的体积，为了使得四面体的体积为正值，i，j，m，p 的顺序需要满足右手螺旋法则，即按 $i \to j \to m$ 顺序旋转时，右手螺旋应指向 p 结点，如图 5.2 所示。

式（5.3）的位移模式可以写成矩阵的形式，为

$$\boldsymbol{u} = \begin{Bmatrix} u \\ v \\ w \end{Bmatrix} = \boldsymbol{N}\boldsymbol{a}^{\mathrm{e}} \tag{5.8}$$

式中：$\boldsymbol{N}$ 为形函数矩阵。

$$\boldsymbol{N} = \begin{bmatrix} N_i & 0 & 0 & N_j & 0 & 0 & N_m & 0 & 0 & N_p & 0 & 0 \\ 0 & N_i & 0 & 0 & N_j & 0 & 0 & N_m & 0 & 0 & N_p & 0 \\ 0 & 0 & N_i & 0 & 0 & N_j & 0 & 0 & N_m & 0 & 0 & N_p \end{bmatrix} \tag{5.9}$$

$\boldsymbol{N}$ 可以写为分块矩阵的形式，为

$$\boldsymbol{N} = [\boldsymbol{N}_i \quad \boldsymbol{N}_j \quad \boldsymbol{N}_m \quad \boldsymbol{N}_p] = [\boldsymbol{I}N_i \quad \boldsymbol{I}N_j \quad \boldsymbol{I}N_m \quad \boldsymbol{I}N_p] \tag{5.10}$$

式中：$\boldsymbol{I}$ 为 3 阶单位矩阵。

可以证明，式（5.2）中的系数 α_1、α_5、α_9 反映了单元刚体位移，α_2、α_7、α_{12} 反映了

单元常量正应变，其余 6 个系数反映了单元的刚体转动和常量切应变。因此，该线性位移模式能够反映单元的刚体位移和常量应变，满足完备性要求。另外，由于位移模式是线性的，任意相邻单元的交界面上的位移都能够保持一致，即位移模式能满足连续性要求。空间四面体单元是完备保续单元，解答具有收敛性。

5.1.3 应力矩阵与单元刚度矩阵

将式（5.8）的位移模式代入几何方程，得到单元应变分量，为

$$\boldsymbol{\varepsilon}=\begin{bmatrix}\varepsilon_x & \varepsilon_y & \varepsilon_z & \gamma_{xy} & \gamma_{yz} & \gamma_{zx}\end{bmatrix}^{\mathrm{T}}=\boldsymbol{Lu}=\boldsymbol{LNa}^{\mathrm{e}}=\boldsymbol{Ba}^{\mathrm{e}} \tag{5.11}$$

式中：$\boldsymbol{B}$ 为应变转换矩阵或应变矩阵，是 6×12 的矩阵。

注意到，应变转换矩阵 $\boldsymbol{B}$ 可以写为分块矩阵的形式，即 $\boldsymbol{B}=\begin{bmatrix}\boldsymbol{B}_i & -\boldsymbol{B}_j & \boldsymbol{B}_m & -\boldsymbol{B}_p\end{bmatrix}$，其分块子矩阵为

$$\boldsymbol{B}_r=\boldsymbol{LN}_r=\begin{bmatrix}\dfrac{\partial N_r}{\partial x} & 0 & 0\\ 0 & \dfrac{\partial N_r}{\partial y} & 0\\ 0 & 0 & \dfrac{\partial N_r}{\partial z}\\ \dfrac{\partial N_r}{\partial y} & \dfrac{\partial N_r}{\partial x} & 0\\ 0 & \dfrac{\partial N_r}{\partial z} & \dfrac{\partial N_r}{\partial y}\\ \dfrac{\partial N_r}{\partial z} & 0 & \dfrac{\partial N_r}{\partial x}\end{bmatrix}=\frac{1}{6V}\begin{bmatrix}b_r & 0 & 0\\ 0 & c_r & 0\\ 0 & 0 & d_r\\ c_r & b_r & 0\\ 0 & d_r & c_r\\ d_r & 0 & b_r\end{bmatrix}\quad (r=i,j,m,p) \tag{5.12}$$

由式（5.12）可知，空间四面体单元为常应变单元。

将单元应变分量式（5.11）代入物理方程，得到单元的应力分量，为

$$\boldsymbol{\sigma}=\begin{bmatrix}\sigma_x & \sigma_y & \sigma_z & \tau_{xy} & \tau_{yz} & \tau_{zx}\end{bmatrix}^{\mathrm{T}}=\boldsymbol{D\varepsilon}=\boldsymbol{DBa}^{\mathrm{e}}=\boldsymbol{Sa}^{\mathrm{e}} \tag{5.13}$$

其中

$$\boldsymbol{D}=\frac{E(1-\mu)}{(1+\mu)(1-2\mu)}\begin{bmatrix}1 & & & & & \\ \dfrac{\mu}{1-\mu} & 1 & & \text{对} & & \\ \dfrac{\mu}{1-\mu} & \dfrac{\mu}{1-\mu} & 1 & & \text{称} & \\ 0 & 0 & 0 & \dfrac{1-2\mu}{2(1-\mu)} & & \\ 0 & 0 & 0 & 0 & \dfrac{1-2\mu}{2(1-\mu)} & \\ 0 & 0 & 0 & 0 & 0 & \dfrac{1-2\mu}{2(1-\mu)}\end{bmatrix} \tag{5.14}$$

$\boldsymbol{S}$ 称为应力转换矩阵，也称应力矩阵，有

$$\boldsymbol{S}=\boldsymbol{DB}=\boldsymbol{D}\begin{bmatrix}\boldsymbol{B}_i & -\boldsymbol{B}_j & \boldsymbol{B}_m & -\boldsymbol{B}_p\end{bmatrix}=\begin{bmatrix}\boldsymbol{S}_i & -\boldsymbol{S}_j & \boldsymbol{S}_m & -\boldsymbol{S}_p\end{bmatrix} \tag{5.15}$$

式中：$\boldsymbol{S}_i$ 为应力转换矩阵 $\boldsymbol{S}$ 的分块子矩阵。

将 $\boldsymbol{D}$ 矩阵代入式（5.15），得到

$$\boldsymbol{S}_r = \boldsymbol{D}\boldsymbol{B}_r = \frac{E(1-\mu)}{6V(1+\mu)(1-2\mu)} = \begin{bmatrix} b_r & A_1 c_r & A_1 d_r \\ A_1 b_r & c_r & A_1 d_r \\ A_1 b_r & A_1 c_r & d_r \\ A_2 c_r & A_2 b_r & 0 \\ 0 & A_2 d_r & A_2 c_r \\ A_2 d_r & & A_2 b_r \end{bmatrix} \quad (r=i,j,m,p) \tag{5.16}$$

其中，$A_1 = \frac{\mu}{1-\mu}$，$A_2 = \frac{1-2\mu}{2(1-\mu)}$。由式（5.16）可以看出，空间四面体单元为常应力单元。

单元刚度矩阵可由式（5.17）求出：

$$\boldsymbol{k} = \iiint_{V^e} \boldsymbol{B}^{\mathrm{T}} \boldsymbol{D}\boldsymbol{B}\,\mathrm{d}v \tag{5.17}$$

由于 $\boldsymbol{B}$ 矩阵和 $\boldsymbol{D}$ 矩阵是常量矩阵，因此，式（5.17）可写为

$$\boldsymbol{k} = \boldsymbol{B}^{\mathrm{T}} \boldsymbol{D}\boldsymbol{B} V \tag{5.18}$$

将 $\boldsymbol{B}$ 矩阵和 $\boldsymbol{D}$ 矩阵代入式（5.18），得到

$$\boldsymbol{k} = \begin{bmatrix} \boldsymbol{k}_{ii} & -\boldsymbol{k}_{ij} & \boldsymbol{k}_{im} & -\boldsymbol{k}_{ip} \\ -\boldsymbol{k}_{ji} & \boldsymbol{k}_{jj} & -\boldsymbol{k}_{jm} & \boldsymbol{k}_{jp} \\ \boldsymbol{k}_{mi} & -\boldsymbol{k}_{mj} & \boldsymbol{k}_{mm} & -\boldsymbol{k}_{mp} \\ -\boldsymbol{k}_{pi} & \boldsymbol{k}_{pj} & -\boldsymbol{k}_{pm} & \boldsymbol{k}_{pp} \end{bmatrix} \tag{5.19}$$

各个分块子矩阵为 $\boldsymbol{k}_{rs} = \boldsymbol{B}_r^{\mathrm{T}} \boldsymbol{D}\boldsymbol{B}_s V$，有

$$\boldsymbol{k}_{rs} = \frac{E(1-\mu)}{36V(1+\mu)(1-2\mu)} \begin{bmatrix} b_r b_s + A_2(c_r c_s + d_r d_s) & A_1 b_r c_s + A_2 c_r b_s & A_1 b_r d_s + A_2 d_r b_s \\ A_1 c_r b_s + A_2 c_r b_s & c_r c_s + A_2(b_r b_s + d_r d_s) & A_1 c_r d_s + A_2 d_r c_s \\ A_1 d_r b_s + A_2 b_r d_s & A_1 d_r c_s + A_2 c_r d_s & d_r d_s + A_2(b_r b_s + c_r c_s) \end{bmatrix}$$

$$(r,\ s=i,\ j,\ m,\ p) \tag{5.20}$$

其中，$A_1 = \frac{\mu}{1-\mu}$，$A_2 \frac{1-2\mu}{2(1-\mu)}$。

5.1.4 等效结点荷载

空间四面体单元等效结点荷载的计算公式如下：

集中力的等效结点荷载：　$\boldsymbol{R}^e = \boldsymbol{N}^{\mathrm{T}} \boldsymbol{P}$

分布体力的等效结点荷载：　$\boldsymbol{R}^e = \iiint_{V^e} \boldsymbol{N}^{\mathrm{T}} \boldsymbol{f}\,\mathrm{d}V$

分布面力的等效结点荷载： $\boldsymbol{R}^{e}=\iint_{\Omega^{e}}\boldsymbol{N}^{T}\bar{\boldsymbol{f}}\mathrm{d}A$

若单元受自重作用，分布体力为 $\boldsymbol{f}=[0 \quad 0 \quad -\rho g]^{T}$，相应的等效结点荷载为

$$
\begin{aligned}
\boldsymbol{R}^{e} &= \iiint_{V^{e}}\boldsymbol{N}^{T}\begin{Bmatrix}0\\0\\-\rho g\end{Bmatrix}\mathrm{d}x\mathrm{d}y\mathrm{d}z\\
&=-\rho g\iiint_{V^{e}}[0 \quad 0 \quad N_i \quad 0 \quad 0 \quad N_j \quad 0 \quad 0 \quad N_m \quad 0 \quad 0 \quad N_p]^{T}\mathrm{d}x\mathrm{d}y\mathrm{d}z\\
&=-\rho gV\left[0 \quad 0 \quad \frac{1}{4} \quad 0 \quad 0 \quad \frac{1}{4} \quad 0 \quad 0 \quad \frac{1}{4} \quad 0 \quad 0 \quad \frac{1}{4}\right]^{T}
\end{aligned} \tag{5.21}
$$

式（5.21）表明，对于单元自重引起的等效结点荷载，只需将自重的 $\frac{1}{4}$ 分别移置到四面体单元的 4 个结点上，方向与自重方向相同。

若单元某个边界面（如 ijm 面）受线性分布面力作用，设结点 i 的面力集度为 q，结点 j 和结点 m 的面力集度为 0，则面力矢量为 $\bar{\boldsymbol{f}}=[N_iq \quad 0 \quad 0]^{T}$，相应的单元等效结点荷载为

$$
\begin{aligned}
\boldsymbol{R}^{e} &= \iint_{\Omega^{e}}\boldsymbol{N}^{T}\begin{Bmatrix}N_iq\\0\\0\end{Bmatrix}\mathrm{d}x\mathrm{d}y\\
&=\iint_{\Omega^{e}}[N_iN_iq \quad 0 \quad 0 \quad N_iN_jq \quad 0 \quad 0 \quad N_iN_mq \quad 0 \quad 0 \quad 0 \quad 0 \quad 0]^{T}\mathrm{d}x\mathrm{d}y\\
&=\frac{1}{3}qA_{ijm}\left[\frac{1}{2} \quad 0 \quad 0 \quad \frac{1}{4} \quad 0 \quad 0 \quad \frac{1}{4} \quad 0 \quad 0 \quad 0 \quad 0 \quad 0\right]^{T}
\end{aligned} \tag{5.22}
$$

式中：A_{ijm} 为 ijm 面的面积。

式（5.22）表明，分布面力合力的 $\frac{1}{2}$ 分配给结点 i，分布面力合力的 $\frac{1}{4}$ 分别分配给结点 j 和结点 m。

可以将上述计算成果［式（5.22）］推广到 ijm 面受某个方向线性分布面力作用的情况，得到单元等效结点荷载。设结点 i 的面力集度为 q_i，结点 j 和结点 m 的面力集度为 q_j 和 q_m，移置到结点 i、j、m 上的等效结点荷载为

$$
\left.\begin{aligned}
R_i &= \frac{1}{6}\left(q_i+\frac{1}{2}q_j+\frac{1}{2}q_m\right)A_{ijm}\\
R_j &= \frac{1}{6}\left(q_j+\frac{1}{2}q_m+\frac{1}{2}q_i\right)A_{ijm}\\
R_m &= \frac{1}{6}\left(q_m+\frac{1}{2}q_i+\frac{1}{2}q_j\right)A_{ijm}
\end{aligned}\right\} \tag{5.23}
$$

根据线性分布面力的作用方向，可将式（5.23）计算的数值布置到等效结点荷载列阵的相应位置。

空间四面体单元的有限元计算程序可在平面三角形单元计算程序的基础上进行修改得到。

5.2 体 积 坐 标

5.1 节介绍的空间四面体单元是常应变单元、常应力单元，为了提高计算的精度，可在空间四面体单元的各棱线上增设结点，得到高次四面体单元。和平面单元的面积坐标的作用类似，引入体积坐标，可以简化高次四面体单元的计算。

如图 5.4 所示，在四面体单元内部的任一点 P 的位置可由式（5.24）确定：

$$L_1=\frac{V_1}{V},\quad L_2=\frac{V_2}{V},\quad L_3=\frac{V_3}{V},\quad L_4=\frac{V_4}{V} \tag{5.24}$$

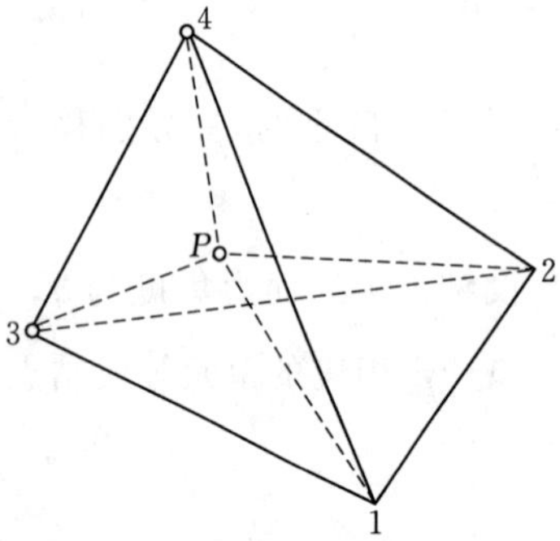

图 5.4　空间四面体单元的体积坐标

$$V=\frac{1}{6}\begin{vmatrix}1 & x_1 & y_1 & z_1\\ 1 & x_2 & y_2 & z_2\\ 1 & x_3 & y_3 & z_3\\ 1 & x_4 & y_4 & z_4\end{vmatrix} \tag{5.25}$$

式中：V 为四面体的体积；V_1、V_2、V_3、V_4 分别为四面体 $P324$、$P431$、$P412$、$P213$ 的体积；L_1、L_2、L_3、L_4 为 P 点的体积坐标。

由于 $V_1+V_2+V_3+V_4=V$，因此有 $L_1+L_2+L_3+L_4=1$。

体积坐标和直角坐标之间的关系为

$$\begin{Bmatrix}L_1\\ L_2\\ L_3\\ L_4\end{Bmatrix}=\frac{1}{6V}\begin{bmatrix}a_1 & b_1 & c_1 & d_1\\ a_2 & b_2 & c_2 & d_2\\ a_3 & b_3 & c_3 & d_3\\ a_4 & b_4 & c_4 & d_4\end{bmatrix}\begin{Bmatrix}1\\ x\\ y\\ z\end{Bmatrix} \tag{5.26}$$

式中：a_i、b_i、c_i、d_i（$i=1$，2，3，4）为已知系数，由式（5.7）计算确定。

应用体积坐标可以将积分计算进行简化，体积坐标各幂次乘积在四面体上的积分计算公式为

$$\iiint_{V^e} L_1^a L_2^b L_3^c L_4^d \,\mathrm{d}x\mathrm{d}y\mathrm{d}z = 6V\frac{a!b!c!d!}{(a+b+c+d+3)!} \tag{5.27}$$

四结点四面体单元的形函数和体积坐标相等，有

$$N_i=L_1,\quad N_j=L_2,\quad N_m=L_3,\quad N_p=L_4 \tag{5.28}$$

5.3 高次四面体单元

为了提高单元应力的计算精度，同时适应复杂的曲线边界形状，在空间四面体单元的 6 条棱边的中点增设 6 个结点，构成十结点的高次四面体单元，如图 5.5 所示。

设单元的位移模式为直角坐标的完全二次多项式，为

$$\left.\begin{aligned} u &= \alpha_1 + \alpha_2 x + \alpha_3 y + \alpha_4 z + \alpha_5 xy + \alpha_6 yz + \alpha_7 zx + \alpha_8 x^2 + \alpha_9 y^2 + \alpha_{10} z^2 \\ v &= \alpha_{11} + \alpha_{12} x + \alpha_{13} y + \alpha_{14} z + \alpha_{15} xy + \alpha_{16} yz + \alpha_{17} zx + \alpha_{18} x^2 + \alpha_{19} y^2 + \alpha_{20} z^2 \\ w &= \alpha_{21} + \alpha_{22} x + \alpha_{23} y + \alpha_{24} z + \alpha_{25} xy + \alpha_{26} yz + \alpha_{27} zx + \alpha_{28} x^2 + \alpha_{29} y^2 + \alpha_{30} z^2 \end{aligned}\right\} \tag{5.29}$$

该假设的位移模式包含了线性多项式，因此，满足完备性条件。同时，它是二次多项式，在单元的每个边界面上有 6 个结点，这 6 个结点可以完全确定该边界面上的二次多项式，因此，满足连续性条件。所以，该位移模式是完备连续单元，位移解答具有收敛性。

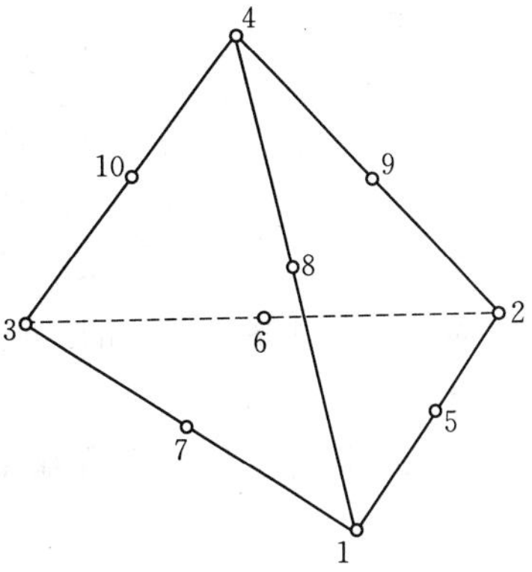

图 5.5 高次四面体单元

对上述位移模式中的待定系数的求解是很复杂的，下面采用体积坐标来构造位移模式，首先将位移模式写为

$$u = \sum_{i=1}^{10} N_i u_i, \quad v = \sum_{i=1}^{10} N_i v_i, \quad w = \sum_{i=1}^{10} N_i w_i \tag{5.30}$$

式（5.30）的位移模式可以写成矩阵的形式，为

$$\boldsymbol{u} = \begin{Bmatrix} u \\ v \\ w \end{Bmatrix} = \boldsymbol{N}\boldsymbol{a}^{e} \tag{5.31}$$

其中，$\boldsymbol{a}^e$ 为单元结点列阵，$\boldsymbol{a}^e = [u_1 v_1 w_1 \quad u_2 v_2 w_2 \quad \cdots \quad u_{10} v_{10} w_{10}]^{\mathrm{T}}$，$\boldsymbol{a}^e$ 共有 30 个元素；$\boldsymbol{N}$ 为形函数矩阵，它是 3×30 的矩阵。

$$\boldsymbol{N} = \begin{bmatrix} N_1 & 0 & 0 & N_2 & 0 & 0 & \cdots & N_{10} & 0 & 0 \\ 0 & N_1 & 0 & 0 & N_2 & 0 & \cdots & 0 & N_{10} & 0 \\ 0 & 0 & N_1 & 0 & 0 & N_2 & \cdots & 0 & 0 & N_{10} \end{bmatrix} \tag{5.32}$$

$\boldsymbol{N}$ 可以写成分块矩阵的形式，为

$$\boldsymbol{N} = [\boldsymbol{N}_1 \quad \boldsymbol{N}_2 \quad \cdots \quad \boldsymbol{N}_{10}] = [\boldsymbol{I}N_1 \quad \boldsymbol{I}N_2 \quad \cdots \quad \boldsymbol{I}N_{10}] \tag{5.33}$$

式中：$\boldsymbol{I}$ 为 3 阶单位矩阵。

根据形函数在本结点取值为 1，在其他结点取值为 0 的性质，采用体积坐标表示形函数，得到

$$\left.\begin{aligned} &N_1 = L_i(2L_i - 1) \quad (i = 1,2,3,4) \\ &N_5 = 4L_1L_2, \qquad N_6 = 4L_2L_3 \\ &N_7 = 4L_1L_3, \qquad N_8 = 4L_1L_4 \\ &N_9 = 4L_2L_4, \qquad N_{10} = 4L_3L_4 \end{aligned}\right\} \tag{5.34}$$

还可以采用构造变结点形函数的方法得到四～十变结点四面体单元的形函数，为

$$
\left.\begin{aligned}
N_1 &= L_1 - \frac{1}{2}N_5 - \frac{1}{2}N_7 - \frac{1}{2}N_8 \\
N_2 &= L_2 - \frac{1}{2}N_5 - \frac{1}{2}N_6 - \frac{1}{2}N_9 \\
N_3 &= L_3 - \frac{1}{2}N_6 - \frac{1}{2}N_7 - \frac{1}{2}N_{10} \\
N_4 &= L_4 - \frac{1}{2}N_8 - \frac{1}{2}N_9 - \frac{1}{2}N_{10} \\
N_5 &= 4L_1L_2, \quad N_6 = 4L_2L_3 \\
N_7 &= 4L_1L_3, \quad N_8 = 4L_1L_4 \\
N_9 &= 4L_2L_4, \quad N_{10} = 4L_3L_4
\end{aligned}\right\} \tag{5.35}
$$

如果四面体单元某条棱边上的结点不存在，则该结点对应的形函数为 0，得到变结点过渡单元的形函数。取结点数为 10，式（5.34）和式（5.35）的计算结果相同。高次四面体单元的有限元分析中，计算内容篇幅较多，读者可以自行推导后续有限元计算的基本公式。

5.4　空间六面体等参单元及位移模式

图 5.6 给出了不同类型的空间六面体单元。图 5.6（a）为非规则六面体单元。六面体的 6 个面可以不再保持垂直，因而，非规则六面体单元可以适应倾斜的边界面。图 5.6（b）为非规则六面体单元对应的母单元，它是边长为 2 的标准正方体单元。

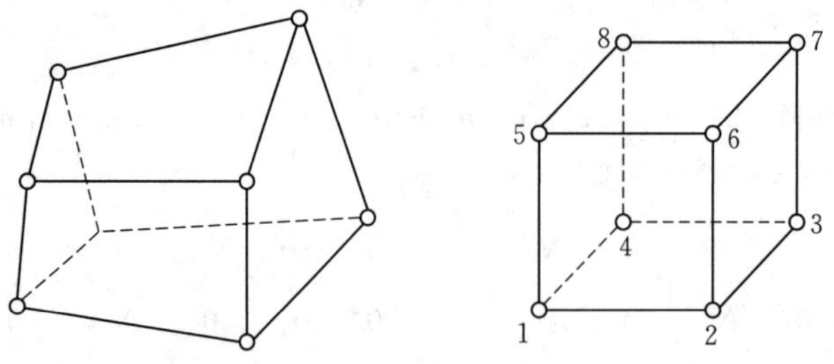

（a）非规则六面体单元　　（b）非规则六面体单元对应的母单元

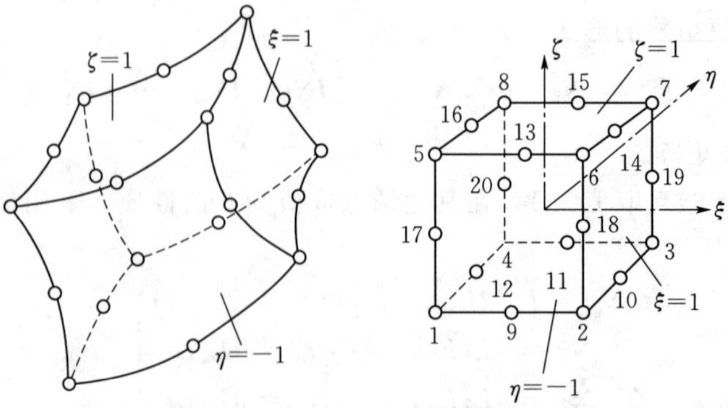

（c）高次等参单元　　（d）高次等参单元对应的母单元

图 5.6　不同类型的空间六面体单元

图 5.6（c）为二十结点六面体的高次等参单元，它可以适应复杂的曲面边界，同时，具有较高的计算精度，图 5.6（d）为该高次等参单元对应的母单元，它是具有 20 个结点的边长为 2 的标准正方体单元。

设空间六面体等参单元的结点数为 m，则母单元的位移模式可写为

$$u=\sum_{i=1}^{m}N_iu_i,\quad v=\sum_{i=1}^{m}N_iv_i,\quad w=\sum_{i=1}^{w}N_iw_i \tag{5.36}$$

式（5.36）可写成矩阵的形式，为

$$\boldsymbol{u}=\begin{Bmatrix}u\\v\\w\end{Bmatrix}=\boldsymbol{N}\boldsymbol{a}^{\mathrm{e}} \tag{5.37}$$

式中：$\boldsymbol{a}^{\mathrm{e}}$ 为单元结点列阵，$\boldsymbol{a}^{\mathrm{e}}=[u_1v_1w_1\quad u_2v_2w_2\quad\cdots\quad u_mv_mw_m]^{\mathrm{T}}$，共有 $3m$ 个元素；$\boldsymbol{N}$ 为形函数矩阵，它是一个 $3\times3m$ 的矩阵。

$$\boldsymbol{N}=\begin{bmatrix}N_1&0&0&N_2&0&0&\cdots&N_m&0&0\\0&N_1&0&0&N_2&0&\cdots&0&N_m&0\\0&0&N_1&0&0&N_2&\cdots&0&0&N_m\end{bmatrix} \tag{5.38}$$

$\boldsymbol{N}$ 可以写为分块矩阵的形式，为

$$\boldsymbol{N}=[\boldsymbol{N}_1\quad\boldsymbol{N}_2\quad\cdots\quad\boldsymbol{N}_m]=[\boldsymbol{I}N_1\quad\boldsymbol{I}N_2\quad\cdots\quad\boldsymbol{I}N_m] \tag{5.39}$$

式中：$\boldsymbol{I}$ 为 3 阶单位矩阵。

在平面问题中，基于 Pascal 三角形确定位移模式中的多项式，所构造的位移模式能够满足完备性要求和连续性要求；在空间问题中，采用三角锥配置位移表达式的多项式。三角锥的构造如图 5.7 所示，在选择多项式时，按照从上到下的顺序确定多项式，同时，必须优先选择三角锥中心轴上的元素，然后再选择距离中心轴最近的元素，按照这样的原则确定的多项式，能够保证多项式的幂次最低。

然后再根据形函数的基本性质，采用几何划面法确定形函数，八结点六面体等参单元的形函数见式（5.40），二十结点六面体等参单元的形函数见式（5.41）。

$$N_i=\frac{1}{8}(1+\zeta_i\zeta)(1+\eta_i\eta)(1+\zeta_i\zeta)\quad(i=1,\ 2,\ \cdots,\ 8) \tag{5.40}$$

$$\left.\begin{aligned}N_i&=\frac{1}{8}(1+\zeta_i\zeta)(1+\eta_i\eta)(1+\zeta_i\zeta)(\xi_i\xi+\eta_i\eta+\zeta_i\zeta-2)&&(i=1,2,\cdots,8)\\N_i&=\frac{1}{4}(1-\xi^2)(1+\eta_i\eta)(1+\zeta_i\zeta)&&(i=9,11,13,15)\\N_i&=\frac{1}{4}(1-\eta^2)(1+\xi_i\xi)(1+\zeta_i\zeta)&&(i=10,12,14,16)\\N_i&=\frac{1}{4}(1-\xi^2)(1+\xi_i\xi)(1+\eta_i\eta)&&(i=17,18,19,20)\end{aligned}\right\} \tag{5.41}$$

按照变结点形函数的构造方法，可以写出八～二十结点六面体等参单元形函数的统一表达式，为

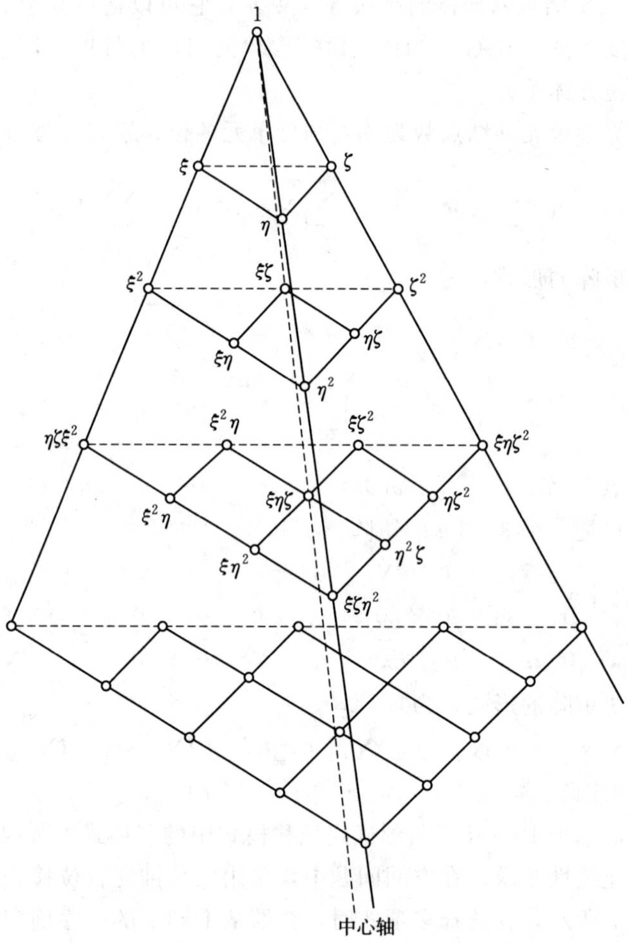

图 5.7　三角锥

$$
\left.\begin{aligned}
N_1 &= \hat{N}_1 - \frac{1}{2}(N_9 + N_{12} + N_{17}) \\
N_2 &= \hat{N}_2 - \frac{1}{2}(N_9 + N_{10} + N_{18}) \\
N_3 &= \hat{N}_3 - \frac{1}{2}(N_{10} + N_{11} + N_{19}) \\
N_4 &= \hat{N}_4 - \frac{1}{2}(N_{11} + N_{12} + N_{20}) \\
N_5 &= \hat{N}_5 - \frac{1}{2}(N_{13} + N_{16} + N_{17}) \\
N_6 &= \hat{N}_6 - \frac{1}{2}(N_{13} + N_{14} + N_{18}) \\
N_7 &= \hat{N}_7 - \frac{1}{2}(N_{14} + N_{15} + N_{19}) \\
N_8 &= \hat{N}_8 - \frac{1}{2}(N_{15} + N_{16} + N_{20})
\end{aligned}\right\} \tag{5.42}
$$

其中，$\hat{N}_i=\frac{1}{8}(1+\xi_i\xi)(1+\eta_i\eta)(1+\zeta_i\zeta)$（$i$=1，2，…，8），$N_9\sim N_{20}$见式（5.41）。

上述单元的形函数均满足 $\sum_{i=1}^{m}N_i=1$，同时，等参单元的坐标变换式为

$$x=\sum_{i=1}^{m}N_ix_i,\quad y=\sum_{i=1}^{m}N_iy_i,\quad z=\sum_{i=1}^{m}N_iz_i \tag{5.43}$$

因此，相应的位移模式满足完备性要求，同时，任意两相邻单元的交界面上也满足连续性条件。变结点等参单元满足解答的收敛性要求。

八～二十变结点等参单元的形函数计算程序如下：

```
SUBROUTINE FUN8TO20(ND, NEE, R, S, T, FUN)
DIM XI(20), ETA(20), ZETA(20), FUN(*)
DATA XI/-1, 1, 1, -1, -1, 1, 1, -1, 0, 1, 0, -1, 0, 1, 0, -1, -1, 1, 1, -1/
DATA ETA/-1, -1, 1, 1, -1, -1, 1, 1, -1, 0, 1, 0, -1, 0, 1, 0, -1, -1, 1, 1/
DATA ZETA/-1, -1, -1, -1, 1, 1, 1, 1, -1, -1, -1, -1, 1, 1, 1, 1, 0, 0, 0, 0/
DO 25 K=1, 20
25 FUN(K)=0
DO 10 I=1, ND
G1=0.5*(1+XI(I)*R)
IF X(I)=0 THEN G1=1-R*R
G2=0.5*(1+ETA(I)*S)
IF ETA(I)=0 THEN G2=1-S*S
G3=0.5*(1+ZETA(I)*T)
IF ZETA(I)=0 THEN G1=1-T*T
FUN(I)=G1*G2*G3
10 CONTINUE
IF ND=8 RETURN
FUN(1)= FUN(1)-( FUN(9)+ FUN(12)+ FUN(17))/2
FUN(2)= FUN(2)-( FUN(9)+ FUN(10)+ FUN(18))/2
FUN(3)= FUN(3)-( FUN(10)+ FUN(11)+ FUN(19))/2
FUN(4)= FUN(4)-( FUN(11)+ FUN(12)+ FUN(20))/2
FUN(5)= FUN(5)-( FUN(13)+ FUN(16)+ FUN(17))/2
FUN(6)= FUN(6)-( FUN(13)+ FUN(14)+ FUN(18))/2
FUN(7)= FUN(7)-( FUN(14)+ FUN(15)+ FUN(19))/2
FUN(8)= FUN(8)-( FUN(15)+ FUN(16)+ FUN(20))/2
RETURN
END
```

5.5 空间等参单元的数学分析

5.5.1 整体坐标对局部坐标的导数

由式（5.41）可得到形函数对局部坐标的导数计算公式，为

$$\left.\begin{aligned}\frac{\partial N_i}{\partial \xi} &= \frac{1}{8}\xi_i(1+\eta_i\eta)(1+\zeta_i\zeta)(2\xi_i\xi+\eta_i\eta+\zeta_i\zeta-1)\\ \frac{\partial N_i}{\partial \eta} &= \frac{1}{8}\eta_i(1+\xi_i\xi)(1+\zeta_i\zeta)(\xi_i\xi+2\eta_i\eta+\zeta_i\zeta-1)\\ \frac{\partial N_i}{\partial \zeta} &= \frac{1}{8}\zeta_i(1+\xi_i\xi)(1+\eta_i\eta)(\xi_i\xi+\eta_i\eta+2\zeta_i\zeta-1)\end{aligned}\right\} \tag{5.44}$$

其中，$i=1, 2, \cdots, 8$。

$$\left.\begin{aligned}\frac{\partial N_i}{\partial \xi} &= -\frac{1}{2}\xi(1+\eta_i\eta)(1+\zeta_i\zeta)\\ \frac{\partial N_i}{\partial \eta} &= \frac{1}{4}\eta_i(1-\xi^2)(1+\zeta_i\zeta)\\ \frac{\partial N_i}{\partial \zeta} &= \frac{1}{4}\zeta_i(1-\xi^2)(1+\eta_i\eta)\end{aligned}\right\} \tag{5.45}$$

其中，$i=9, 11, 13, 15$。

$$\left.\begin{aligned}\frac{\partial N_i}{\partial \xi} &= -\frac{1}{4}\xi_i(1-\eta^2)(1+\zeta_i\zeta)\\ \frac{\partial N_i}{\partial \eta} &= -\frac{1}{2}\eta(1+\xi_i\xi)(1-\zeta_i\zeta)\\ \frac{\partial N_i}{\partial \zeta} &= \frac{1}{4}\zeta_i(1-\eta^2)(1+\xi_i\xi)\end{aligned}\right\} \tag{5.46}$$

其中，$i=10, 12, 14, 16$。

$$\left.\begin{aligned}\frac{\partial N_i}{\partial \xi} &= -\frac{1}{4}\xi_i(1-\zeta^2)(1+\eta_i\eta)\\ \frac{\partial N_i}{\partial \eta} &= -\frac{1}{4}\eta_i(1+\zeta^2)(1+\xi_i\xi)\\ \frac{\partial N_i}{\partial \zeta} &= \frac{1}{2}\zeta(1+\xi_i\xi)(1+\eta_i\eta)\end{aligned}\right\} \tag{5.47}$$

其中，$i=17, 18, 19, 20$。

设空间等参单元的结点数为 m，由式（5.43）的坐标变换式，可得到整体坐标对局部坐标的导数计算公式，见式（5.48）。

将式（5.44）、式（5.47）代入式（5.48）即可得到整体坐标对局部坐标的导数。

$$\left.\begin{aligned}\frac{\partial x}{\partial \xi} &= \sum_{i=1}^{m}\frac{\partial N_i}{\partial \xi}x_i\\ \frac{\partial y}{\partial \xi} &= \sum_{i=1}^{m}\frac{\partial N_i}{\partial \xi}y_i\\ \frac{\partial z}{\partial \xi} &= \sum_{i=1}^{m}\frac{\partial N_i}{\partial \xi}z_i\end{aligned}\right\},\quad \left.\begin{aligned}\frac{\partial x}{\partial \eta} &= \sum_{i=1}^{m}\frac{\partial N_i}{\partial \eta}x_i\\ \frac{\partial y}{\partial \eta} &= \sum_{i=1}^{m}\frac{\partial N_i}{\partial \eta}y_i\\ \frac{\partial z}{\partial \eta} &= \sum_{i=1}^{m}\frac{\partial N_i}{\partial \eta}z_i\end{aligned}\right\},\quad \left.\begin{aligned}\frac{\partial x}{\partial \zeta} &= \sum_{i=1}^{m}\frac{\partial N_i}{\partial \zeta}x_i\\ \frac{\partial y}{\partial \zeta} &= \sum_{i=1}^{m}\frac{\partial N_i}{\partial \zeta}y_i\\ \frac{\partial z}{\partial \zeta} &= \sum_{i=1}^{m}\frac{\partial N_i}{\partial \zeta}z_i\end{aligned}\right\} \tag{5.48}$$

5.5.2 形函数对整体坐标的导数

在计算应变转换矩阵 $\boldsymbol{B}$ 和应力转换矩阵 $\boldsymbol{S}$ 时，矩阵的元素中包含形函数对整体坐标的导数，等参单元的形函数是定义在母单元上的，即是用局部坐标表示的，它们是整体坐标的隐式函数，因此，形函数对整体坐标的导数需要根据复合函数求导的法则来进行计算。

由式（5.43）可知：

$$\xi=\xi(x,y,z)\,,\qquad \eta=\eta(x,y,z)\,,\qquad \zeta=\zeta(x,y,z) \tag{5.49}$$

所以有

$$\left.\begin{aligned}\frac{\partial N_i}{\partial \xi}&=\frac{\partial N_i}{\partial x}\frac{\partial x}{\partial \xi}+\frac{\partial N_i}{\partial y}\frac{\partial y}{\partial \xi}+\frac{\partial N_i}{\partial z}\frac{\partial z}{\partial \xi}\\ \frac{\partial N_i}{\partial \eta}&=\frac{\partial N_i}{\partial x}\frac{\partial x}{\partial \eta}+\frac{\partial N_i}{\partial y}\frac{\partial y}{\partial \eta}+\frac{\partial N_i}{\partial z}\frac{\partial z}{\partial \eta}\\ \frac{\partial N_i}{\partial \zeta}&=\frac{\partial N_i}{\partial x}\frac{\partial x}{\partial \zeta}+\frac{\partial N_i}{\partial y}\frac{\partial y}{\partial \zeta}+\frac{\partial N_i}{\partial z}\frac{\partial z}{\partial \zeta}\end{aligned}\right\} \tag{5.50}$$

其中，$i=1$，2，…，m。

将式（5.50）写成矩阵的形式，为

$$\begin{Bmatrix}\dfrac{\partial N_i}{\partial \xi}\\ \dfrac{\partial N_i}{\partial \eta}\\ \dfrac{\partial N_i}{\partial \zeta}\end{Bmatrix}=\begin{Bmatrix}\dfrac{\partial x}{\partial \xi} & \dfrac{\partial y}{\partial \xi} & \dfrac{\partial z}{\partial \xi}\\ \dfrac{\partial x}{\partial \eta} & \dfrac{\partial y}{\partial \eta} & \dfrac{\partial z}{\partial \eta}\\ \dfrac{\partial x}{\partial \zeta} & \dfrac{\partial y}{\partial \zeta} & \dfrac{\partial z}{\partial \zeta}\end{Bmatrix}\begin{Bmatrix}\dfrac{\partial N_i}{\partial x}\\ \dfrac{\partial N_i}{\partial y}\\ \dfrac{\partial N_i}{\partial z}\end{Bmatrix}\quad (i=1,2,\cdots,m) \tag{5.51}$$

记

$$\boldsymbol{J}=\frac{\partial(x,y,z)}{\partial(\xi,\eta,\zeta)}=\begin{bmatrix}\dfrac{\partial x}{\partial \xi} & \dfrac{\partial y}{\partial \xi} & \dfrac{\partial z}{\partial \xi}\\ \dfrac{\partial x}{\partial \eta} & \dfrac{\partial y}{\partial \eta} & \dfrac{\partial z}{\partial \eta}\\ \dfrac{\partial x}{\partial \zeta} & \dfrac{\partial y}{\partial \zeta} & \dfrac{\partial z}{\partial \zeta}\end{bmatrix} \tag{5.52}$$

式中：$\boldsymbol{J}$ 为雅可比矩阵。

将式（5.48）代入式（5.52），得到

$$\boldsymbol{J}=\begin{bmatrix}\sum\limits_{i=1}^{m}\dfrac{\partial N_i}{\partial \xi}x_i & \sum\limits_{i=1}^{m}\dfrac{\partial N_i}{\partial \xi}y_i & \sum\limits_{i=1}^{m}\dfrac{\partial N_i}{\partial \xi}z_i\\ \sum\limits_{i=1}^{m}\dfrac{\partial N_i}{\partial \eta}x_i & \sum\limits_{i=1}^{m}\dfrac{\partial N_i}{\partial \eta}y_i & \sum\limits_{i=1}^{m}\dfrac{\partial N_i}{\partial \eta}z_i\\ \sum\limits_{i=1}^{m}\dfrac{\partial N_i}{\partial \zeta}x_i & \sum\limits_{i=1}^{m}\dfrac{\partial N_i}{\partial \zeta}x_i & \sum\limits_{i=1}^{m}\dfrac{\partial N_i}{\partial \zeta}x_i\end{bmatrix}=\begin{bmatrix}\dfrac{\partial N_1}{\partial \xi} & \dfrac{\partial N_2}{\partial \xi} & \cdots & \dfrac{\partial N_m}{\partial \xi}\\ \dfrac{\partial N_1}{\partial \eta} & \dfrac{\partial N_2}{\partial \eta} & \cdots & \dfrac{\partial N_m}{\partial \eta}\\ \dfrac{\partial N_1}{\partial \zeta} & \dfrac{\partial N_2}{\partial \zeta} & \cdots & \dfrac{\partial N_m}{\partial \zeta}\end{bmatrix}\begin{bmatrix}x_1 & y_1 & z_1\\ x_2 & y_2 & z_2\\ \vdots & \vdots & \vdots\\ x_m & y_m & z_m\end{bmatrix} \tag{5.53}$$

于是，有

$$\begin{Bmatrix}\dfrac{\partial N_i}{\partial x}\\ \dfrac{\partial N_i}{\partial y}\\ \dfrac{\partial N_i}{\partial z}\end{Bmatrix}=\boldsymbol{J}^{-1}\begin{Bmatrix}\dfrac{\partial N_i}{\partial \xi}\\ \dfrac{\partial N_i}{\partial \eta}\\ \dfrac{\partial N_i}{\partial \zeta}\end{Bmatrix}=\frac{\boldsymbol{J}^*}{|\boldsymbol{J}|}\begin{Bmatrix}\dfrac{\partial N_i}{\partial \xi}\\ \dfrac{\partial N_i}{\partial \eta}\\ \dfrac{\partial N_i}{\partial \zeta}\end{Bmatrix}\quad (i=1,2,\cdots,m) \tag{5.54}$$

式中：$\boldsymbol{J}^{-1}$ 为雅可比矩阵的逆矩阵，$\boldsymbol{J}^{-1}=\dfrac{\boldsymbol{J}^*}{|\boldsymbol{J}|}$；$|\boldsymbol{J}|$ 为雅可比行列式；$\boldsymbol{J}^*$ 为雅可比矩阵

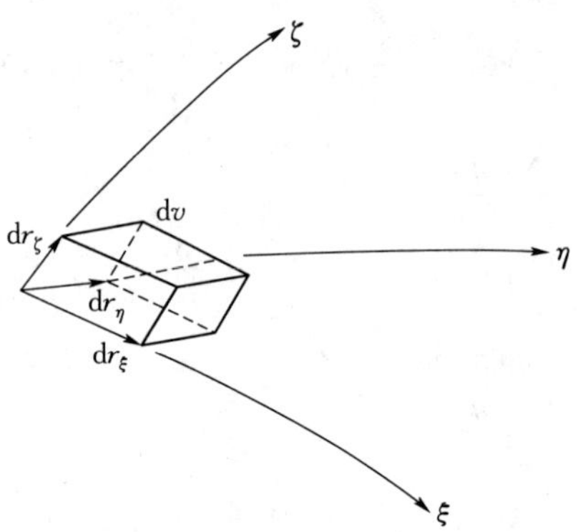

图 5.8　体积微元

的伴随矩阵。

将式（5.44）～式（5.47）代入式（5.54），可得到形函数对整体坐标的导数。可以看出，单元内部某一点的形函数对整体坐标的偏导数，最终由该点的局部坐标来表示。

5.5.3　用局部坐标表示的微分体积

在整体坐标系中，实际单元任一点取体积微元 dv，如图 5.8 所示。该体积微元是由局部坐标相应点的微体积 $d\xi d\eta d\zeta$ 变换而来的，因此它的棱边就是 3 个局部坐标的坐标线分向的微分矢量，分别记为 $d\boldsymbol{r}_\xi$ 、$d\boldsymbol{r}_\eta$ 和 $d\boldsymbol{r}_\zeta$ ，有

$$\begin{aligned} d\boldsymbol{r}_\xi &= dx\boldsymbol{i} + dy\boldsymbol{j} + dz\boldsymbol{k} \\ &= [x(\xi + d\xi,\eta,\zeta) - x(\xi,\eta,\zeta)]\boldsymbol{i} + [y(\xi + d\xi,\eta,\zeta) - y(\xi,\eta,\zeta)]\boldsymbol{j} \\ &\quad + [z(\xi + d\xi,\eta,\zeta) - z(\xi,\eta,\zeta)]\boldsymbol{k} \\ &= \frac{\partial x}{\partial \xi}d\xi\boldsymbol{i} + \frac{\partial y}{\partial \xi}d\xi\boldsymbol{j} + \frac{\partial z}{\partial \xi}d\xi\boldsymbol{k} \end{aligned} \tag{5.55}$$

同理，可得

$$d\boldsymbol{r}_\eta = \frac{\partial x}{\partial \eta}d\eta\boldsymbol{i} + \frac{\partial y}{\partial \eta}d\eta\boldsymbol{j} + \frac{\partial z}{\partial \eta}d\eta\boldsymbol{k}\,, \quad d\boldsymbol{r}_\zeta = \frac{\partial x}{\partial \zeta}d\zeta\boldsymbol{i} + \frac{\partial y}{\partial \zeta}d\zeta\boldsymbol{j} + \frac{\partial z}{\partial \zeta}d\zeta\boldsymbol{k} \tag{5.56}$$

式中：$\boldsymbol{i}$，$\boldsymbol{j}$，$\boldsymbol{k}$ 为直角坐标单位基矢量。

微分体积等于 3 个微分矢量的混合积，有

$$dv = d\boldsymbol{r}_\zeta(d\boldsymbol{r}_\eta \times d\boldsymbol{r}_\zeta) = \begin{vmatrix} \frac{\partial x}{\partial \xi} & \frac{\partial y}{\partial \xi} & \frac{\partial z}{\partial \xi} \\ \frac{\partial x}{\partial \eta} & \frac{\partial y}{\partial \eta} & \frac{\partial z}{\partial \eta} \\ \frac{\partial x}{\partial \zeta} & \frac{\partial y}{\partial \zeta} & \frac{\partial z}{\partial \zeta} \end{vmatrix} d\xi d\eta d\zeta = |\boldsymbol{J}|\, d\xi d\eta d\zeta \tag{5.57}$$

可见，雅可比行列式 $|\boldsymbol{J}|$ 是实际单元微分体积与母单元微分体积的比值，即实际单元微分体积的放大（缩小）系数。

5.5.4　用局部坐标表示的微分面积

以 $\xi=\pm 1$ 的边界面为例，在该表面上取微分面积 dA，它应等于 η 坐标线和 ζ 坐标线上微分矢量叉乘的模，即 $dA = |d\boldsymbol{r}_\eta \times d\boldsymbol{r}_\zeta|$ ，将

$$d\boldsymbol{r}_\eta = \frac{\partial x}{\partial \eta}d\eta\boldsymbol{i} + \frac{\partial y}{\partial \eta}d\eta\boldsymbol{j} + \frac{\partial z}{\partial \eta}d\eta\boldsymbol{k}\,, \quad d\boldsymbol{r}_\zeta = \frac{\partial x}{\partial \zeta}d\zeta\boldsymbol{i} + \frac{\partial y}{\partial \zeta}d\zeta\boldsymbol{j} + \frac{\partial z}{\partial \zeta}d\zeta\boldsymbol{k} \tag{5.58}$$

代入 $dA = |d\boldsymbol{r}_\eta \times d\boldsymbol{r}_\zeta|$ ，并注意到 $\xi=\pm 1$ ，计算得到

$$\begin{aligned} dA &= \left[\left(\frac{\partial y}{\partial \eta}\frac{\partial z}{\partial \zeta} - \frac{\partial y}{\partial \zeta}\frac{\partial z}{\partial \eta}\right)^2 + \left(\frac{\partial z}{\partial \eta}\frac{\partial x}{\partial \zeta} - \frac{\partial z}{\partial \zeta}\frac{\partial x}{\partial \eta}\right)^2 + \left(\frac{\partial x}{\partial \eta}\frac{\partial y}{\partial \zeta} - \frac{\partial x}{\partial \zeta}\frac{\partial y}{\partial \eta}\right)^2\right]^{\frac{1}{2}} d\eta d\zeta \\ &= A_\xi d\eta d\zeta \end{aligned} \tag{5.59}$$

式中：A_ξ 是两个坐标系之间微分面积的放大系数。

其他面上的微分面积可由式（5.59）通过轮换 ξ、η、ζ 得到。

5.5.5　整体坐标单元边界面的外法向

以 $\xi=1$ 的边界面为例，该面的外法向与 $\mathrm{d}\boldsymbol{r}_\eta\times\mathrm{d}\boldsymbol{r}_\zeta$ 的方向相同。因此，该面的外法向方向余弦为

$$\left.\begin{aligned}l&=\frac{1}{A_\xi}\left(\frac{\partial y}{\partial\eta}\frac{\partial z}{\partial\zeta}-\frac{\partial y}{\partial\zeta}\frac{\partial z}{\partial\eta}\right)\\m&=\frac{1}{A_\xi}\left(\frac{\partial z}{\partial\eta}\frac{\partial x}{\partial\zeta}-\frac{\partial z}{\partial\zeta}\frac{\partial x}{\partial\eta}\right)\\n&=\frac{1}{A_\xi}\left(\frac{\partial x}{\partial\eta}\frac{\partial y}{\partial\zeta}-\frac{\partial x}{\partial\zeta}\frac{\partial y}{\partial\eta}\right)\end{aligned}\right\}\tag{5.60}$$

5.6　变结点空间等参单元的统一列式

5.5节给出了空间等参单元整体坐标和局部坐标之间的微分变换关系，设六面体等参单元的结点数为 m，$m=8\sim20$，下面分析变结点空间等参单元的计算公式。

5.6.1　单元应变

将位移模式式（5.37）代入几何方程，有

$$\boldsymbol{\varepsilon}=\boldsymbol{Lu}=\boldsymbol{LNa}^{\mathrm{e}}=\boldsymbol{Ba}^{\mathrm{e}}\tag{5.61}$$

式中：$\boldsymbol{B}$ 为应变转换矩阵。

$\boldsymbol{B}$ 可写为分块矩阵的形式，为

$$\boldsymbol{B}=[\boldsymbol{B}_1\quad\boldsymbol{B}_2\quad\cdots\quad\boldsymbol{B}_m]\tag{5.62}$$

式中：$\boldsymbol{B}_i$ 为 $\boldsymbol{B}$ 的分块子矩阵。

$\boldsymbol{B}_i$ 为

$$\boldsymbol{B}_i=\boldsymbol{LN}_i\begin{bmatrix}\frac{\partial N_i}{\partial x}&0&0\\0&\frac{\partial N_i}{\partial y}&0\\0&0&\frac{\partial N_i}{\partial z}\\\frac{\partial N_i}{\partial y}&\frac{\partial N_i}{\partial x}&0\\0&\frac{\partial N_i}{\partial z}&\frac{\partial N_i}{\partial y}\\\frac{\partial N_i}{\partial z}&0&\frac{\partial N_i}{\partial x}\end{bmatrix}\quad(i=1,2,\cdots,m)\tag{5.63}$$

5.6.2　单元应力

将式（5.61）的单元应变代入物理方程，得到

$$\boldsymbol{\sigma}=\boldsymbol{D\varepsilon}=\boldsymbol{DBa}^{\mathrm{e}}=\boldsymbol{Sa}^{\mathrm{e}}\tag{5.64}$$

式中：$\boldsymbol{S}$ 为应力转换矩阵。

$\boldsymbol{S}$ 可写为分块矩阵的形式，为

$$\boldsymbol{S}=[\boldsymbol{S}_1\quad\boldsymbol{S}_2\quad\cdots\quad\boldsymbol{S}_m]\tag{5.65}$$

其中，$\boldsymbol{S}_i$ 是 $\boldsymbol{S}$ 的分块子矩阵，为

$$\boldsymbol{S}_i=\boldsymbol{D}\boldsymbol{B}_i=\begin{bmatrix} D_1\dfrac{\partial N_i}{\partial x} & D_2\dfrac{\partial N_i}{\partial y} & D_2\dfrac{\partial N_i}{\partial z} \\ D_2\dfrac{\partial N_i}{\partial x} & D_1\dfrac{\partial N_i}{\partial y} & D_2\dfrac{\partial N_i}{\partial z} \\ D_2\dfrac{\partial N_i}{\partial x} & D_2\dfrac{\partial N_i}{\partial y} & D_1\dfrac{\partial N_i}{\partial z} \\ D_3\dfrac{\partial N_i}{\partial y} & D_3\dfrac{\partial N_i}{\partial x} & 0 \\ 0 & D_3\dfrac{\partial N_i}{\partial z} & D_3\dfrac{\partial N_i}{\partial y} \\ D_3\dfrac{\partial N_i}{\partial z} & 0 & D_3\dfrac{\partial N_i}{\partial x} \end{bmatrix}\quad (i=1,2,\cdots,m) \tag{5.66}$$

其中，$D_1=\dfrac{E(1-\mu)}{(1+\mu)(1-2\mu)}$，$D_2=\dfrac{E\mu}{(1+\mu)(1-2\mu)}$，$D_3=\dfrac{E}{2(1+\mu)}$。

5.6.3　单元刚度矩阵

将应变转换矩阵 $\boldsymbol{B}$，空间问题的弹性矩阵 $\boldsymbol{D}$ 代入式（5.17），得到单元刚度矩阵，为

$$\boldsymbol{k}=\iiint_{V^{e}}\boldsymbol{B}^{\mathrm{T}}\boldsymbol{D}\boldsymbol{B}\,\mathrm{d}v=\int_{-1}^{1}\int_{-1}^{1}\int_{-1}^{1}\boldsymbol{B}^{\mathrm{T}}\boldsymbol{D}\boldsymbol{B}\,|\boldsymbol{J}|\,\mathrm{d}\xi\mathrm{d}\eta\mathrm{d}\zeta \tag{5.67}$$

单元刚度矩阵可写成分块矩阵的形式，为

$$\boldsymbol{k}=\begin{bmatrix} \boldsymbol{k}_{11} & \boldsymbol{k}_{12} & \cdots & \boldsymbol{k}_{1m} \\ \boldsymbol{k}_{21} & \boldsymbol{k}_{22} & \cdots & \boldsymbol{k}_{2m} \\ \vdots & \vdots & \ddots & \vdots \\ \boldsymbol{k}_{pm} & \boldsymbol{k}_{pm2} & \cdots & \boldsymbol{k}_{mm} \end{bmatrix} \tag{5.68}$$

其中

$$\boldsymbol{k}_{ij}=\iiint_{V^{e}}\boldsymbol{B}^{\mathrm{T}}\boldsymbol{D}\boldsymbol{B}_j\,\mathrm{d}x\mathrm{d}y\mathrm{d}z=\int_{-1}^{1}\int_{-1}^{1}\int_{-1}^{1}\boldsymbol{B}_i^{\mathrm{T}}\boldsymbol{D}\boldsymbol{B}_j\,|\boldsymbol{J}|\,\mathrm{d}\xi\mathrm{d}\eta\mathrm{d}\zeta\quad (i,j=1,2,\cdots,m) \tag{5.69}$$

采用高斯数值积分计算时，与平面等参单元的分析类似，仅用雅可比行列式 $|\boldsymbol{J}|$ 对局部坐标变量的幂次来决定积分点个数。以 20 结点六面体等参单元为例，形函数 N_i 对局部坐标变量的幂次都是 2 次，由式（5.53）可知，$|\boldsymbol{J}|$ 对局部坐标变量的幂次为 5 次，则式（5.69）中的被积函数对局部坐标变量的最高幂次是 $m=5$，每个坐标方向的积分点数为 $n\geqslant\dfrac{m+1}{2}$，得到 $n\geqslant3$，取 3 个积分点，则应采用 3×3×3 的数值积分方案。有

$$\boldsymbol{k}_{ij}=\int_{-1}^{1}\int_{-1}^{1}\int_{-1}^{1}\boldsymbol{B}_i^{\mathrm{T}}\boldsymbol{D}\boldsymbol{B}_j\,|\boldsymbol{J}|\,\mathrm{d}\xi\mathrm{d}\eta\mathrm{d}\zeta=\sum_{t=1}^{3}\sum_{s=1}^{3}\sum_{r=1}^{3}H_rH_sH_t(\boldsymbol{B}_i^{\mathrm{T}}\boldsymbol{D}\boldsymbol{B}_j\,|\boldsymbol{J}|)\big|_{\xi=\xi_r,\eta=\eta_s,\zeta=\zeta_t}$$
$$(i,j=1,2,\cdots,m) \tag{5.70}$$

式中：ξ_r、η_s 和 ζ_t 为积分点的局部坐标值；H_r、H_s 和 H_t 为积分权系数。

查表 4.2，得 $\xi_1=\eta_1=\zeta_1=-0.774597$，$\xi_2=\eta_2=\zeta_2=0$，$\xi_3=\eta_3=\zeta_3=0.774597$，$H_1=0.555556$，$H_2=0.888889$，$H_3=0.555556$。

将式（5.66）、式（5.62）代入式（5.70），整理后，得到被积函数，为

$$\boldsymbol{F}(\xi,\eta,\zeta)=\begin{bmatrix} D_1\frac{\partial N_i}{\partial x}\frac{\partial N_j}{\partial x}+D_3\left(\frac{\partial N_i}{\partial y}\frac{\partial N_j}{\partial y}+\frac{\partial N_i}{\partial z}\frac{\partial N_j}{\partial z}\right) & D_2\frac{\partial N_i}{\partial x}\frac{\partial N_j}{\partial y}+D_3\frac{\partial N_i}{\partial y}\frac{\partial N_j}{\partial x} & D_2\frac{\partial N_i}{\partial x}\frac{\partial N_j}{\partial z}+D_3\frac{\partial N_i}{\partial z}\frac{\partial N_j}{\partial x} \\ D_2\frac{\partial N_i}{\partial y}\frac{\partial N_j}{\partial x}+D_3\frac{\partial N_i}{\partial x}\frac{\partial N_j}{\partial y} & D_1\frac{\partial N_i}{\partial y}\frac{\partial N_j}{\partial y}+D_3\left(\frac{\partial N_i}{\partial x}\frac{\partial N_j}{\partial x}+\frac{\partial N_i}{\partial z}\frac{\partial N_j}{\partial z}\right) & D_2\frac{\partial N_i}{\partial y}\frac{\partial N_j}{\partial z}+D_3\frac{\partial N_i}{\partial z}\frac{\partial N_j}{\partial y} \\ D_2\frac{\partial N_i}{\partial z}\frac{\partial N_j}{\partial x}+D_3\frac{\partial N_i}{\partial x}\frac{\partial N_j}{\partial z} & D_2\frac{\partial N_i}{\partial z}\frac{\partial N_j}{\partial y}+D_3\frac{\partial N_i}{\partial y}\frac{\partial N_j}{\partial z} & D_1\frac{\partial N_i}{\partial z}\frac{\partial N_j}{\partial z}+D_3\left(\frac{\partial N_i}{\partial y}\frac{\partial N_j}{\partial y}+\frac{\partial N_i}{\partial x}\frac{\partial N_j}{\partial x}\right) \end{bmatrix}|\boldsymbol{J}| \tag{5.71}$$

因此，有

$$\boldsymbol{k}_{ij}=\sum_{t=1}^{3}\sum_{s=1}^{3}\sum_{r=1}^{3}\boldsymbol{F}(\xi,\eta,\zeta)H_rH_sH_t \quad (i,j=1,2,\cdots,m) \tag{5.72}$$

5.6.4 单元结点荷载列阵

分布体力引起的单元结点荷载列阵为

$$\boldsymbol{R}^{\mathrm{e}}=\iiint_{V^{\mathrm{e}}}\boldsymbol{N}^{\mathrm{T}}\boldsymbol{f}\mathrm{d}v=\int_{-1}^{1}\int_{-1}^{1}\int_{-1}^{1}\boldsymbol{N}^{\mathrm{T}}\boldsymbol{f}\,|\boldsymbol{J}|\,\mathrm{d}\xi\mathrm{d}\eta\mathrm{d}\zeta \tag{5.73}$$

设体力 $\boldsymbol{f}$ 为常量，对于二十结点六面体等参单元，形函数 N_i 对局部坐标变量的幂次都是 2 次，$|\boldsymbol{J}|$ 对局部坐标变量的幂次为 5 次，则式（5.73）中的被积函数对局部坐标变量的最高幂次是 $m=7$，每个坐标方向的积分点数为 $n\geqslant\frac{m+1}{2}=4$，取 4 个积分点，则应采用 $4\times4\times4$ 的数值积分方案。

例如，设 z 轴竖直向上，重力的集度为 $\boldsymbol{f}=[0\quad 0\quad -\rho g]^{\mathrm{T}}$，于是，其等效结点荷载为

$$\boldsymbol{R}^{\mathrm{e}}=\begin{Bmatrix} R_{1x}\\ R_{1y}\\ R_{1z}\\ \vdots\\ R_{mx}\\ R_{my}\\ R_{mz}\end{Bmatrix}=\iiint_{V^{\mathrm{e}}}\begin{bmatrix} N_1 & 0 & 0\\ 0 & N_1 & 0\\ 0 & 0 & N_1\\ \vdots & \vdots & \vdots\\ N_m & 0 & 0\\ 0 & N_m & 0\\ 0 & 0 & N_m\end{bmatrix}\begin{Bmatrix}0\\ 0\\ -\rho g\end{Bmatrix}\mathrm{d}v \tag{5.74}$$

可得到任一结点上的等效荷载为

$$\left.\begin{aligned} R_{ix}&=R_{iy}=0\\ R_{iz}&=-\iiint_{V^{\mathrm{e}}}N_i\rho g\,\mathrm{d}v=-\rho g\int_{-1}^{1}\int_{-1}^{1}\int_{-1}^{1}N_i\,|\boldsymbol{J}|\,\mathrm{d}\xi\mathrm{d}\eta\mathrm{d}\zeta\end{aligned}\right\} \tag{5.75}$$

其中，$i=1，2，\cdots，m$。

因此，可得到自重引起的等效结点荷载的计算公式，为

$$R_{iz}=-\rho g\sum_{t=1}^{4}\sum_{s=1}^{4}\sum_{r=1}^{4}H_rH_sH_t(N_j\,|\boldsymbol{J}|)\,|_{\xi=\xi_r,\eta=\eta_s,\zeta=\zeta_t}\tag{5.76}$$

积分点坐标和积分权系数可查表 4.2 获得。

分布面力引起的单元结点荷载列阵为

$$\boldsymbol{R}^{\mathrm{e}}=\iint_{\Omega^{\mathrm{e}}}\boldsymbol{N}^{\mathrm{T}}\bar{\boldsymbol{f}}\mathrm{d}A=\int_{-1}^{1}\int_{-1}^{1}\boldsymbol{N}^{\mathrm{T}}\bar{\boldsymbol{f}}A_{\xi}\mathrm{d}\eta\mathrm{d}\zeta\tag{5.77}$$

式（5.77）中，A_{ξ} 是一个函数的根式，不能化为多项式，因此，无法判断被积函数的对局部变量的幂次。但是，如果分布面力是法向压力作用时，式（5.77）可以得到简化，被积函数将成为局部变量的多项式。假设 $\xi=\pm1$ 的边界面受法向压力作用，设法向压力分布函数为 $q(\eta,\zeta)$，则面力矢量为

$$\bar{\boldsymbol{f}}=\mp\{q(\eta,\zeta)\,[l\quad m\quad n]^{\mathrm{T}}\}\Big|_{\xi=\pm1}\tag{5.78}$$

式中：l、m、n 为该余弦面外法向的方向余弦，由式（5.60）确定。

将式（5.78）代入式（5.77）得到法向压力的等效结点荷载，为

$$\boldsymbol{R}^{\mathrm{e}}=\begin{Bmatrix}R_{1x}\\R_{1y}\\R_{1z}\\\vdots\\R_{mx}\\R_{my}\\R_{mz}\end{Bmatrix}=\mp\int_{-1}^{1}\int_{-1}^{1}\begin{bmatrix}N_1&0&0\\0&N_1&0\\0&0&N_1\\\vdots&\vdots&\vdots\\N_m&0&0\\0&N_m&0\\0&0&N_m\end{bmatrix}q(\eta,\zeta)\,|_{\xi=\pm1}\begin{Bmatrix}\dfrac{\partial y}{\partial\eta}\dfrac{\partial z}{\partial\zeta}-\dfrac{\partial y}{\partial\zeta}\dfrac{\partial z}{\partial\eta}\\\dfrac{\partial z}{\partial\eta}\dfrac{\partial x}{\partial\zeta}-\dfrac{\partial z}{\partial\zeta}\dfrac{\partial x}{\partial\eta}\\\dfrac{\partial x}{\partial\eta}\dfrac{\partial y}{\partial\zeta}-\dfrac{\partial x}{\partial\zeta}\dfrac{\partial y}{\partial\eta}\end{Bmatrix}\Bigg|_{\xi=\pm1}\mathrm{d}\eta\mathrm{d}\zeta\tag{5.79}$$

注意到，除了 $\xi=\pm1$ 的边界面上的结点形函数不为 0，其他不在该面上的结点形函数在 $\xi=\pm1$ 时均为 0。则 $\xi=\pm1$ 的边界面上的结点的等效结点荷载为

$$\begin{aligned}\boldsymbol{R}_i=\begin{Bmatrix}R_{ix}\\R_{iy}\\R_{iz}\end{Bmatrix}&=\mp\int_{-1}^{1}\int_{-1}^{1}\begin{bmatrix}N_i&0&0\\0&N_i&0\\0&0&N_i\end{bmatrix}q(\eta,\zeta)\,|_{\xi=\pm1}\begin{Bmatrix}\dfrac{\partial y}{\partial\eta}\dfrac{\partial z}{\partial\zeta}-\dfrac{\partial y}{\partial\zeta}\dfrac{\partial z}{\partial\eta}\\\dfrac{\partial z}{\partial\eta}\dfrac{\partial x}{\partial\zeta}-\dfrac{\partial z}{\partial\zeta}\dfrac{\partial x}{\partial\eta}\\\dfrac{\partial x}{\partial\eta}\dfrac{\partial y}{\partial\zeta}-\dfrac{\partial x}{\partial\zeta}\dfrac{\partial y}{\partial\eta}\end{Bmatrix}\Bigg|_{\xi=\pm1}\mathrm{d}\eta\mathrm{d}\zeta\\&=\mp\int_{-1}^{1}\int_{-1}^{1}[N_iq(\eta,\zeta)]\,|_{\xi=\pm1}\begin{Bmatrix}\dfrac{\partial y}{\partial\eta}\dfrac{\partial z}{\partial\zeta}-\dfrac{\partial y}{\partial\zeta}\dfrac{\partial z}{\partial\eta}\\\dfrac{\partial z}{\partial\eta}\dfrac{\partial x}{\partial\zeta}-\dfrac{\partial z}{\partial\zeta}\dfrac{\partial x}{\partial\eta}\\\dfrac{\partial x}{\partial\eta}\dfrac{\partial y}{\partial\zeta}-\dfrac{\partial x}{\partial\zeta}\dfrac{\partial y}{\partial\eta}\end{Bmatrix}\Bigg|_{\xi=\pm1}\mathrm{d}\eta\mathrm{d}\zeta\end{aligned}\tag{5.80}$$

需要注意的是，这里的 i 仅代表边界面 $\xi=\pm1$ 上的结点，其他结点的等效结点荷载为 0。假设 $q(\eta,\zeta)$ 为线性分布，则对二十结点六面体等参单元，式（5.81）中被积函数对局部坐标变量的最高幂次是 $m=6$，每个坐标方向的积分点数为 $n\geqslant\dfrac{m+1}{2}=3.5$，取 4 个积

分点，则应采用 4×4 的数值积分方案。得到 i 结点的等效结点荷载为

$$\left.\begin{aligned}R_{ix}&=\mp\sum_{t=1}^{4}\sum_{s=1}^{4}H_sH_t\left[N_iq(\eta,\zeta)\left(\frac{\partial y}{\partial\eta}\frac{\partial z}{\partial\zeta}-\frac{\partial y}{\partial\zeta}\frac{\partial z}{\partial\eta}\right)\right]\bigg|_{\xi=\pm1,\eta=\eta_s,\zeta=\zeta_t}\\R_{iy}&=\mp\sum_{t=1}^{4}\sum_{s=1}^{4}H_sH_t\left[N_iq(\eta,\zeta)\left(\frac{\partial z}{\partial\eta}\frac{\partial x}{\partial\zeta}-\frac{\partial z}{\partial\zeta}\frac{\partial x}{\partial\eta}\right)\right]\bigg|_{\xi=\pm1,\eta=\eta_s,\zeta=\zeta_t}\\R_{iz}&=\mp\sum_{t=1}^{4}\sum_{s=1}^{4}H_sH_t\left[N_iq(\eta,\zeta)\left(\frac{\partial x}{\partial\eta}\frac{\partial y}{\partial\zeta}-\frac{\partial x}{\partial\zeta}\frac{\partial y}{\partial\eta}\right)\right]\bigg|_{\xi=\pm1,\eta=\eta_s,\zeta=\zeta_t}\end{aligned}\right\}\tag{5.81}$$

式（5.81）中，积分点坐标和积分权系数可查表 4.2 获得。另外，其他 4 个面上受法向压力的等效结点荷载计算，只需将式（5.81）中的 ξ、η、ζ 进行轮换即可得到。

习　题

5.1　证明任意平行六面体空间等参单元的雅可比矩阵为常量矩阵。

5.2　有两个相似的空间六面体等参单元，相似比为 α，试分析这两个单元的刚度矩阵之间的关系。

5.3　如图 5.9 所示的八结点六面体空间等参单元，x、y、z 方向的棱边长分别为 a、b、c。试求下列情况下的等效结点荷载。

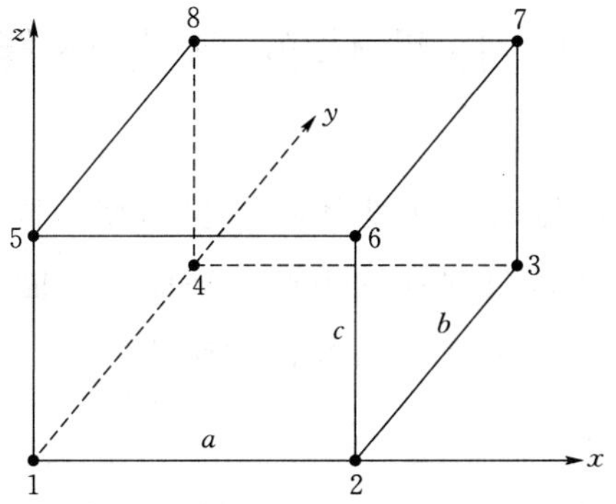

图 5.9　习题 5.3 及习题 5.4 图

（1）在 $x=a$ 的面上受均布压力 q 作用。

（2）在 $x=a$ 的面上受 x 方向线性分布力作用，23 边面力集度为 0，67 边面力集度为 q。

（3）受竖直向下的均匀体力作用，体力集度为 ρg。

5.4　当图 5.9 中的单元为二十结点六面体空间等参单元时，试计算上述三种情况下的等效结点荷载。

第6章　基于位移变分方法的有限元理论

第1章～第5章从弹性体的物理模型出发，通过分析给出了平面问题和空间问题的有限元计算过程，这种方法称为直接法。它的优点是易于理解，便于掌握，但它只适用于简单问题的求解。

本章和第7章将介绍有关变分法和加权残值法的内容，并应用这两种方法来建立有限元基本理论和计算过程。变分法把有限元归结为泛函极值求解的问题，它使得有限元理论有了更加坚实的数学基础，从而进一步扩大了有限元的应用范围。加权残值法不需要采用泛函分析的理论，而是直接从求解基本微分方程出发，把有限元理论归结为求解数学上的近似解，因而，对不存在泛函的工程领域也是适用的，因此，又进一步地扩大了有限元的应用范围。

6.1　弹性体的形变势能

当外力缓慢作用于弹性体时，弹性体将发生形变，同时，弹性体将发生位移，外力将做功，记为 T，在无能量损耗（不产生动能、热能等）时，外力所做的功将转化为弹性体的形变势能 U，形变势能又称为应变势能，或应变能，即

$$T = U \tag{6.1}$$

于是，弹性体的形变势能即等于外力做功的数值。弹性体的形变势能可由单位体积形变势能在弹性体的体积上积分得到，单位体积形变势能为

$$U_1 = \frac{1}{2}(\sigma_x\varepsilon_x + \sigma_y\varepsilon_y + \sigma_z\varepsilon_z + \tau_{xy}\gamma_{xy} + \tau_{yz}\gamma_{yz} + \tau_{zx}\gamma_{zx}) \tag{6.2}$$

得到整个弹性体的形变势能，为

$$U = \iiint U_1 \mathrm{d}v = \frac{1}{2}\iiint(\sigma_x\varepsilon_x + \sigma_y\varepsilon_y + \sigma_z\varepsilon_z + \tau_{xy}\gamma_{xy} + \tau_{yz}\gamma_{yz} + \tau_{zx}\gamma_{zx})\mathrm{d}v \tag{6.3}$$

形变势能可以用三类变量中的任意一类变量来表示，这三类变量分别是应力、应变和位移。

6.1.1　以应力分量表示的形变势能

以应力表示应变的物理方程为

$$
\left.\begin{aligned}
\varepsilon_x &= \frac{1}{E}[\sigma_x - \mu(\sigma_y + \sigma_z)] \\
\varepsilon_y &= \frac{1}{E}[\sigma_y - \mu(\sigma_z + \sigma_x)] \\
\varepsilon_y &= \frac{1}{E}[\sigma_y - \mu(\sigma_z + \sigma_x)] \\
\gamma_{xy} &= \frac{1+2\mu}{E}\tau_{xy} \\
\gamma_{yz} &= \frac{1+2\mu}{E}\tau_{yz} \\
\gamma_{zx} &= \frac{1+2\mu}{E}\tau_{zx}
\end{aligned}\right\} \tag{6.4}
$$

将式（6.4）代入式（6.3），得到

$$
\begin{aligned}
U = \frac{1}{2E}\iiint [&\sigma_x^2 + \sigma_y^2 + \sigma_z^2 - 2\mu(\sigma_x\sigma_y + \sigma_y\sigma_z + \sigma_z\sigma_x) \\
&+ 2(1+\mu)(\tau_{xy}^2 + \tau_{yz}^2 + \tau_{zx}^2)]\ \mathrm{d}v
\end{aligned} \tag{6.5}
$$

6.1.2 以应变分量表示的形变势能

以应变表示应力的物理方程为

$$
\left.\begin{aligned}
\sigma_x &= \frac{E}{1+\mu}\left(\frac{\mu}{1-2\mu}e + \varepsilon_x\right) \\
\sigma_y &= \frac{E}{1+\mu}\left(\frac{\mu}{1-2\mu}e + \varepsilon_y\right) \\
\sigma_z &= \frac{E}{1+\mu}\left(\frac{\mu}{1-2\mu}e + \varepsilon_z\right) \\
\tau_{xy} &= \frac{E}{1+2\mu}\gamma_{xy} \\
\tau_{yz} &= \frac{E}{1+2\mu}\gamma_{yz} \\
\tau_{zx} &= \frac{E}{1+2\mu}\gamma_{zx} \\
e &= \varepsilon_x + \varepsilon_y + \varepsilon_z
\end{aligned}\right\} \tag{6.6}
$$

将式（6.6）代入式（6.3），得到

$$
U = \frac{E}{2(1+\mu)}\iiint\left[\frac{\mu}{1-2\mu}e^2 + (\varepsilon_x^2 + \varepsilon_y^2 + \varepsilon_z^2) + \frac{1}{2}(\gamma_{xy}^2 + \gamma_{yz}^2 + \gamma_{zx}^2)\right]\mathrm{d}v \tag{6.7}
$$

6.1.3 以位移分量表示的形变势能

将几何方程代入式（6.7）可得到以位移分量表示的形变势能，为

$$
U = \frac{E}{2(1+\mu)}\iiint\Big[\frac{\mu}{1-2\mu}\left(\frac{\partial u}{\partial x} + \frac{\partial v}{\partial y} + \frac{\partial w}{\partial z}\right)^2 + \left(\frac{\partial u}{\partial x}\right)^2 + \left(\frac{\partial v}{\partial y}\right)^2 + \left(\frac{\partial w}{\partial z}\right)^2
$$

$$+\frac{1}{2}\left(\frac{\partial u}{\partial y}+\frac{\partial v}{\partial x}\right)^2+\frac{1}{2}\left(\frac{\partial v}{\partial z}+\frac{\partial w}{\partial y}\right)^2+\frac{1}{2}\left(\frac{\partial w}{\partial x}+\frac{\partial u}{\partial z}\right)^2\Bigg]\mathrm{d}v \tag{6.8}$$

6.1.4 物理方程的另外两种表示形式

（1）由式（6.5）可以得到

$$U_1=\frac{1}{2E}[\sigma_x^2+\sigma_y^2+\sigma_z^2-2\mu(\sigma_x\sigma_y+\sigma_y\sigma_z+\sigma_z\sigma_x)+2(1+\mu)(\tau_{xy}^2+\tau_{yz}^2+\tau_{zx}^2)] \tag{6.9}$$

因此，有

$$\left.\begin{aligned}
\frac{\partial U_1}{\partial\sigma_x}&=\frac{1}{E}[\sigma_x-\mu(\sigma_y+\sigma_z)]\\
\frac{\partial U_1}{\partial\sigma_y}&=\frac{1}{E}[\sigma_y-\mu(\sigma_z+\sigma_x)]\\
\frac{\partial U_1}{\partial\sigma_z}&=\frac{1}{E}[\sigma_z-\mu(\sigma_x+\sigma_y)]\\
\frac{\partial U_1}{\partial\tau_{xy}}&=\frac{1+2\mu}{E}\tau_{xy}\\
\frac{\partial U_1}{\partial\tau_{yz}}&=\frac{1+2\mu}{E}\tau_{yz}\\
\frac{\partial U_1}{\partial\tau_{zx}}&=\frac{1+2\mu}{E}\tau_{zx}
\end{aligned}\right\} \tag{6.10}$$

故式（6.4）的物理方程可表示为

$$\left.\begin{aligned}
\frac{\partial U_1}{\partial\sigma_x}&=\varepsilon_x\\
\frac{\partial U_1}{\partial\sigma_y}&=\varepsilon_y\\
\frac{\partial U_1}{\partial\sigma_z}&=\varepsilon_z\\
\frac{\partial U_1}{\partial\tau_{xy}}&=\gamma_{xy}\\
\frac{\partial U_1}{\partial\tau_{yz}}&=\gamma_{yz}\\
\frac{\partial U_1}{\partial\tau_{zx}}&=\gamma_{zx}
\end{aligned}\right\} \tag{6.11}$$

（2）由式（6.7）可以得到

$$U_1=\frac{E}{2(1+\mu)}\left[\frac{\mu}{1-2\mu}e^2+(\varepsilon_x^2+\varepsilon_y^2+\varepsilon_z^2)+\frac{1}{2}(\gamma_{xy}^2+\gamma_{yz}^2+\gamma_{zx}^2)\right] \tag{6.12}$$

因此，有

$$\left.\begin{aligned}
\frac{\partial U_1}{\partial \varepsilon_x} &= \frac{E}{1+\mu}\left(\frac{\mu}{1-2\mu}e+\varepsilon_x\right)\\
\frac{\partial U_1}{\partial \varepsilon_y} &= \frac{E}{1+\mu}\left(\frac{\mu}{1-2\mu}e+\varepsilon_y\right)\\
\frac{\partial U_1}{\partial \varepsilon_z} &= \frac{E}{1+\mu}\left(\frac{\mu}{1-2\mu}e+\varepsilon_z\right)\\
\frac{\partial U_1}{\partial \gamma_{xy}} &= \frac{E}{1+2\mu}\gamma_{xy}\\
\frac{\partial U_1}{\partial \gamma_{yz}} &= \frac{E}{1+2\mu}\gamma_{yz}\\
\frac{\partial U_1}{\partial \gamma_{zx}} &= \frac{E}{1+2\mu}\gamma_{zx}
\end{aligned}\right\} \tag{6.13}$$

故式（6.6）的物理方程可表示为

$$\left.\begin{aligned}
\frac{\partial U_1}{\partial \varepsilon_x} &= \sigma_x\\
\frac{\partial U_1}{\partial \varepsilon_y} &= \sigma_y\\
\frac{\partial U_1}{\partial \varepsilon_z} &= \sigma_z\\
\frac{\partial U_1}{\partial \gamma_{xy}} &= \tau_{xy}\\
\frac{\partial U_1}{\partial \gamma_{yz}} &= \tau_{yz}\\
\frac{\partial U_1}{\partial \gamma_{zx}} &= \tau_{zx}
\end{aligned}\right\} \tag{6.14}$$

可见，式（6.11）和式（6.14）本质上都是物理方程，它们是物理方程的另外两种表示形式。

6.2 虚位移原理

设弹性体的位移为 u、v、w，弹性体的应变为 ε_x、ε_y、ε_z、γ_{xy}、γ_{yz}、γ_{zx}，它们满足相容条件，即在弹性体内部满足几何方程或相容方程，在位移边界 S_1 上满足位移边界条件。将应变分量代入物理方程，可得到应力分量，为 σ_x、σ_y、σ_z、τ_{xy}、τ_{yz}、τ_{zx}。在位移和应变的基础上，假设有满足相容条件的虚位移与虚应变，虚位移为 δu、δv、δw，虚应变为 $\delta\varepsilon_x$、$\delta\varepsilon_y$、$\delta\varepsilon_z$、$\delta\gamma_{xy}$、$\delta\gamma_{yz}$、$\delta\gamma_{zx}$，则虚位移原理成立，即弹性体处于平衡状态的充要条件是，对于任一满足相容条件的虚位移，外力在虚位移上所做的虚功等于弹性体内应力在虚应变上所做的虚功，简述为外力虚功等于内力虚功。有

$$\iiint_V (f_x\delta u + f_y\delta v + f_z\delta w)\mathrm{d}v + \iint_S (\bar{f}_x\delta u + \bar{f}_y\delta v + \bar{f}_z\delta w)\mathrm{d}s = \iiint_V (\sigma_x\delta\varepsilon_x + \cdots + \tau_{zx}\delta\gamma_{zx})\mathrm{d}v \tag{6.15}$$

式中：S 为给定面力所在的边界。

式（6.15）称为虚位移方程或位移变分方程，以下给出虚位移原理的证明过程。由于虚位移满足相容条件，将其代入几何方程，有

$$\left.\begin{aligned}\delta\varepsilon_x &= \frac{\partial\delta u}{\partial x}\\ \delta\varepsilon_y &= \frac{\partial\delta v}{\partial y}\\ \delta\varepsilon_z &= \frac{\partial\delta w}{\partial z}\\ \delta\gamma_{xy} &= \frac{\partial\delta u}{\partial y}+\frac{\partial\delta v}{\partial x}\\ \delta\gamma_{yz} &= \frac{\partial\delta v}{\partial z}+\frac{\partial\delta w}{\partial y}\\ \delta\gamma_{zx} &= \frac{\partial\delta w}{\partial x}+\frac{\partial\delta u}{\partial z}\end{aligned}\right\} \tag{6.16}$$

因此，式（6.15）等号右边表达式可写为

$$\iiint_V(\sigma_x\delta\varepsilon_x+\cdots+\tau_{zx}\delta\gamma_{zx})\mathrm{d}v=\iiint_V\left[\sigma_x\frac{\partial\delta u}{\partial x}+\cdots+\tau_{zx}\left(\frac{\partial\delta w}{\partial x}+\frac{\partial\delta u}{\partial z}\right)\right]\mathrm{d}v \tag{6.17}$$

根据高斯公式，有

$$\iiint_V\left(\frac{\partial P}{\partial x}+\frac{\partial Q}{\partial y}+\frac{\partial R}{\partial z}\right)\mathrm{d}v=\iint_S(Pl+Qm+Rn)\mathrm{d}s \tag{6.18}$$

并注意到虚位移满足位移边界条件，有

$$\left.\begin{aligned}\delta u|_{S_1} &= 0\\ \delta v|_{S_1} &= 0\\ \delta w|_{S_1} &= 0\end{aligned}\right\} \tag{6.19}$$

则式（6.17）可写为

$$\begin{aligned}&\iiint_V(\sigma_x\delta\varepsilon_x+\cdots+\tau_{zx}\delta\gamma_{zx})\mathrm{d}v\\
&=\iiint_V\left[\sigma_x\frac{\partial\delta u}{\partial x}+\sigma_y\frac{\partial\delta v}{\partial y}+\sigma_z\frac{\partial\delta w}{\partial z}+\tau_{xy}\left(\frac{\partial\delta u}{\partial y}+\frac{\partial\delta v}{\partial x}\right)+\tau_{yz}\left(\frac{\partial\delta v}{\partial z}+\frac{\partial\delta w}{\partial y}\right)+\tau_{zx}\left(\frac{\partial\delta w}{\partial x}+\frac{\partial\delta u}{\partial z}\right)\right]\mathrm{d}v\\
&=\iiint_V\left[\frac{\partial(\sigma_x\delta u)}{\partial x}+\frac{\partial(\tau_{yx}\delta u)}{\partial y}+\frac{\partial(\tau_{zx}\delta u)}{\partial z}\right]+\left[\frac{\partial(\tau_{xy}\delta v)}{\partial x}+\frac{\partial(\sigma_y\delta v)}{\partial y}+\frac{\partial(\tau_{zy}\delta v)}{\partial z}\right]\\
&\quad+\left[\frac{\partial(\tau_{xz}\delta w)}{\partial x}+\frac{\partial(\tau_{yz}\delta w)}{\partial y}+\frac{\partial(\sigma_z\delta w)}{\partial z}\right]\mathrm{d}v\\
&\quad-\iiint_V\left[\left(\frac{\partial\sigma_x}{\partial x}+\frac{\partial\tau_{yx}}{\partial y}+\frac{\partial\tau_{zx}}{\partial z}\right)\delta u+\left(\frac{\partial\tau_{xy}}{\partial x}+\frac{\partial\sigma_y}{\partial y}+\frac{\partial\tau_{zy}}{\partial z}\right)\delta v+\left(\frac{\partial\tau_{xz}}{\partial x}+\frac{\partial\tau_{yz}}{\partial y}+\frac{\partial\sigma_z}{\partial z}\right)\delta w\right]\mathrm{d}v\\
&=\iint_S[(\sigma_x l+\tau_{yx}m+\tau_{zx}n)\delta u+(\tau_{xy}l+\sigma_y m+\tau_{zy}n)\delta v+(\tau_{xz}l+\tau_{yz}m+\sigma_z n)\delta u]\mathrm{d}s\\
&\quad-\iiint_V\left[\left(\frac{\partial\sigma_x}{\partial x}+\frac{\partial\tau_{yx}}{\partial y}+\frac{\partial\tau_{zx}}{\partial z}\right)\delta u+\left(\frac{\partial\tau_{xy}}{\partial x}+\frac{\partial\sigma_y}{\partial y}+\frac{\partial\tau_{zy}}{\partial z}\right)\delta v+\left(\frac{\partial\tau_{xz}}{\partial x}+\frac{\partial\tau_{yz}}{\partial y}+\frac{\partial\sigma_z}{\partial z}\right)\delta w\right]\mathrm{d}v\end{aligned} \tag{6.20}$$

将式（6.20）代入式（6.15），证明式（6.15）就转换为证明式（6.21）成立：

$$\iiint_V \left[\left(\frac{\partial \sigma_x}{\partial x}+\frac{\partial \tau_{yx}}{\partial y}+\frac{\partial \tau_{zx}}{\partial z}+f_x\right)\delta u+\left(\frac{\partial \tau_{xy}}{\partial x}+\frac{\partial \sigma_y}{\partial y}+\frac{\partial \tau_{zy}}{\partial z}+f_y\right)\delta v+\left(\frac{\partial \tau_{xz}}{\partial x}+\frac{\partial \tau_{yz}}{\partial y}+\frac{\partial \sigma_z}{\partial z}+f_z\right)\delta w\right]\mathrm{d}v$$
$$-\iint_S [(\sigma_x l+\tau_{yx}m+\tau_{zx}n-\bar{f}_x)\delta u+(\tau_{xy}l+\sigma_y m+\tau_{zy}n-\bar{f}_y)\delta v+(\tau_{xz}l+\tau_{yz}m+\sigma_z n-\bar{f}_z)\delta u]\mathrm{d}s$$
$$=0 \tag{6.21}$$

证明过程如下：

（1）必要条件证明。所谓必要条件证明是指，已知弹性体处于平衡状态，证明虚位移方程成立。当弹性体处于平衡状态时，在弹性体内满足平衡微分方程：

$$\left.\begin{aligned}\frac{\partial \sigma_x}{\partial x}+\frac{\partial \tau_{yx}}{\partial y}+\frac{\partial \tau_{zx}}{\partial z}+f_x=0\\ \frac{\partial \tau_{xy}}{\partial x}+\frac{\partial \sigma_y}{\partial y}+\frac{\partial \tau_{zy}}{\partial z}+f_y=0\\ \frac{\partial \tau_{xz}}{\partial x}+\frac{\partial \tau_{yz}}{\partial y}+\frac{\partial \sigma_z}{\partial z}+f_z=0\end{aligned}\right\} \tag{6.22}$$

在边界 S 上满足应力边界条件：

$$\left.\begin{aligned}\sigma_x l+\tau_{yx}m+\tau_{zx}n=\bar{f}_x\\ \tau_{xy}l+\sigma_y m+\tau_{zy}n=\bar{f}_y\\ \tau_{xz}l+\tau_{yz}m+\sigma_z n=\bar{f}_z\end{aligned}\right\} \tag{6.23}$$

将式（6.22）和式（6.23）代入式（6.21），于是，可知虚位移方程成立。

（2）充分条件证明。所谓充分条件证明，是指已知虚位移方程成立，证明弹性体处于平衡状态。当式（6.21）成立时，由于虚位移 δu 、δv 、δw 的任意性，为了保证积分值为0，则被积函数全为0。因此，在弹性体内平衡微分方程成立，在边界 S 上应力边界条件成立，于是，弹性体处于平衡状态。

虚位移原理的物理意义是：虚位移方程和平衡微分方程是等价的，两者可以互相替代。弹性体在外力作用下的位移和应变的求解应满足三类条件，分别是相容条件、平衡条件和物理方程。因此，满足相容条件和物理方程的位移和应变值，不一定是真实解，真实解必须要再满足平衡条件或虚位移方程。

下面给出几类问题的虚位移方程。

1. 空间问题

空间问题的虚位移方程见式（6.15）。

2. 平面问题

在平面应力状态下：$\sigma_z=\tau_{zx}=\tau_{zy}=0$，$f_z=\bar{f}_z=0$，$u=u(x,y)$，$v=v(x,y)$。

在平面应变状态下：$\varepsilon_z=\gamma_{zx}=\gamma_{zy}=0$，$\delta w=0$，$u=u(x,y)$，$v=v(x,y)$，$\delta\varepsilon_z=0$。

将以上两种平面问题的初始条件代入式（6.15），得到两类平面问题具有相同的虚位移方程，即

$$\iint_A (f_x\delta u+f_y\delta v)\mathrm{d}x\mathrm{d}y+\int_S(\bar{f}_x\delta u+\bar{f}_y\delta v)\mathrm{d}s=\iint_A(\sigma_x\delta\varepsilon_x+\sigma_y\delta\varepsilon_y+\tau_{xy}\delta\gamma_{xy})\mathrm{d}x\mathrm{d}y \tag{6.24}$$

其中 z 向厚度取为单位 1。

3. 薄板弯曲问题

薄板弯曲对应的状态为：$\varepsilon_z = \gamma_{zx} = \gamma_{zy} = 0$，$f_x = f_y = 0$，$\bar{f}_x = \bar{f}_y = 0$，$w = w(x, y)$，$f_z$ 及 $\bar{f}_z$ 都归结为板面荷载 q，即 $\bar{f}_z = q$。将以上条件代入式（6.15），得到薄板弯曲问题的虚位移方程，为

$$\iiint_V (\sigma_x \delta\varepsilon_x + \sigma_y \delta\varepsilon_y + \tau_{xy} \delta\gamma_{xy}) \mathrm{d}v = \iint_A q \delta w \mathrm{d}x\mathrm{d}y \tag{6.25}$$

式（6.25）也可以写为内力与变形表示的形式。由于板内的应力和虚应变可表示为

$$\left.\begin{aligned} \sigma_x &= \frac{12M_x}{t^3} z \\ \sigma_y &= \frac{12M_y}{t^3} z \\ \tau_{xy} &= \frac{12M_{xy}}{t^3} z \\ \delta\varepsilon_x &= -z\delta\left(\frac{\partial^2 w}{\partial x^2}\right) \\ \delta\varepsilon_y &= -z\delta\left(\frac{\partial^2 w}{\partial y^2}\right) \\ \delta\gamma_{xy} &= -2z\delta\left(\frac{\partial^2 w}{\partial x \partial y}\right) \end{aligned}\right\} \tag{6.26}$$

记 $\chi_x = -\dfrac{\partial^2 w}{\partial x^2}$，$\chi_y = -\dfrac{\partial^2 w}{\partial y^2}$，$\chi_{xy} = -\dfrac{\partial^2 w}{\partial x \partial y}$，将式（6.26）代入式（6.25），式（6.25）变为

$$\iint_A (M_x \delta\chi_x + M_y \delta\chi_y + 2M_{xy} \delta\chi_{xy}) \mathrm{d}x\mathrm{d}y = \iint_A q \delta w \mathrm{d}x\mathrm{d}y \tag{6.27}$$

式中：χ_x、χ_y 为弹性曲面的曲率；χ_{xy} 为弹性曲面的扭率；M_x、M_y 为内力中的弯矩；M_{xy} 为内力中的扭矩。

式（6.27）中，等号左边是内力虚功，等号右边为外力虚功。

4. 梁的弯曲问题

当不计梁的剪切变形时，虚位移方程可直接由外力虚功和内力虚功相等得到，为

$$\left.\begin{aligned} \int_l M \delta\chi \mathrm{d}x &= \int_l q \delta w \mathrm{d}x \\ M &= -EI \frac{\mathrm{d}^2 w}{\mathrm{d}x^2} \\ \chi &= -\frac{\mathrm{d}^2 w}{\mathrm{d}x^2} \end{aligned}\right\} \tag{6.28}$$

式中：M 为截面弯矩；χ 为截面曲率。

6.3 最小势能原理

弹性体的总势能 Π 的定义为

$$\Pi = U + V \tag{6.29}$$

式中：U 为弹性体的形变势能。

式（6.7）给出了以应变分量表示的形变势能，为

$$U = \iiint_V U_1(\varepsilon_x, \cdots, \gamma_{zx}) \mathrm{d}v = \frac{E}{2(1+\mu)} \iiint_V \left[\frac{\mu}{1-2\mu} e^2 + (\varepsilon_x^2 + \varepsilon_y^2 + \varepsilon_z^2) + \frac{1}{2}(\gamma_{xy}^2 + \gamma_{yz}^2 + \gamma_{zx}^2) \right] \mathrm{d}v \tag{6.30}$$

V 为弹性体的外力势能，为

$$V = -\iiint_V (f_x u + f_y v + f_z w) \mathrm{d}v - \iint_S (\bar{f}_x u + \bar{f}_y v + \bar{f}_z w) \mathrm{d}s \tag{6.31}$$

最小势能原理可表述为：在所有满足相容条件的形变和位移中，实际发生的形变和位移必使得弹性体的总势能取最小值，反之，使弹性体总势能取最小值的形变和位移，若其满足相容条件，则必为真实的形变和位移。以下介绍最小势能原理的证明过程。

注意到，弹性体的总势能 Π 是位移函数和应变函数的泛函，则总势能的变分为

$$\delta \Pi = \delta U + \delta V = \iiint_V \delta U_1(\varepsilon_x, \cdots, \gamma_{zx}) \mathrm{d}v + \delta V = \iiint_V \left(\frac{\partial U_1}{\partial \varepsilon_x} \delta \varepsilon_x + \cdots + \frac{\partial U_1}{\partial \gamma_{zx}} \delta \gamma_{zx} \right) \mathrm{d}v + \delta V \tag{6.32}$$

由于 $\frac{\partial U_1}{\partial \varepsilon_x} = \sigma_x$，$\frac{\partial U_1}{\partial \varepsilon_y} = \sigma_y$，$\frac{\partial U_1}{\partial \varepsilon_z} = \sigma_z$，$\frac{\partial U_1}{\partial \gamma_{xy}} = \tau_{xy}$，$\frac{\partial U_1}{\partial \gamma_{yz}} = \tau_{yz}$，$\frac{\partial U_1}{\partial \gamma_{zx}} = \tau_{zx}$，见式（6.14），代入式（6.32），得到

$$\delta \Pi = \iiint_V (\sigma_x \delta \varepsilon_x + \cdots + \tau_{zx} \delta \gamma_{zx}) \mathrm{d}v - \iiint_V (f_x \delta u + f_y \delta v + f_z \delta w) \mathrm{d}v - \iint_S (\bar{f}_x \delta u + \bar{f}_y \delta v + \bar{f}_z \delta w) \mathrm{d}s \tag{6.33}$$

可见，$\delta \Pi = 0$ 等价于位移变分方程。而位移变分方程在位移满足相容条件时等价于平衡条件，所以，当位移满足相容条件时，$\delta \Pi = 0$ 等价于平衡条件。可以证明，$\delta \Pi = 0$ 使得泛函取极小值，且为最小值。这就证明了最小势能原理。

下面给出几类问题的形变势能和外力势能的表达式，读者可自行推导，对形变势能和外力势能求和可得到总势能。

1. 空间问题

$$\left.\begin{aligned}
U &= \frac{1}{2E} \iiint_V [\sigma_x^2 + \sigma_y^2 + \sigma_z^2 - 2\mu(\sigma_x\sigma_y + \sigma_y\sigma_z + \sigma_z\sigma_x) + 2(1+\mu)(\tau_{xy}^2 + \tau_{yz}^2 + \tau_{zx}^2)] \mathrm{d}v \\
U &= \frac{E}{2(1+\mu)} \iiint_V \left[\frac{\mu}{1-2\mu} e^2 + (\varepsilon_x^2 + \varepsilon_y^2 + \varepsilon_z^2) + \frac{1}{2}(\gamma_{xy}^2 + \gamma_{yz}^2 + \gamma_{zx}^2) \right] \mathrm{d}v \\
U &= \frac{E}{2(1+\mu)} \iiint_V \left[\frac{\mu}{1-2\mu} \left(\frac{\partial u}{\partial x} + \frac{\partial v}{\partial y} + \frac{\partial w}{\partial z} \right)^2 + \left(\frac{\partial u}{\partial x} \right)^2 + \left(\frac{\partial v}{\partial y} \right)^2 + \left(\frac{\partial w}{\partial z} \right)^2 \right. \\
&\quad \left. + \frac{1}{2} \left(\frac{\partial u}{\partial y} + \frac{\partial v}{\partial x} \right)^2 + \frac{1}{2} \left(\frac{\partial v}{\partial z} + \frac{\partial w}{\partial y} \right)^2 + \frac{1}{2} \left(\frac{\partial w}{\partial x} + \frac{\partial u}{\partial z} \right)^2 \right] \mathrm{d}v \\
V &= -\iiint_V (f_x u + f_y v + f_z w) \mathrm{d}v - \iint_S (\bar{f}_x u + \bar{f}_y v + \bar{f}_z w) \mathrm{d}s
\end{aligned}\right\} \tag{6.34}$$

式中，$e = \varepsilon_x + \varepsilon_y + \varepsilon_z$。

2. 平面问题

对于平面应变问题，$\varepsilon_z=\gamma_{zx}=\gamma_{zy}=0$，$\mathrm{d}z=1$，代入式（6.34），得到

$$\left.\begin{aligned}
U&=\frac{E}{2(1+\mu)}\iint_A\left[\frac{\mu}{1-2\mu}(\varepsilon_x+\varepsilon_y)^2+(\varepsilon_x^2+\varepsilon_y^2)+\frac{1}{2}\gamma_{xy}^2\right]\mathrm{d}x\mathrm{d}y\\
U&=\frac{E}{2(1+\mu)}\iint_A\left[\frac{\mu}{1-2\mu}\left(\frac{\partial u}{\partial x}+\frac{\partial v}{\partial y}\right)^2+\left(\frac{\partial u}{\partial x}\right)^2+\left(\frac{\partial v}{\partial y}\right)^2+\frac{1}{2}\left(\frac{\partial u}{\partial y}+\frac{\partial v}{\partial x}\right)^2\right]\mathrm{d}x\mathrm{d}y\\
V&=-\iint_A(f_xu+f_yv)\mathrm{d}x\mathrm{d}y-\int_S(\bar{f}_xu+\bar{f}_yv)\mathrm{d}s
\end{aligned}\right\}\tag{6.35}$$

对于平面应力问题，将式（6.35）中的 μ 换成 $\dfrac{\mu}{1+\mu}$，E 换成 $\dfrac{E(1+2\mu)}{(1+\mu)^2}$，可得到

$$\left.\begin{aligned}
U&=\frac{E}{2(1-\mu^2)}\iint_A\left(\varepsilon_x^2+\varepsilon_y^2+2\mu\varepsilon_x\varepsilon_y+\frac{1-\mu}{2}\gamma_{xy}^2\right)\mathrm{d}x\mathrm{d}y\\
U&=\frac{E}{2(1-\mu^2)}\iint_A\left[\left(\frac{\partial u}{\partial x}\right)^2+\left(\frac{\partial v}{\partial y}\right)^2+2\mu\frac{\partial u}{\partial x}\frac{\partial v}{\partial y}+\frac{1-\mu}{2}\left(\frac{\partial u}{\partial y}+\frac{\partial v}{\partial x}\right)^2\right]\mathrm{d}x\mathrm{d}y\\
V&=-\iint_A(f_xu+f_yv)\mathrm{d}x\mathrm{d}y-\int_S(\bar{f}_xu+\bar{f}_yv)\mathrm{d}s
\end{aligned}\right\}\tag{6.36}$$

3. 薄板弯曲问题

设板厚为 1，已知 $\varepsilon_z=\gamma_{zx}=\gamma_{zy}=0$，$\varepsilon_x=-z\dfrac{\partial^2 w}{\partial x^2}$，$\varepsilon_y=-z\dfrac{\partial^2 w}{\partial y^2}$，$\gamma_{xy}=-2z\dfrac{\partial^2 w}{\partial x\partial y}$，代入式（6.34），可得到

$$\left.\begin{aligned}
U&=\frac{D}{2}\iint_A\left[\left(\frac{\partial^2 w}{\partial x^2}\right)^2+\left(\frac{\partial^2 w}{\partial y^2}\right)^2+2\mu\frac{\partial^2 w}{\partial x^2}\frac{\partial^2 w}{\partial y^2}+2(1-\mu)\frac{\partial^2 w}{\partial x\partial y}\right]\mathrm{d}x\mathrm{d}y\\
U&=\frac{1}{2}\iint_A(M_x\chi_x+M_y\chi_y+2M_{xy}\chi_{xy})\mathrm{d}x\mathrm{d}y\\
V&=-\iint_A q(x,y)w(x,y)\mathrm{d}x\mathrm{d}y
\end{aligned}\right\}\tag{6.37}$$

式中，D 为板的弯曲刚度，$D=\dfrac{Et^3}{12(1-\mu^2)}$。

4. 梁的弯曲问题

$$\left.\begin{aligned}
U&=\frac{1}{2}\int_0^l EI\chi^2\mathrm{d}x=\frac{1}{2}\int_0^l EI\left(\frac{\mathrm{d}^2 w}{\mathrm{d}x^2}\right)^2\mathrm{d}x\\
V&=-\int_0^l q(x)w(x)\mathrm{d}x
\end{aligned}\right\}\tag{6.38}$$

6.4 利用最小势能原理推导几类问题的平衡条件

6.4.1 平面问题

$$\left.\begin{aligned} U &= \iint_A U_1(\varepsilon_x, \varepsilon_y, \gamma_{xy})\mathrm{d}x\mathrm{d}y \\ V &= -\iint_A (f_x u + f_y v)\mathrm{d}x\mathrm{d}y - \int_S (\bar{f}_x u + \bar{f}_y v)\mathrm{d}s \end{aligned}\right\} \tag{6.39}$$

$$\begin{aligned} \delta U &= \iint_A \left(\frac{\partial U_1}{\partial \varepsilon_x}\delta\varepsilon_x + \frac{\partial U_1}{\partial \varepsilon_y}\delta\varepsilon_y + \frac{\partial U_1}{\partial \gamma_{xy}}\delta\gamma_{xy}\right)\mathrm{d}x\mathrm{d}y = \iint_A (\sigma_x\delta\varepsilon_x + \sigma_y\delta\varepsilon_y + \tau_{xy}\delta\gamma_{xy})\mathrm{d}x\mathrm{d}y \\ &= \iint_A \left(\sigma_x\frac{\partial\delta u}{\partial x} + \sigma_y\frac{\partial\delta v}{\partial y} + \tau_{xy}\frac{\partial\delta u}{\partial y} + \tau_{xy}\frac{\partial\delta v}{\partial x}\right)\mathrm{d}x\mathrm{d}y \end{aligned} \tag{6.40}$$

于是，有

$$\begin{aligned} \delta U = &\iint_A \left[\frac{\partial(\sigma_x\delta u)}{\partial x} + \frac{\partial(\sigma_y\delta v)}{\partial y} + \frac{\partial(\tau_{xy}\delta u)}{\partial y} + \frac{\partial(\tau_{xy}\delta v)}{\partial x}\right]\mathrm{d}x\mathrm{d}y \\ &-\iint_A \left[\left(\frac{\partial\sigma_x}{\partial x} + \frac{\partial\tau_{yx}}{\partial y}\right)\delta u + \left(\frac{\partial\sigma_y}{\partial y} + \frac{\partial\tau_{xy}}{\partial x}\right)\delta v\right]\mathrm{d}x\mathrm{d}y \end{aligned} \tag{6.41}$$

代入高斯公式，得到

$$\delta U = \int_S [(\sigma_x l + \tau_{yx} m)\delta u + (\sigma_y m + \tau_{yx} l)\delta v]\mathrm{d}s - \iint_A \left[\left(\frac{\partial\sigma_x}{\partial x} + \frac{\partial\tau_{yx}}{\partial y}\right)\delta u + \left(\frac{\partial\sigma_y}{\partial y} + \frac{\partial\tau_{xy}}{\partial x}\right)\delta v\right]\mathrm{d}x\mathrm{d}y \tag{6.42}$$

$$\delta V = -\iint_A (f_x\delta u + f_y\delta v)\mathrm{d}x\mathrm{d}y - \int_S (\bar{f}_x\delta u + \bar{f}_y\delta v)\mathrm{d}s \tag{6.43}$$

令 $\delta\Pi = \delta U + \delta V = 0$，得到

$$\begin{aligned} &-\iint_A \left[\left(\frac{\partial\sigma_x}{\partial x} + \frac{\partial\tau_{yx}}{\partial y} + f_x\right)\delta u + \left(\frac{\partial\sigma_y}{\partial y} + \frac{\partial\tau_{xy}}{\partial x} + f_y\right)\delta v\right]\mathrm{d}x\mathrm{d}y \\ &+\int_S [(\sigma_x l + \tau_{yx} m - \bar{f}_x)\delta u + (\sigma_y m + \tau_{yx} l - \bar{f}_y)\delta v]\ \mathrm{d}s = 0 \end{aligned} \tag{6.44}$$

由于 δu 和 δv 的任意性，得到：

在弹性体体积域内：

$$\left.\begin{aligned} \frac{\partial\sigma_x}{\partial x} + \frac{\partial\tau_{yx}}{\partial y} + f_x = 0 \\ \frac{\partial\sigma_y}{\partial y} + \frac{\partial\tau_{xy}}{\partial x} + f_y = 0 \end{aligned}\right\} \tag{6.45}$$

在给定面力边界上：

$$\left.\begin{aligned} \sigma_x l + \tau_{yx} m = \bar{f}_x \\ \sigma_y m + \tau_{yx} l = \bar{f}_y \end{aligned}\right\} \tag{6.46}$$

式（6.45）和式（6.46）就是平面问题的平衡微分方程和应力边界条件，即平面问题

的平衡条件式。

6.4.2　薄板弯曲问题

$$\left.\begin{aligned}U&=\frac{D}{2}\iint_A\left[\left(\frac{\partial^2 w}{\partial x^2}\right)^2+\left(\frac{\partial^2 w}{\partial y^2}\right)^2+2\mu\frac{\partial^2 w}{\partial x^2}\frac{\partial^2 w}{\partial y^2}+2(1-\mu)\frac{\partial^2 w}{\partial x\partial y}\right]\mathrm{d}x\mathrm{d}y\\V&=-\iint_A qw\mathrm{d}x\mathrm{d}y\end{aligned}\right\}\tag{6.47}$$

由 $\delta\Pi=\delta U+\delta V=0$，得到

$$\iint_A D\left\{\left[\frac{\partial^2 w}{\partial x^2}\delta\left(\frac{\partial^2 w}{\partial x^2}\right)+\frac{\partial^2 w}{\partial y^2}\delta\left(\frac{\partial^2 w}{\partial y^2}\right)+\mu\frac{\partial^2 w}{\partial y^2}\delta\left(\frac{\partial^2 w}{\partial x^2}\right)+\mu\frac{\partial^2 w}{\partial x^2}\delta\left(\frac{\partial^2 w}{\partial y^2}\right)\right.\right.$$
$$\left.\left.+2(1-\mu)\frac{\partial^2 w}{\partial x\partial y}\delta\left(\frac{\partial^2 w}{\partial x\partial y}\right)\right]-q\delta w\right\}\mathrm{d}x\mathrm{d}y=0\tag{6.48}$$

对式（6.48）各个分项进行分部积分，例如

$$\int_0^b\int_0^a\frac{\partial^2 w}{\partial x^2}\delta\left(\frac{\partial^2 w}{\partial x^2}\right)\mathrm{d}x\mathrm{d}y=\int_0^b\int_0^a\frac{\partial^2 w}{\partial x^2}\left(\frac{\partial^2 \delta w}{\partial x^2}\right)\mathrm{d}x\mathrm{d}y=\int_0^b\int_0^a\frac{\partial}{\partial x}\left(\frac{\partial^2 w}{\partial x^2}\frac{\partial\delta w}{\partial x}\right)\mathrm{d}x\mathrm{d}y-\int_0^b\int_0^a\frac{\partial\delta w}{\partial x}\frac{\partial^3 w}{\partial x^3}\mathrm{d}x\mathrm{d}y$$
$$=\int_0^b\int_0^a\frac{\partial}{\partial x}\left(\frac{\partial^2 w}{\partial x^2}\frac{\partial\delta w}{\partial x}\right)\mathrm{d}x\mathrm{d}y-\int_0^b\int_0^a\frac{\partial}{\partial x}\left(\frac{\partial^3 w}{\partial x^3}\delta w\right)\mathrm{d}x\mathrm{d}y+\int_0^b\int_0^a\frac{\partial^4 w}{\partial x^4}\delta w\mathrm{d}x\mathrm{d}y$$
$$=\int_0^b\left[\frac{\partial^2 w}{\partial x^2}\frac{\partial\delta w}{\partial x}\right]_0^a\mathrm{d}y-\int_0^b\left[\frac{\partial^3 w}{\partial x^3}\delta w\right]_0^a\mathrm{d}y+\int_0^b\int_0^a\frac{\partial^4 w}{\partial x^4}\delta w\mathrm{d}x\mathrm{d}y\tag{6.49}$$

将分部积分的各项代入式（6.48），得到

$$D\left\{\int_0^b\left[\frac{\partial^2 w}{\partial x^2}\frac{\partial\delta w}{\partial x}\right]_0^a\mathrm{d}y-\int_0^b\left[\frac{\partial^3 w}{\partial x^3}\delta w\right]_0^a\mathrm{d}y+\int_0^b\int_0^a\frac{\partial^4 w}{\partial x^4}\delta w\mathrm{d}x\mathrm{d}y\right\}$$
$$+D\left\{\int_0^a\left[\frac{\partial^2 w}{\partial y^2}\frac{\partial\delta w}{\partial y}\right]_0^b\mathrm{d}x-\int_0^a\left[\frac{\partial^3 w}{\partial y^3}\delta w\right]_0^b\mathrm{d}x+\int_0^b\int_0^a\frac{\partial^4 w}{\partial y^4}\delta w\mathrm{d}x\mathrm{d}y\right\}$$
$$+\mu D\left\{\int_0^a\left[\frac{\partial^2 w}{\partial x^2}\frac{\partial\delta w}{\partial y}\right]_0^b\mathrm{d}x-\int_0^a\left[\frac{\partial^3 w}{\partial x^2\partial y}\delta w\right]_0^b\mathrm{d}x+\int_0^b\int_0^a\frac{\partial^4 w}{\partial x^2\partial y^2}\delta w\mathrm{d}x\mathrm{d}y\right\}$$
$$+\mu D\left\{\int_0^b\left[\frac{\partial^2 w}{\partial y^2}\frac{\partial\delta w}{\partial x}\right]_0^a\mathrm{d}y-\int_0^b\left[\frac{\partial^3 w}{\partial x\partial y^2}\delta w\right]_0^a\mathrm{d}y+\int_0^b\int_0^a\frac{\partial^4 w}{\partial x^2\partial y^2}\delta w\mathrm{d}x\mathrm{d}y\right\}$$
$$+2(1-\mu)D\left\{\left[\frac{\partial^2 w(x,b)}{\partial x\partial y}\delta w(x,b)\right]_0^b-\left[\frac{\partial^2 w(x,0)}{\partial x\partial y}\delta w(x,0)\right]_0^a-\int_0^a\left[\frac{\partial^3 w}{\partial x^2\partial y}\delta w\right]_0^b\mathrm{d}x\right\}$$
$$+2(1-\mu)D\left\{-\int_0^b\left[\frac{\partial^3 w}{\partial x\partial y^2}\delta w\right]_0^a\mathrm{d}y+\int_0^b\int_0^a\frac{\partial^4 w}{\partial x^2\partial y^2}\delta w\mathrm{d}x\mathrm{d}y\right\}-\int_0^b\int_0^a q\delta w\mathrm{d}x\mathrm{d}y=0\tag{6.50}$$

对式（6.50）进行整理，整理后得到

$$\int_0^b\int_0^a\left[D\left(\frac{\partial^4 w}{\partial x^4}+2\frac{\partial^4 w}{\partial x^2\partial y^2}+\frac{\partial^4 w}{\partial y^4}\right)-q\right]\delta w\mathrm{d}x\mathrm{d}y$$

$$+\int_0^b D\left\{\left[\left(\frac{\partial^2 w}{\partial x^2}+\mu\frac{\partial^2 w}{\partial y^2}\right)\frac{\partial\delta w}{\partial x}\right]_0^a-\left[\left(\frac{\partial^3 w}{\partial x^3}+(2-\mu)\frac{\partial^2 w}{\partial x\partial y^2}\right)\delta w\right]_0^a\right\}\mathrm{d}y$$

$$+2(1-\mu)D\left\{\left[\frac{\partial^2 w(x,b)}{\partial x\partial y}\delta w(x,b)\right]_0^b-\left[\frac{\partial^2 w(x,0)}{\partial x\partial y}\delta w(x,0)\right]_0^a\right\}$$

$$+\int_0^a D\left\{\left[\left(\frac{\partial^2 w}{\partial y^2}+\mu\frac{\partial^2 w}{\partial x^2}\right)\frac{\partial\delta w}{\partial y}\right]_0^b-\left[\left(\frac{\partial^3 w}{\partial y^3}+(2-\mu)\frac{\partial^2 w}{\partial y\partial x^2}\right)\delta w\right]_0^b\right\}\mathrm{d}x=0 \quad (6.51)$$

由于域内 δw 的任意性，可得

$$\frac{\partial^4 w}{\partial x^4}+2\frac{\partial^4 w}{\partial x^2\partial y^2}+\frac{\partial^4 w}{\partial y^4}=\frac{q}{D} \quad (6.52)$$

式（6.52）为薄板弯曲问题的微分方程，也是域内的平衡微分方程。

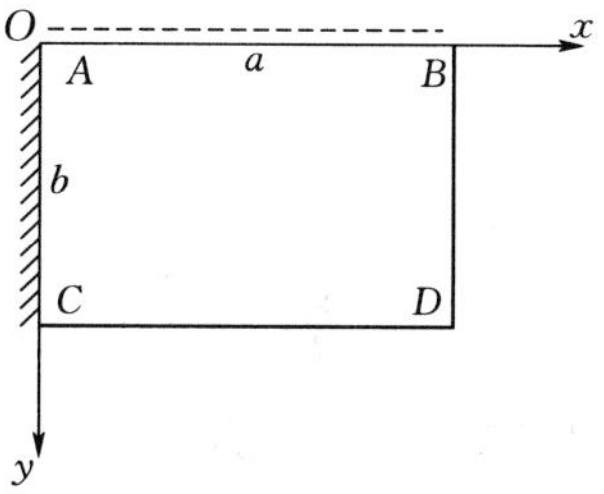

图 6.1 矩形薄板

如图 6.1 所示的矩形薄板，对于式（6.49）～式（6.52）中的 $\int_0^b$ 积分的部分，它含有 AC 和 BD 两部分边界上的积分：

在 AC 边界上，因为 $\delta w=0$，$\dfrac{\partial w}{\partial x}=0$，所以，$\int_0^b=0$；在 BD 边界（$x=a$）上，由于 $\delta w(a,y)$ 及 $\left.\dfrac{\partial\delta w}{\partial x}\right|_{x=a}$ 的任意性，有

$$\left.\begin{aligned}&\left[\frac{\partial^2 w}{\partial x^2}+\mu\frac{\partial^2 w}{\partial y^2}\right]_{x=a}=0\\&\left[\frac{\partial^3 w}{\partial x^3}+(2-\mu)\frac{\partial^2 w}{\partial x\partial y^2}\right]_{x=a}=0\end{aligned}\right\} \quad (6.53)$$

式（6.53）即 $M_x|_{x=a}=0$，$V_x|_{x=a}=0$，它是自由边弯矩及总分布剪力等于 0 的应力边界条件。

对于式（6.49）～式（6.52）中的 $\int_0^a$ 积分的部分，它含有 AB 和 CD 两部分边界上的积分，在 AB 边界（$y=0$）上，因为 $\delta w=0$ 及 $\left.\dfrac{\partial\delta w}{\partial y}\right|_{y=0}$ 的任意性，有

$$\left[\frac{\partial^2 w}{\partial y^2}+\mu\frac{\partial^2 w}{\partial x^2}\right]_{y=0}=0 \quad (6.54)$$

式（6.54）即 $M_y|_{y=0}=0$，它是简支边弯矩等于 0 的应力边界条件。

在 CD 边界（$y=b$）上，由于 $\delta w(x,b)$ 及 $\left.\dfrac{\partial\delta w}{\partial y}\right|_{y=b}$ 的任意性，有

$$\left.\begin{aligned}&\left[\frac{\partial^2 w}{\partial y^2}+\mu\frac{\partial^2 w}{\partial x^2}\right]_{y=b}=0\\&\left[\frac{\partial^3 w}{\partial y^3}+(2-\mu)\frac{\partial^2 w}{\partial x^2\partial y}\right]_{y=b}=0\end{aligned}\right\} \quad (6.55)$$

式（6.55）即 $M_y|_{y=b}=0$，$V_y|_{y=b}=0$，它是自由边弯矩及总分布剪力等于 0 的应力边界条件。

注意到，由于 $\delta w(a,b)$ 的任意性，及 $\delta w(0,b)=0$，$\delta w(a,0)=0$，$\delta w(0,0)=0$，则由式（6.51）的第三部分可得到，在角点 D 上，有

$$\left.\frac{\partial^2 w(x,b)}{\partial x \partial y}\right|_{x=a}=0 \tag{6.56}$$

式（6.56）为角点 D 的集中反力为 0 的条件，即角点条件。

式（6.52）～式（6.56）就是薄板弯曲问题的平衡条件。

6.4.3 梁的弯曲问题

设悬臂梁 AB，长度为 l，A 为固定端，B 为自由端，则有

$$\left.\begin{aligned} U&=\frac{1}{2}\int_0^l EI\left(\frac{\mathrm{d}^2 w}{\mathrm{d}x^2}\right)^2\mathrm{d}x \\ V&=-\int_0^l q(x)w(x)\mathrm{d}x \end{aligned}\right\} \tag{6.57}$$

由 $\delta\Pi=\delta U+\delta V=0$，得到

$$\frac{1}{2}\int_0^l EI2\frac{\mathrm{d}^2 w}{\mathrm{d}x^2}\delta\left(\frac{\mathrm{d}^2 w}{\mathrm{d}x^2}\right)\mathrm{d}x-\int_0^l q\delta w\mathrm{d}x=0 \tag{6.58}$$

注意到

$$\int_0^l \frac{\mathrm{d}^2 w}{\mathrm{d}x^2}\delta\left(\frac{\mathrm{d}^2 w}{\mathrm{d}x^2}\right)\mathrm{d}x=\int_0^l \frac{\mathrm{d}}{\mathrm{d}x}\left(\frac{\mathrm{d}^2 w}{\mathrm{d}x^2}\frac{\mathrm{d}\delta w}{\mathrm{d}x}\right)\mathrm{d}x-\int_0^l \frac{\mathrm{d}}{\mathrm{d}x}\left(\frac{\mathrm{d}^3 w}{\mathrm{d}x^3}\delta w\right)\mathrm{d}x+\int_0^l \frac{\mathrm{d}^4 w}{\mathrm{d}x^4}\delta w\mathrm{d}x \tag{6.59}$$

则有

$$EI\left[\int_0^l \frac{\mathrm{d}}{\mathrm{d}x}\left(\frac{\mathrm{d}^2 w}{\mathrm{d}x^2}\frac{\mathrm{d}\delta w}{\mathrm{d}x}\right)\mathrm{d}x-\int_0^l \frac{\mathrm{d}}{\mathrm{d}x}\left(\frac{\mathrm{d}^3 w}{\mathrm{d}x^3}\delta w\right)\mathrm{d}x+\int_0^l \frac{\mathrm{d}^4 w}{\mathrm{d}x^4}\delta w\mathrm{d}x\right]-\int_0^l q\delta w\mathrm{d}x=0 \tag{6.60}$$

或写为

$$EI\left\{\left[\frac{\mathrm{d}^2 w}{\mathrm{d}x^2}\delta\left(\frac{\mathrm{d}w}{\mathrm{d}x}\right)-\frac{\mathrm{d}^3 w}{\mathrm{d}x^3}\delta w\right]_0^l+\int_0^l \frac{\mathrm{d}^4 w}{\mathrm{d}x^4}\delta w\mathrm{d}x\right\}-\int_0^l q\delta w\mathrm{d}x=0 \tag{6.61}$$

由于梁上 δw 的任意性，得到

$$EI\frac{\mathrm{d}^4 w}{\mathrm{d}x^4}=q \tag{6.62}$$

式（6.62）即为梁的挠曲线方程或平衡微分方程。

在梁的固定端，有 $\delta w|_{x=0}=0$，$\left.\delta\left(\frac{\mathrm{d}w}{\mathrm{d}x}\right)\right|_{x=0}=0$，故式（6.61）中的前一部分自然为零。

在梁的自由端，由于 $\delta w|_{x=l}$ 及 $\delta\left(\frac{\mathrm{d}w}{\mathrm{d}x}\right)$ 的任意性，有

$$\left.\begin{aligned}\left.\frac{\mathrm{d}^2 w}{\mathrm{d}x^2}\right|_{x=l} &= 0\\ \left.\frac{\mathrm{d}^3 w}{\mathrm{d}x^3}\right|_{x=l} &= 0\end{aligned}\right\}\tag{6.63}$$

式（6.63）即 $M_x\,|_{x=l} = 0$，$V_x\,|_{x=l} = 0$，它是梁自由端弯矩及剪力等于 0 的应力边界条件。

6.5 位移变分近似解法

位移变分的近似解法有很多种，这里只介绍最常用的瑞次法和伽辽金法。

6.5.1 瑞次法

瑞次法是在一组假定的位移解中，寻求满足泛函变分最优解的方法，显然，近似解的精度与试探函数的选择有关。

取位移分量的表达式为

$$\left.\begin{aligned}u &= u_0 + \sum_{m=1}^{n} A_m u_m\\ v &= v_0 + \sum_{m=1}^{n} B_m v_m\\ w &= w_0 + \sum_{m=1}^{n} C_m w_m\end{aligned}\right\}\tag{6.64}$$

式中，u_0、v_0、w_0 在位移边界上等于已知的位移，即在位移边界 S_1 上，$u_0 = \bar{u}$，$v_0 = \bar{v}$，$w_0 = \bar{w}$，并且有 $u_m = v_m = w_m = 0\,(m = 1,2,\cdots,n)$；$A_m$、$B_m$、$C_m$ 为待定系数。

式（6.64）的试探函数不仅要满足位移边界条件，还要满足连续和可微的条件。将式（6.64）代入 $\Pi(u,v,w)$，得到

$$\Pi = \Pi(A_1,A_2,\cdots,A_m,B_1,B_2,\cdots,B_m,C_1,C_2,\cdots,C_m)\tag{6.65}$$

根据极值条件 $\delta\Pi = 0$，有

$$\frac{\partial \Pi}{\partial A_m} = 0,\quad \frac{\partial \Pi}{\partial B_m} = 0,\quad \frac{\partial \Pi}{\partial C_m} = 0\quad (m = 1,2,\cdots,n)\tag{6.66}$$

注意到，$\Pi(u,v,w)$ 中 u、v、w 和它们的导数最高幂次为二次，见式（6.34），因此，式（6.66）的方程组是一组关于 A_m、B_m、C_m 的线性方程，可以解得待定系数，再代入式（6.64）可得位移的近似解。

下面将式（6.66）改为常用形式，为

$$\left.\begin{aligned}\frac{\partial \Pi}{\partial A_m} &= \frac{\partial U}{\partial A_m} + \frac{\partial V}{\partial A_m} = 0\\ \frac{\partial \Pi}{\partial B_m} &= \frac{\partial U}{\partial B_m} + \frac{\partial V}{\partial B_m} = 0\\ \frac{\partial \Pi}{\partial C_m} &= \frac{\partial U}{\partial C_m} + \frac{\partial V}{\partial C_m} = 0\end{aligned}\right\}\tag{6.67}$$

因为 $V=-\iiint_V(f_x u+f_y v+f_z w)\mathrm{d}v-\iint_S(\bar{f}_x u+\bar{f}_y v+\bar{f}_z w)\mathrm{d}s$，因此，有

$$\left.\begin{aligned}\frac{\partial U}{\partial A_m}&=-\frac{\partial V}{\partial A_m}=\iiint_V f_x u_m\mathrm{d}v+\iint_S\bar{f}_x u_m\mathrm{d}s\\\frac{\partial U}{\partial B_m}&=-\frac{\partial V}{\partial B_m}=\iiint_V f_y v_m\mathrm{d}v+\iint_S\bar{f}_y v_m\mathrm{d}s\\\frac{\partial U}{\partial C_m}&=-\frac{\partial V}{\partial C_m}=\iiint_V f_z w_m\mathrm{d}v+\iint_S\bar{f}_z w_m\mathrm{d}s\end{aligned}\right\}\tag{6.68}$$

利用式（6.68）可解得待定系数 A_m、B_m、C_m，其中，$m=1,2,\cdots,n$。

根据最小势能原理，在满足相容条件的所有位移中，使得总势能取最小值的位移是真实解，而在式（6.64）中，由于项数 n 是一个有限值，位移的求解实际上是缩小了范围。所以瑞次法求解的是位移的近似解，取不多的项可取得较为满意的位移解，但是，之后由位移求解的应力和应变都误差较大。为了得到较为精确的应力，必须取足够多的项数。

6.5.2　伽辽金法

根据最小势能原理，$\delta\Pi=0$ 等价于位移变分方程。而位移变分方程在位移满足相容条件时等价于平衡条件，所以，当位移满足相容条件时，$\delta\Pi=0$ 等价于平衡条件。若取位移为式（6.64），位移不仅满足相容条件，即满足位移边界条件且连续可微，而且由其确定的应力也满足应力边界条件，因此，有

$$\begin{aligned}\iiint_V\Big[&\left(\frac{\partial\sigma_x}{\partial x}+\frac{\partial\tau_{yx}}{\partial y}+\frac{\partial\tau_{zx}}{\partial z}+f_x\right)\delta u+\left(\frac{\partial\tau_{xy}}{\partial x}+\frac{\partial\sigma_y}{\partial y}+\frac{\partial\tau_{zy}}{\partial z}+f_y\right)\delta v\\&+\left(\frac{\partial\tau_{xz}}{\partial x}+\frac{\partial\tau_{yz}}{\partial y}+\frac{\partial\sigma_z}{\partial z}+f_z\right)\delta w\Big]\mathrm{d}v=0\end{aligned}\tag{6.69}$$

式（6.69）称为伽辽金变分方程。取位移为式（6.64），则有

$$\delta u=\sum_{m=1}^{n}u_m\delta A_m,\quad\delta v=\sum_{m=1}^{n}v_m\delta B_m,\quad\delta w=\sum_{m=1}^{n}w_m\delta C_m\tag{6.70}$$

将式（6.70）代入式（6.69），并注意到 δA_m、δB_m、δC_m 的任意性，得到

$$\left.\begin{aligned}&\iiint_V\left(\frac{\partial\sigma_x}{\partial x}+\frac{\partial\tau_{yx}}{\partial y}+\frac{\partial\tau_{zx}}{\partial z}+f_x\right)u_m\mathrm{d}v=0\\&\iiint_V\left(\frac{\partial\tau_{xy}}{\partial x}+\frac{\partial\sigma_y}{\partial y}+\frac{\partial\tau_{zy}}{\partial z}+f_y\right)v_m\mathrm{d}v=0\\&\iiint_V\left(\frac{\partial\tau_{xz}}{\partial x}+\frac{\partial\tau_{yz}}{\partial y}+\frac{\partial\sigma_z}{\partial z}+f_z\right)w_m\mathrm{d}v=0\end{aligned}\right\}\tag{6.71}$$

其中，$m=1,2,\cdots,n$。

将物理方程、几何方程代入式（6.71），有

$$\left.\begin{aligned}&\iiint_V\left[\frac{E}{2(1+\mu)}\left(\frac{1}{1-2\mu}\frac{\partial e}{\partial x}+\nabla^2 u\right)+f_x\right]u_m\mathrm{d}v=0\\&\iiint_V\left[\frac{E}{2(1+\mu)}\left(\frac{1}{1-2\mu}\frac{\partial e}{\partial x}+\nabla^2 v\right)+f_y\right]v_m\mathrm{d}v=0\\&\iiint_V\left[\frac{E}{2(1+\mu)}\left(\frac{1}{1-2\mu}\frac{\partial e}{\partial x}+\nabla^2 w\right)+f_z\right]w_m\mathrm{d}v=0\end{aligned}\right\}\tag{6.72}$$

其中，$m=1,2,\cdots,n$；$e=\frac{\partial u}{\partial x}+\frac{\partial v}{\partial y}+\frac{\partial w}{\partial z}$；$\nabla^2=\frac{\partial^2}{\partial x^2}+\frac{\partial^2}{\partial y^2}+\frac{\partial^2}{\partial z^2}$。

式（6.72）被称为伽辽金方程，它是待定系数 A_m、B_m、C_m 的线性方程组。在力的边界条件不难预先满足时，采用伽辽金方法求解位移比瑞次法要方便点。

6.6 位移变分近似解法应用于平面问题

6.6.1 瑞次法求解公式及计算步骤

（1）将位移函数取为

$$\left.\begin{aligned} u &= u_0+\sum_{m=1}^{n}A_m u_m \\ v &= v_0+\sum_{m=1}^{n}B_m v_m \end{aligned}\right\} \tag{6.73}$$

使其满足求解问题的位移边界条件。

（2）将式（6.73）代入瑞次法求解的常用形式，得到

$$\left.\begin{aligned} \frac{\partial U}{\partial A_m} &= \iint_A f_x u_m \mathrm{d}x\mathrm{d}y+\int_S \bar{f}_x u_m \mathrm{d}s \\ \frac{\partial U}{\partial B_m} &= \iint_A f_y v_m \mathrm{d}x\mathrm{d}y+\int_S \bar{f}_y v_m \mathrm{d}s \end{aligned}\right\} \tag{6.74a}$$

式中，$m=1,2,\cdots,n$，U 为平面应力问题的形变势能。

根据式（6.36），有

$$U=\frac{E}{2(1-\mu^2)}\iint_A\left[\left(\frac{\partial u}{\partial x}\right)^2+\left(\frac{\partial v}{\partial y}\right)^2+2\mu\frac{\partial u}{\partial x}\frac{\partial v}{\partial y}+\frac{1-\mu}{2}\left(\frac{\partial u}{\partial y}+\frac{\partial v}{\partial x}\right)^2\right]\mathrm{d}x\mathrm{d}y \tag{6.74b}$$

由式（6.74a）得到关于待定系数 A_m、B_m 的方程组。

（3）求解式（6.74a），得到 A_m、B_m。

（4）将 A_m、B_m 代入式（6.73），得出位移解，进而可求出应变与应力。

6.6.2 伽辽金法求解公式及计算步骤

（1）将位移函数取为式（6.73），即 $u=u_0+\sum_{m=1}^{n}A_m u_m$，$v=v_0+\sum_{m=1}^{n}B_m v_m$，使其满足求解问题的位移边界条件和应力边界条件，如果没有应力边界条件，则只需满足位移边界条件。

（2）将位移函数代入，得到关于待定系数 A_m、B_m 的方程组。

$$\left.\begin{aligned} \iint_A\left[\frac{E}{2(1+\mu)}\left(\frac{1}{1-2\mu}\frac{\partial e}{\partial x}+\nabla^2 u\right)+f_x\right]u_m\mathrm{d}x\mathrm{d}y=0 \\ \iint_A\left[\frac{E}{2(1+\mu)}\left(\frac{1}{1-2\mu}\frac{\partial e}{\partial x}+\nabla^2 v\right)+f_y\right]v_m\mathrm{d}x\mathrm{d}y=0 \end{aligned}\right\} \tag{6.75}$$

其中，$m=1,2,\cdots,n$。

（3）求解式（6.74a），得到 A_m 、B_m 。

（4）将 A_m 、B_m 代入式（6.73），得出位移解，进而可求应变与应力。

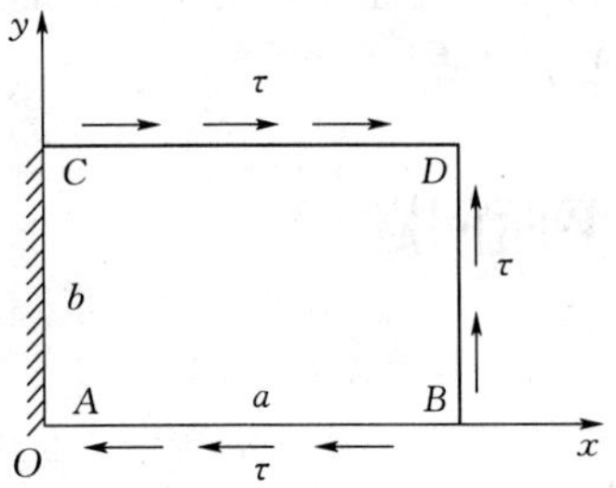

图 6.2　矩形薄板

例 6.1　已知薄板厚度为 1，如图 6.2 所示，试求在图示荷载作用下的薄板位移。

解：采用瑞次法求解，取 $u_0 = v_0 = 0$，$u_1 = x$，$u_2 = x^2$，$u_3 = xy$，$v_1 = x$，$v_2 = x^2$，$v_3 = xy$，位移函数取为 $u = x(A_1 + A_2 x + A_3 y)$，$v = x(B_1 + B_2 x + B_3 y)$，位移函数满足位移边界条件 $(u,v)|_{x=0} = 0$。将位移函数代入式（6.74a），得到关于 A_1 、A_2 、A_3 、B_1 、B_2 、B_3 的 6 个方程，可解得 $A_1 = A_2 = A_3 = 0$，$B_2 = B_3 = 0$，$B_1 = \dfrac{2(1+\mu)}{E}\tau$，于是，可以得到位移的解为

$$u = 0 , \qquad v = \frac{2(1+\mu)}{E}\tau x$$

可以证明，上式的位移解能平衡方程和应力边界条件，因而是问题的精确解。

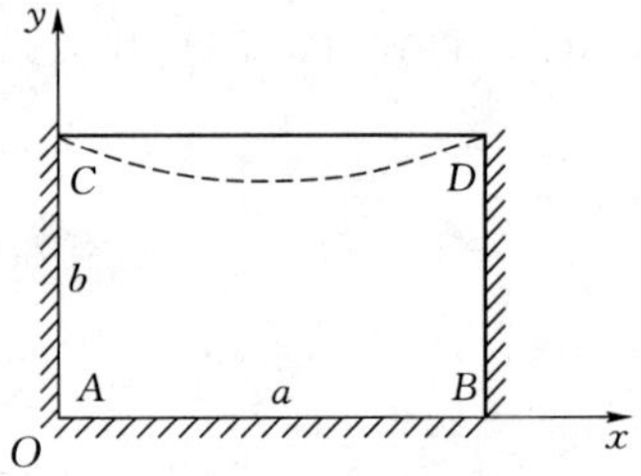

图 6.3　三边固定的矩形薄板

例 6.2　如图 6.3 所示，薄板厚度为 1，三边固定，在自由边 CD 发生如图中虚线所示的位移，已知 CD 边的位移是 $u = 0$，$v = -\eta \sin \dfrac{\pi x}{a}$，试求薄板位移。

解：根据问题的对称性得到，u 应关于对称轴 $x = \dfrac{a}{2}$ 等值反号，v 关于对称轴等值同号。

取位移函数为

$$\left.\begin{aligned} u &= \sum_{m=2,4,6\cdots} \sum_{n=1,3,5\cdots} A_{mn} \sin \frac{m\pi x}{a} \sin \frac{n\pi y}{b} \\ v &= -\eta \frac{y}{b} \sin \frac{\pi x}{a} + \sum_{k=1,3,5\cdots} \sum_{l=1,2,3\cdots} B_{kl} \sin \frac{k\pi x}{a} \sin \frac{l\pi y}{b} \end{aligned}\right\}$$

上述位移函数已经满足位移边界条件：

$y = b$ ：　　$u = 0$ ，　$v = -\eta \sin \dfrac{\pi x}{a}$

$x = 0, x = a$ ：　　$u = 0$ ，　$v = 0$

$y = 0$ ：　　$u = 0$ ，　$v = 0$

在此题中没有力的边界条件，因此可采用伽辽金法来求解。

取位移函数的前 3 项进行计算，因此，有

$$\left.\begin{aligned} u &= A_{21} \sin \frac{2\pi x}{a} \sin \frac{\pi y}{b} + A_{22} \sin \frac{2\pi x}{a} \sin \frac{2\pi y}{b} \\ v &= -\eta \frac{y}{b} \sin \frac{\pi x}{a} + B_{11} \sin \frac{\pi x}{a} \sin \frac{\pi y}{b} + B_{12} \sin \frac{\pi x}{a} \sin \frac{2\pi y}{b} \end{aligned}\right\}$$

将上式代入式（6.75），并注意到 $f_x = f_y = 0$，取 $a = 2b$，$\mu = 0.3$，可得到关于 A_{21}、A_{22}、B_{11}、B_{12} 的 4 个方程，为

$$\begin{bmatrix} 7.32 & 0 & 0 & 1.27 \\ 0 & 13.01 & -1.27 & 0 \\ 0 & -1.27 & 5.9 & 0 \\ 1.27 & 0 & 0 & 22.17 \end{bmatrix} \begin{Bmatrix} A_{21} \\ A_{22} \\ B_{11} \\ B_{12} \end{Bmatrix} = \eta \begin{Bmatrix} -0.61 \\ 0 \\ 0.3 \\ -0.15 \end{Bmatrix}$$

可解得

$$A_{21} = -0.082\eta, \quad A_{22} = 0.0051\eta, \quad B_{11} = 0.0052\eta, \quad B_{12} = -0.0021\eta$$

于是，可得位移的近似解为

$$\left.\begin{aligned} u &= -0.082\eta \sin\frac{2\pi x}{a}\sin\frac{\pi y}{b} + 0.0051\eta\sin\frac{2\pi x}{a}\sin\frac{2\pi y}{b} \\ v &= -\eta\frac{y}{b}\sin\frac{\pi x}{a} + 0.0052\eta\sin\frac{\pi x}{a}\sin\frac{\pi y}{b} - 0.0021\eta\sin\frac{\pi x}{a}\sin\frac{2\pi y}{b} \end{aligned}\right\}$$

例 6.3 在平面直角坐标系 xOy 下，正方形板四边固定，只受 y 方向重力作用，已知板边长为 2a，板中心为坐标原点，x 方向水平向右，y 方向竖直向下，$\mu = 0$，试求板内应力。

解：取位移函数为

$$\left.\begin{aligned} u &= A_1\left(1-\frac{x^2}{a^2}\right)\left(1-\frac{y^2}{a^2}\right)\frac{xy}{a^2} \\ v &= B_1\left(1-\frac{x^2}{a^2}\right)\left(1-\frac{y^2}{a^2}\right) \end{aligned}\right\}$$

位移函数满足位移边界条件，由于没有应力边界条件，故瑞次法和伽辽金法都可以用来求解位移函数的待定系数。

采用瑞次法，注意到 $f_x = 0$，$f_y = \rho g$，有

$$\frac{\partial U}{\partial A_1} = 0, \qquad \frac{\partial U}{\partial B_1} = \iint_{\Omega^e} \rho g v_1 \mathrm{d}x\mathrm{d}y = \iint_{\Omega^e} \rho g\left(1-\frac{x^2}{a^2}\right)\left(1-\frac{y^2}{a^2}\right)\mathrm{d}x\mathrm{d}y$$

将位移函数代入上式，可解出 A_1、B_1，从而得到薄板位移 u、v，进而得到应力，为

$$\sigma_x = \tau_{xy} = 0, \qquad \sigma_y = -\frac{450}{533}\left(1-\frac{x^2}{a^2}\right)\rho g y$$

6.7 利用变分原理推导平面问题有限元计算公式

6.7.1 弹性体的总势能

弹性体的总势能包括形变势能、体力势能和面力势能，总势能是这 3 部分势能的总和。形变势能为 $\Pi_1 = \frac{1}{2}\iint_A \boldsymbol{\varepsilon}^{\mathrm{T}}\boldsymbol{\sigma} t\mathrm{d}x\mathrm{d}y$，体力势能为 $\Pi_2 = -\iint_A \boldsymbol{u}^{\mathrm{T}}\boldsymbol{f} t\mathrm{d}x\mathrm{d}y$，面力势能为 $\Pi_3 = -\int_S \boldsymbol{u}^{\mathrm{T}}\bar{\boldsymbol{f}} t\mathrm{d}s$，于是，总势能为 $\Pi = \Pi_1 + \Pi_2 + \Pi_3$，即

$$\Pi = \frac{1}{2}\iint_A \boldsymbol{\varepsilon}^{\mathrm{T}}\boldsymbol{\sigma} t\mathrm{d}x\mathrm{d}y - \iint_A \boldsymbol{u}^{\mathrm{T}}\boldsymbol{f} t\mathrm{d}x\mathrm{d}y - \int_S \boldsymbol{u}^{\mathrm{T}}\bar{\boldsymbol{f}} t\mathrm{d}s \tag{6.76}$$

其中，$\boldsymbol{\varepsilon} = [\varepsilon_x \quad \varepsilon_x \quad \gamma_{xy}]^{\mathrm{T}}$，$\boldsymbol{\sigma} = [\sigma_x \quad \sigma_x \quad \tau_{xy}]^{\mathrm{T}}$，$\boldsymbol{u} = [u \quad v]^{\mathrm{T}}$，$\boldsymbol{f} = [f_x \quad f_y]^{\mathrm{T}}$，$\bar{\boldsymbol{f}} =$

$\left[\bar{f}_x \quad \bar{f}_y\right]^{\mathrm{T}}$。

6.7.2　有限单元法基本思想

最小势能原理指出，在所有满足相容条件的形变中，真实解使得总势能最小，反之，使总势能最小的满足相容条件的形变必为问题的真实解。

瑞次法又指出，如果在满足相容条件的某类形变函数族中，选取一族形变，使得总势能取相对最小值，则该形变便是问题的相对精确解。

据此，可以对整个弹性体构造满足相容条件的含有待定参数的位移场，求出其对应的总势能，利用总势能最小的条件，求出待定系数，得出问题的近似解，6.6 节求解的例题就是采用的这个方法。

也可以将弹性体划分成有限个区域，对每个区域构造满足相容条件的含待定参数的位移场，然后将各个区域连接起来，得到整个弹性体的位移场，连接时要注意整体位移场的相容条件。再求出其对应的总势能，利用总势能最小的条件，求出待定系数，得到问题的近似解。这种思想产生了现今广泛应用的有限单元法。

6.7.3　有限单元法分析步骤

（1）将原结构离散为若干有限单元。

（2）构造单元位移模式，假定位移函数，以单元结点位移为待定参数，所求结点位移使得在一定位移模式下总势能最小。

（3）导出单元总势能表达式。

（4）求出整个结构的总势能，即将单元总势能叠加。

（5）根据最小势能原理，通过变分求出待定参数，即结点位移。

6.7.4　有限单元法公式推导

1. 划分单元

将结构划分为有限个区域，即单元，以下三结点三角形单元为例。

2. 构造单元位移模式，以单元结点位移为待定参数

$$\left.\begin{aligned} u &= N_i u_i + N_j u_j + N_m u_m \\ v &= N_i v_i + N_j v_j + N_m v_m \\ \boldsymbol{u} &= \boldsymbol{N}\boldsymbol{a}^{\mathrm{e}} \end{aligned}\right\} \tag{6.77}$$

式中，u_i、v_i、u_j、v_j、u_m、v_m 为 3 个结点的结点位移，形函数矩阵 $\boldsymbol{N}$ 在前面已经给出，不再重复。单元位移要满足相容状态，要求位移是坐标的单值连续函数，并且在单元边界上连续，满足单元的位移边界条件。

3. 导出单元总势能表达式

根据单元位移模式，得到单元应变和单元应力，代入式（6.76），得到单元的总势能，为

$$\begin{aligned} \Pi^{\mathrm{e}} &= \frac{1}{2}\iint_{\Omega^{\mathrm{e}}} \boldsymbol{\varepsilon}^{\mathrm{T}}\boldsymbol{\sigma} t\,\mathrm{d}x\mathrm{d}y - \iint_{\Omega^{\mathrm{e}}} \boldsymbol{u}^{\mathrm{T}}\boldsymbol{f} t\,\mathrm{d}x\mathrm{d}y - \int_{S} \boldsymbol{u}^{\mathrm{T}}\bar{\boldsymbol{f}} t\,\mathrm{d}s \\ &= \frac{1}{2}\iint_{\Omega^{\mathrm{e}}} \boldsymbol{\varepsilon}^{\mathrm{T}}\boldsymbol{D}\boldsymbol{\varepsilon} t\,\mathrm{d}x\mathrm{d}y - \iint_{\Omega^{\mathrm{e}}} \boldsymbol{u}^{\mathrm{T}}\boldsymbol{f} t\,\mathrm{d}x\mathrm{d}y - \int_{S} \boldsymbol{u}^{\mathrm{T}}\bar{\boldsymbol{f}} t\,\mathrm{d}s \end{aligned}$$

$$= \frac{1}{2}(\boldsymbol{a}^{e})^{\mathrm{T}}\iint_{\Omega^{e}} \boldsymbol{B}^{\mathrm{T}}\boldsymbol{D}\boldsymbol{B}t\,\mathrm{d}x\mathrm{d}y\,\boldsymbol{a}^{e} - (\boldsymbol{a}^{e})^{\mathrm{T}}\iint_{\Omega^{e}} \boldsymbol{N}^{\mathrm{T}}\boldsymbol{f}t\,\mathrm{d}x\mathrm{d}y - (\boldsymbol{a}^{e})^{\mathrm{T}}\int_{S} \boldsymbol{N}^{\mathrm{T}}\bar{\boldsymbol{f}}t\,\mathrm{d}s \tag{6.78}$$

记 $\boldsymbol{k} = \iint_{\Omega^{e}} \boldsymbol{B}^{\mathrm{T}}\boldsymbol{D}\boldsymbol{B}t\,\mathrm{d}x\mathrm{d}y$，称为单元刚度矩阵，则有

$$\Pi^{e} = \frac{1}{2}(\boldsymbol{a}^{e})^{\mathrm{T}}\boldsymbol{k}\,\boldsymbol{a}^{e} - (\boldsymbol{a}^{e})^{\mathrm{T}}\iint_{\Omega^{e}} \boldsymbol{N}^{\mathrm{T}}\boldsymbol{f}t\,\mathrm{d}x\mathrm{d}y - (\boldsymbol{a}^{e})^{\mathrm{T}}\int_{S} \boldsymbol{N}^{\mathrm{T}}\bar{\boldsymbol{f}}t\,\mathrm{d}s \tag{6.79}$$

式中，$-(\boldsymbol{a}^{e})^{\mathrm{T}}\iint_{\Omega^{e}} \boldsymbol{N}^{\mathrm{T}}\boldsymbol{f}t\,\mathrm{d}x\mathrm{d}y$ 是分布体力的势能，设单元结点上有一组集中荷载 $\boldsymbol{R}_{f}^{e}$，它的势能为 $-(\boldsymbol{a}^{e})^{\mathrm{T}}\boldsymbol{R}_{f}^{e}$，在不改变体力势能的情况下，有

$$-(\boldsymbol{a}^{e})^{\mathrm{T}}\boldsymbol{R}_{f}^{e} = -(\boldsymbol{a}^{e})^{\mathrm{T}}\iint_{\Omega^{e}} \boldsymbol{N}^{\mathrm{T}}\boldsymbol{f}t\,\mathrm{d}x\mathrm{d}y \tag{6.80}$$

可用 $\boldsymbol{R}_{f}^{e}$ 来代替原分布体力，为

$$\boldsymbol{R}_{f}^{e} = \iint_{\Omega^{e}} \boldsymbol{N}^{\mathrm{T}}\boldsymbol{f}t\,\mathrm{d}x\mathrm{d}y \tag{6.81}$$

式（6.81）即为确定体力等效结点荷载的公式。同理，可得分布面力的等效结点荷载公式，为

$$\boldsymbol{R}_{\bar{f}}^{e} = \iint_{\Omega^{e}} \boldsymbol{N}^{\mathrm{T}}\bar{\boldsymbol{f}}t\,\mathrm{d}x\mathrm{d}y \tag{6.82}$$

可见，前面推导的等效结点荷载的计算公式，其本质是外力势能的等值条件。

于是，单元总势能可写为

$$\Pi^{e} = \frac{1}{2}(\boldsymbol{a}^{e})^{\mathrm{T}}\boldsymbol{k}(\boldsymbol{a}^{e}) - (\boldsymbol{a}^{e})^{\mathrm{T}}(\boldsymbol{R}_{f}^{e} + \boldsymbol{R}_{\bar{f}}^{e}) \tag{6.83}$$

4. 求整个结构的总势能

记 $\boldsymbol{a} = [u_1 \quad v_1 \quad \cdots \quad u_n \quad v_n]^{\mathrm{T}}$，它是结构结点位移向量，设单元的 3 个结点在整体结点编码中为 p、q、r，则可以将单元刚度矩阵扩展成 $2n$ 阶矩阵，记为 $\boldsymbol{k}^{e}$，为

$$\boldsymbol{k}^{e} = \begin{bmatrix} \boldsymbol{A} & \boldsymbol{A} & \boldsymbol{A} & \boldsymbol{A} & \boldsymbol{A} & \boldsymbol{A} & \boldsymbol{A} & \boldsymbol{A} & \boldsymbol{A} \\ \boldsymbol{A} & \boldsymbol{A} & \boldsymbol{A} & \boldsymbol{A} & \boldsymbol{A} & \boldsymbol{A} & \boldsymbol{A} & \boldsymbol{A} & \boldsymbol{A} \\ \boldsymbol{A} & \boldsymbol{A} & \boldsymbol{k}_{pp} & \boldsymbol{A} & \boldsymbol{k}_{pq} & \boldsymbol{A} & \boldsymbol{k}_{pr} & \boldsymbol{A} & \boldsymbol{A} \\ \boldsymbol{A} & \boldsymbol{A} & \boldsymbol{A} & \boldsymbol{A} & \boldsymbol{A} & \boldsymbol{A} & \boldsymbol{A} & \boldsymbol{A} & \boldsymbol{A} \\ \boldsymbol{A} & \boldsymbol{A} & \boldsymbol{k}_{qp} & \boldsymbol{A} & \boldsymbol{k}_{qq} & \boldsymbol{A} & \boldsymbol{k}_{qr} & \boldsymbol{A} & \boldsymbol{A} \\ \boldsymbol{A} & \boldsymbol{A} & \boldsymbol{A} & \boldsymbol{A} & \boldsymbol{A} & \boldsymbol{A} & \boldsymbol{A} & \boldsymbol{A} & \boldsymbol{A} \\ \boldsymbol{A} & \boldsymbol{A} & \boldsymbol{k}_{rp} & \boldsymbol{A} & \boldsymbol{k}_{rq} & \boldsymbol{A} & \boldsymbol{k}_{rr} & \boldsymbol{A} & \boldsymbol{A} \\ \boldsymbol{A} & \boldsymbol{A} & \boldsymbol{A} & \boldsymbol{A} & \boldsymbol{A} & \boldsymbol{A} & \boldsymbol{A} & \boldsymbol{A} & \boldsymbol{A} \\ \boldsymbol{A} & \boldsymbol{A} & \boldsymbol{A} & \boldsymbol{A} & \boldsymbol{A} & \boldsymbol{A} & \boldsymbol{A} & \boldsymbol{A} & \boldsymbol{A} \end{bmatrix} \tag{6.84}$$

式中：$\boldsymbol{A}$ 为刚度矩阵中的子矩阵，$\boldsymbol{A}$ 矩阵为二阶零矩阵，$\boldsymbol{A}$ 矩阵的 4 个元素全是 0（请读者思考原因）。

记 $\boldsymbol{R}^{\bar{e}} = \boldsymbol{R}_{f}^{e} + \boldsymbol{R}_{\bar{f}}^{e}$，并将 $\boldsymbol{R}^{\bar{e}}$ 在形式上扩展为

$$\boldsymbol{R}^{\mathrm{e}} = [0 \quad \cdots \quad 0 \quad R_{px} \quad R_{py} \quad 0 \quad \cdots \quad 0 \quad R_{qx} \quad R_{qy} \quad 0 \quad \cdots \quad 0 \quad R_{rx} \quad R_{ry} \quad 0 \quad \cdots \quad 0]^{\mathrm{T}} \tag{6.85}$$

则单元的总势能可写为

$$\Pi^{\mathrm{e}} = \frac{1}{2}\boldsymbol{a}^{\mathrm{T}}\boldsymbol{k}^{\mathrm{e}}\boldsymbol{a} - \boldsymbol{a}^{\mathrm{T}}\boldsymbol{R}^{\mathrm{e}} \tag{6.86}$$

将所有单元的势能相加，可得结构的总势能：

$$\Pi = \sum_{\mathrm{e}}\Pi^{\mathrm{e}} = \frac{1}{2}\sum_{\mathrm{e}}\boldsymbol{a}^{\mathrm{T}}\boldsymbol{k}^{\mathrm{e}}\boldsymbol{a} - \sum_{\mathrm{e}}\boldsymbol{a}^{\mathrm{T}}\boldsymbol{R}^{\mathrm{e}} = \frac{1}{2}\boldsymbol{a}^{\mathrm{T}}\Big(\sum_{\mathrm{e}}\boldsymbol{k}^{\mathrm{e}}\Big)\boldsymbol{a} - \boldsymbol{a}^{\mathrm{T}}\sum_{\mathrm{e}}\boldsymbol{R}^{\mathrm{e}} \tag{6.87}$$

记 $\boldsymbol{K} = \sum_{\mathrm{e}}\boldsymbol{k}^{\mathrm{e}}$，$\boldsymbol{R} = \sum_{\mathrm{e}}\boldsymbol{R}^{\mathrm{e}}$，$\boldsymbol{K}$ 称为结构整体刚度矩阵，$\boldsymbol{R}$ 称为结构整体等效结点荷载。于是，有

$$\Pi = \frac{1}{2}\boldsymbol{a}^{\mathrm{T}}\boldsymbol{K}\boldsymbol{a} - \boldsymbol{a}^{\mathrm{T}}\boldsymbol{R} \tag{6.88}$$

5. 根据最小势能原理求待定参数——结点位移

由最小势能原理，所求的结点位移应满足 $\delta\Pi = 0$，在进行变分计算时，当结点位移位于已知位移的边界上时，或为已知位移时，其变分为 0。因此，需要对式（6.88）进行处理，即引入支承条件，在位移列阵 $\boldsymbol{a}$ 中去掉已知位移，余下的位移按顺序排列，在 $\boldsymbol{R}$ 中去掉已知位移对应的元素，在 $\boldsymbol{K}$ 中去掉与已知位移对应的行和列。经过修改之后，根据 $\delta\Pi=0$，得到

$$\frac{\partial\Pi}{\partial\boldsymbol{a}} = \begin{Bmatrix} \dfrac{\partial\Pi}{\partial u_1} \\ \dfrac{\partial\Pi}{\partial u_2} \\ \vdots \\ \dfrac{\partial\Pi}{\partial u_l} \end{Bmatrix} = 0 \tag{6.89}$$

式中：l 为去除已知位移后的结构自由度数。

注意到 $\dfrac{\partial(\boldsymbol{x}^{\mathrm{T}}\boldsymbol{A}\boldsymbol{x})}{\partial\boldsymbol{x}} = 2\boldsymbol{A}\boldsymbol{x}$，则有

$$\frac{\partial\Pi}{\partial\boldsymbol{a}} = \boldsymbol{K}\boldsymbol{a} - \boldsymbol{R} = 0 \tag{6.90}$$

或者

$$\boldsymbol{K}\boldsymbol{a} = \boldsymbol{R} \tag{6.91}$$

这就是求解未知结点位移的方程组。可见 $\delta\Pi = 0$ 与平衡条件等价，由 $\delta\Pi = 0$ 推导得到的即是前面所述的有限元支配方程。

下面证明总体刚度矩阵 $\boldsymbol{K}$ 是对称正定矩阵。先证明对称性，因为

$$\delta\left(\frac{\partial\Pi}{\partial\boldsymbol{a}}\right) = \begin{bmatrix} \dfrac{\partial}{\partial u_1}\left(\dfrac{\partial\Pi}{\partial u_1}\right) & \dfrac{\partial}{\partial u_2}\left(\dfrac{\partial\Pi}{\partial u_1}\right) & \cdots & \dfrac{\partial}{\partial u_l}\left(\dfrac{\partial\Pi}{\partial u_1}\right) \\ \vdots & \vdots & \ddots & \vdots \\ \dfrac{\partial}{\partial u_1}\left(\dfrac{\partial\Pi}{\partial u_l}\right) & \dfrac{\partial}{\partial u_2}\left(\dfrac{\partial\Pi}{\partial u_l}\right) & \cdots & \dfrac{\partial}{\partial u_l}\left(\dfrac{\partial\Pi}{\partial u_l}\right) \end{bmatrix} \begin{Bmatrix} \delta u_1 \\ \delta u_2 \\ \vdots \\ \delta u_l \end{Bmatrix} = \boldsymbol{K}_A\delta\boldsymbol{a} \tag{6.92}$$

$\boldsymbol{K}_A$ 中的元素为 $K_{Aij}=\dfrac{\partial^2\Pi}{\partial u_i\partial u_j}=\dfrac{\partial^2\Pi}{\partial u_j\partial u_i}=K_{Aji}$，故 $\boldsymbol{K}_A$ 为对称矩阵。

又因为 $\dfrac{\partial\Pi}{\partial\boldsymbol{a}}=\boldsymbol{Ka}-\boldsymbol{R}$，所以有 $\delta\left(\dfrac{\partial\Pi}{\partial\boldsymbol{a}}\right)=\delta(\boldsymbol{Ka}-\boldsymbol{R})=\boldsymbol{K}\delta\boldsymbol{a}$，于是，有 $\boldsymbol{K}=\boldsymbol{K}_A$ 。因此，$\boldsymbol{K}$ 也是对称矩阵。

再证明正定性。由于 $\dfrac{1}{2}\boldsymbol{a}^{\mathrm{T}}\boldsymbol{Ka}$ 是弹性体的形变势能 U，当弹性体发生形变时，总有 $U>0$，即 $\boldsymbol{a}^{\mathrm{T}}\boldsymbol{Ka}>0$，这说明二次型 $\boldsymbol{a}^{\mathrm{T}}\boldsymbol{Ka}$ 是正定二次型。

二次型的定义为

$$f(x_1,x_2,\cdots,x_n)=\sum_{i=1}^{n}\sum_{j=1}^{n}a_{ij}x_ix_j=\boldsymbol{x}^{\mathrm{T}}\boldsymbol{Ax} \tag{6.93}$$

对任意的正定二次型，可以证明其系数矩阵 $\boldsymbol{A}$ 必为正定矩阵。采用反证法证明如下。

设有正定二次型，根据定义，对任意不全为 0 的实数 $a_1,a_2,\cdots,a_n$，恒有

$$f(a_1,a_2,\cdots,a_n)>0 \text{ 或 } [a_1 \quad a_2 \quad \cdots \quad a_n]\ \boldsymbol{A}\begin{Bmatrix}a_1\\a_2\\\vdots\\a_n\end{Bmatrix}>0 \tag{6.94}$$

如果 $\boldsymbol{A}$ 不是正定矩阵，则一定有非奇异矩阵 $\boldsymbol{p}$，采用 $\boldsymbol{p}$ 对 $\boldsymbol{A}$ 进行合同变换或多次初等变换后，得到

$$\boldsymbol{p}^{\mathrm{T}}\boldsymbol{Ap}=\begin{bmatrix}\boldsymbol{I}_p & & \\ & -\boldsymbol{I}_q & \\ & & 0\end{bmatrix}\quad(0\leqslant p<n,\quad q\geqslant 0) \tag{6.95}$$

式（6.95）中，右下角元素为 0 或 -1，设 $\boldsymbol{g}$ 是 $\boldsymbol{p}$ 的第 n 列元素，则由于 $\boldsymbol{p}$ 的非奇异性得到 $\boldsymbol{g}$ 是非零的列，设 $\boldsymbol{g}=[x_1 \quad x_2 \quad \cdots \quad x_n]^{\mathrm{T}}$，则必有 $\boldsymbol{g}^{\mathrm{T}}\boldsymbol{Ag}=0$ 或 $\boldsymbol{g}^{\mathrm{T}}\boldsymbol{Ag}=-1$，这与假定的二次型为正定的前提相矛盾，因此，$\boldsymbol{A}$ 一定是正定矩阵。

于是，总体刚度矩阵 $\boldsymbol{K}$ 一定是正定矩阵。

第 7 章　基于加权残值法的有限元理论

7.1　微分方程的等效积分格式

设某问题的边界条件及控制方向如下：

在弹性体域内：

$$Fu - f = 0 \tag{7.1}$$

在弹性体边界上：

$$Gu - g = 0 \tag{7.2}$$

可以证明

$$\iiint_V w(Fu - f)\mathrm{d}v = 0 \tag{7.3}$$

$$\iint_S \bar{w}(Gu - g)\mathrm{d}s = 0 \tag{7.4}$$

是与式（7.1）和式（7.2）等效的积分形式，其中 w、$\bar{w}$ 为任意函数。

以控制方程为例，由于式（7.1）在弹性体域内每一点都成立，故式（7.3）成立。反之，如果式（7.3）中 $Fu - f = 0$ 在弹性体域内某点或一部分子域上不成立，则可以找到适当的函数使得式（7.3）的积分不等于 0，从而必有式（7.1）成立。

7.2　加权残值法基本概念

对于比较复杂的问题，要得到完全满足控制方程及边界条件或其等效积分形式的解，一般来说是很困难的。因此，寻求满足控制方程及边界条件或其等效积分形式的近似解，显得很有必要。设求解的试函数为

$$\tilde{u} = \sum_{j=1}^{n} c_j N_j \tag{7.5}$$

式中：c_j 为待定参数；N_j 为线性独立的已知函数。

将式（7.5）代入式（7.1）和式（7.2），一般不会满足方程，即

在弹性体域内：

$$R = F\tilde{u} - f \neq 0 \tag{7.6}$$

在弹性体边界上：

$$\bar{R} = G\tilde{u} - g \neq 0 \tag{7.7}$$

式中：R 为内部残值；$\bar{R}$ 为边界残值。

从理论上讲，理想的试函数能使得残值在整个求解域及边界上处处为 0，但一般难以

做到。因此，只能对残值的大小进行限制，根据限制条件确定试函数的待定参数，从而得到问题的近似解。

为了消除残值，可以选择几个规定的函数作为任意函数 w 和 $\bar{w}$，得到近似积分形式，为

$$\iiint_V wR\,\mathrm{d}v = 0 \tag{7.8}$$

$$\iint_S \bar{w}\bar{R}\,\mathrm{d}s = 0 \tag{7.9}$$

式中：w、$\bar{w}$ 为权函数。

式（7.8）和式（7.9）称为消残方程式。

在应用加权残值法时，涉及如何选择试函数和如何选择权函数的问题，随选择的差异，加权残值法可按照试函数选择的不同进行分类，或者按照权函数选择的不同进行分类，其中按试函数选择的不同而进行的分类方法主要有以下几类。

（1）内部法：试函数满足边界条件式，不满足控制方程。这样的试函数称为边界型试函数。

（2）边界法：试函数满足控制方程，不满足边界条件式。这样的试函数称为内部型试函数。

（3）混合法：试函数既不满足控制方程，也不满足边界条件式。这样的试函数称为混合型试函数。

7.3 加权残值法基本解法

加权残值法按照权函数选择的不同进行分类，主要有以下 5 种方法。

7.3.1 配点法

权函数取为笛拉克函数 δ。

对一维问题，有

$$w_j = \delta(x - x_j) \tag{7.10}$$

对二维问题，有

$$w_j = \delta(x - x_j)\delta(y - y_j) \tag{7.11}$$

一维 δ 函数的主要性质为

$$\delta(x - x_j) = \begin{cases} \infty & (x = x_j) \\ 0 & (x \neq x_j) \end{cases}, \quad \int_{-\infty}^{+\infty} \delta(x - x_j)\,\mathrm{d}x = 1 \tag{7.12}$$

$$\int_a^b f(x)\delta(x - x_j)\,\mathrm{d}x = \begin{cases} f(x_j) & (a \leqslant x_j \leqslant b) \\ 0 & (x_j > b \text{ 或 } x_j < a) \end{cases} \tag{7.13}$$

二维 δ 函数的主要性质为

$$\left.\begin{aligned}&\delta(x-x_j)\delta(y-y_j)=\begin{cases}\infty & (x=x_j\ \text{及}\ y=y_j)\\ 0 & (x\neq x_j\ \text{或}\ y\neq y_j)\end{cases}\\ &\int_{-\infty}^{+\infty}\int_{-\infty}^{+\infty}\delta(x-x_j)\delta(y-y_j)\mathrm{d}x\mathrm{d}y=1\end{aligned}\right\}\tag{7.14}$$

$$\int_a^b\int_c^d f(x,y)\delta(x-x_j)\delta(y-y_j)\mathrm{d}x\mathrm{d}y=\begin{cases}f(x_j,y_j) & (x_j,y_j\ \text{在积分域内})\\ 0 & (x_j,y_j\ \text{不在积分域内})\end{cases}\tag{7.15}$$

于是，一维问题的配点法为

$$\int R(x)\delta(x-x_j)\mathrm{d}x=R(x_j)=0\quad(j=1,2,\cdots,n)\tag{7.16}$$

二维问题的配点法为

$$\iint R(x,y)\delta(x-x_j)\delta(y-y_j)\mathrm{d}x\mathrm{d}y=R(x_j,y_j)=0\quad(j=1,2,\cdots,n)\tag{7.17}$$

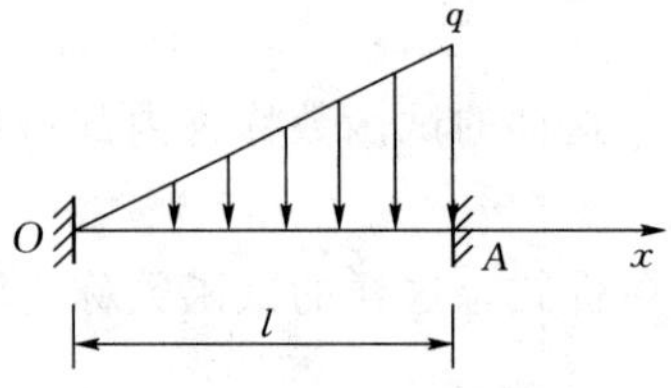

图 7.1　两端固定的梁

可见，配点法的实质是要求残值在指定点处为零，配点的数目和点的坐标应根据问题的特点及计算精度确定。

例 7.1　如图 7.1 所示，两端固定的梁 OA 受水压力作用，试用配点法求解其挠度。

解：梁挠度的试函数取为 $\tilde{w}=x^2(l-x)^2(C_1+C_2x)$，所取的试函数满足梁端边界条件，为

$$\tilde{w}\big|_{x=0,l}=0,\quad \left.\frac{\partial\tilde{w}}{\partial x}\right|_{x=0,l}=0$$

因此，它是边界型试函数，内部残值为

$$R=EI\frac{\mathrm{d}^4\tilde{w}}{\mathrm{d}x^4}-\frac{x}{l}q=EI[24(C_1-2C_2l)+120C_2x]-\frac{x}{l}q$$

这里有两个待定参数，因此取两个配点，$x_1=\frac{1}{2}l$，$x_2=\frac{2}{3}l$，于是，得到消残方程式，为

$$\left.\begin{aligned}R(x_1)&=12EI(2C_1+C_2l)-\frac{1}{2}q=0\\ R(x_2)&=24EI(C_1+\frac{4}{3}C_2l)-\frac{2}{3}q=0\end{aligned}\right\}$$

解方程组得到 $C_1=\frac{1}{60EI}q$，$C_2=\frac{1}{120lEI}q$，于是，得到挠度的近似解，为

$$\tilde{w}=\frac{q}{60EI}x^2(l-x)^2(1+\frac{x}{2l})$$

可得梁中点的挠度为

$$\tilde{w}\Big|_{x=\frac{l}{2}}=\frac{ql^4}{768EI}$$

上面的梁中点挠度的计算结果为精确值。

例 7.2 如图 7.2 所示为四边固定支承的矩形板，边长 $AB=a$，$AC=b$，坐标系原点位于板中心点，试采用配点法求解该板受均布荷载 q 作用时的挠度。

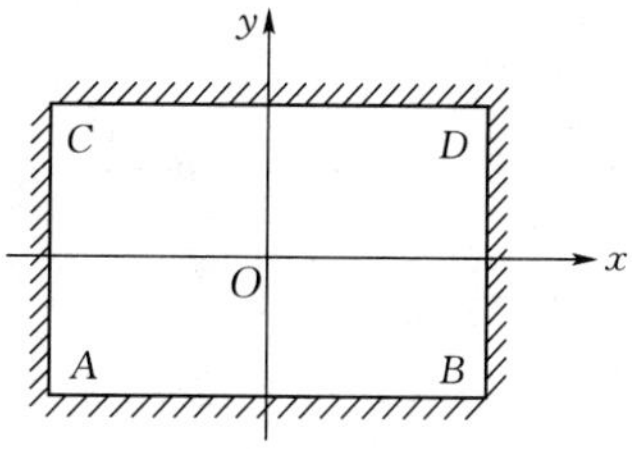

图 7.2 四边固定支承的矩形板

解：取挠度的试函数为

$$\begin{aligned}\widetilde{w} &= C_1\left(x^2-\frac{a^2}{4}\right)^2\left(y^2-\frac{b^2}{4}\right)^2 \\ &+ C_2\left(x^2-\frac{a^2}{4}\right)^2\left(y^2-\frac{b^2}{4}\right)(x^2+y^2)\end{aligned}$$

所取的试函数已经满足边界条件，为

$$\widetilde{w}\big|_{x=\pm\frac{a}{2}}=0,\quad \left.\frac{\partial\widetilde{w}}{\partial x}\right|_{x=\pm\frac{a}{2}}=0,\quad \widetilde{w}\big|_{y=\pm\frac{b}{2}}=0,\quad \left.\frac{\partial\widetilde{w}}{\partial y}\right|_{y=\pm\frac{b}{2}}=0$$

考虑板为正方形，$a=b$，取配点为 (0,0) 及 $\left(\frac{a}{2},\frac{a}{2}\right)$，则消残方程式为

$$\left.\begin{aligned}R(0,0)&=D\,\nabla^4\widetilde{w}(0,0)-q=0\\ R\left(\frac{a}{2},\frac{a}{2}\right)&=D\,\nabla^4\widetilde{w}\left(\frac{a}{2},\frac{a}{2}\right)-q=0\end{aligned}\right\}$$

其中，∇^2 是拉普拉斯算子，$\nabla^2 f=\frac{\partial^2 f}{\partial x^2}+\frac{\partial^2 f}{\partial y^2}$，$\nabla^4 f=\left(\frac{\partial^2 f}{\partial x^2}+\frac{\partial^2 f}{\partial y^2}\right)\left(\frac{\partial^2 f}{\partial x^2}+\frac{\partial^2 f}{\partial y^2}\right)=\left(\frac{\partial^2 f}{\partial x^2}\right)^2+2\frac{\partial^2 f}{\partial x^2}\frac{\partial^2 f}{\partial y^2}+\left(\frac{\partial^2 f}{\partial y^2}\right)^2$，见式（6.52）。

代入试函数后，计算得到

$$\left.\begin{aligned}80C_1-112a^2C_2&=\frac{q}{Da^4}\\ 29C_1+62.5a^2C_2&=\frac{q}{Da^4}\end{aligned}\right\}$$

可解得 C_1、C_2，从而求得板挠度的近似解为

$$\widetilde{w}_{\max}=0.001322\frac{qa^4}{D}\qquad \left(\text{经典解为 } \widetilde{w}_{\max}=0.00126\frac{qa^4}{D}\right)$$

7.3.2 最小二乘法

在求解域内残值 R 的平方的和为 $I(C_j)=\iiint\limits_V R^2\mathrm{d}v$，令其最小，则可应用极值条件 $\frac{\partial I}{\partial C_j}=0$，于是，可得

$$\iiint\limits_V R\frac{\partial R}{\partial C_j}\mathrm{d}v=0\qquad(j=1,2,\cdots,n)\tag{7.18}$$

令 $w_j=\frac{\partial R}{\partial C_j}$，则式（7.18）便是消残方程式。

若问题为二维问题时，消残方程式为

$$\iint\limits_A R(x,y)\frac{\partial R}{\partial C_{jk}}\mathrm{d}x\mathrm{d}y=0\qquad(j,k=1,2,\cdots,n)\tag{7.19}$$

可见，最小二乘法的实质是要求残差平方和最小。

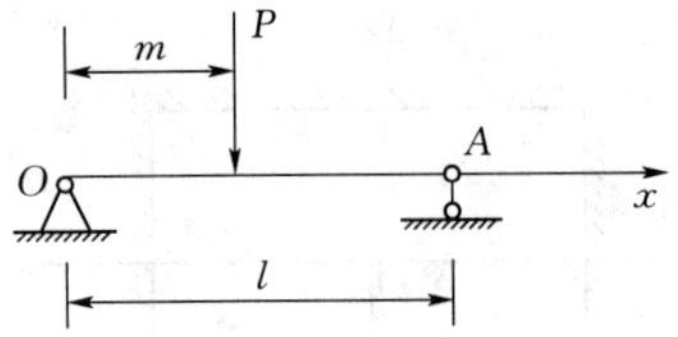

图 7.3　简支梁

例 7.3　如图 7.3 所示，试采用最小二乘法求解集中力作用下的简支梁的挠度。

解：取挠度的试函数为 $\widetilde{w} = C\sin\frac{\pi x}{l}$，所取的试函数满足梁端边界条件，为

$$\widetilde{w}\Big|_{x=0,l} = 0,\quad \frac{\mathrm{d}^2\widetilde{w}}{\mathrm{d}x^2}\Big|_{x=0,l} = 0$$

残值方程式为

$$R = EI\frac{\mathrm{d}^4\widetilde{w}}{\mathrm{d}x^4} - P\delta(x-m) = EIC\left(\frac{\pi}{l}\right)^4\sin\frac{\pi x}{l} - P\delta(x-m)$$

权函数为

$$\frac{\partial R}{\partial C} = EI\left(\frac{\pi}{l}\right)^4\sin\frac{\pi x}{l}$$

消残方程式为

$$\int_0^l R\frac{\partial R}{\partial C}\mathrm{d}x = EI\left(\frac{\pi}{l}\right)^4\left[EIC\left(\frac{\pi}{l}\right)^4\int_0^l \sin^2\frac{\pi x}{l}\mathrm{d}x - \int_0^l \sin\frac{\pi x}{l}P\delta(x-m)\mathrm{d}x\right] = 0$$

计算得到 $C = \frac{2Pl^3}{\pi^4 EI}\sin\frac{\pi m}{l}$，于是得到梁挠度的近似解：

$$\widetilde{w} = C\sin\frac{\pi x}{l} = \frac{2Pl^3}{\pi^4 EI}\sin\frac{\pi m}{l}\sin\frac{\pi x}{l}$$

当 P 作用在梁跨中时，梁中点的挠度为

$$\widetilde{w}\big|_{x=\frac{l}{2}} = 0.02053\frac{Pl^3}{EI}\qquad \left(\text{经典解为 } \widetilde{w}\big|_{x=\frac{l}{2}} = 0.02083\frac{Pl^3}{EI}\right)$$

例 7.4　如图 7.4 所示，试用最小二乘法求解四边简支板受集中力 P 作用时的挠度，已知 P 作用点坐标为 (ξ,η)。

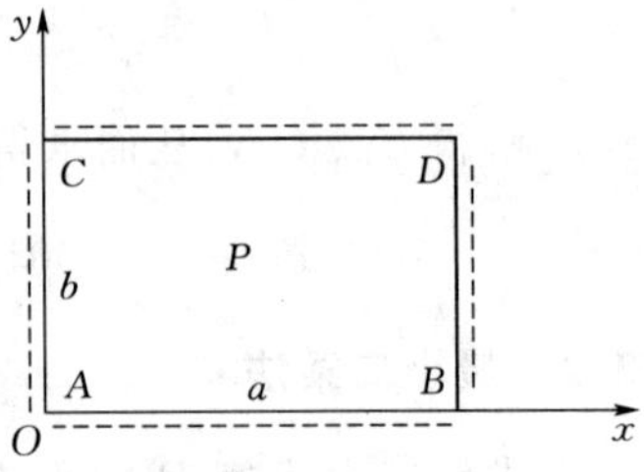

图 7.4　四边简支板

解：取挠度的试函数为 $\widetilde{w} = C\sin\alpha x\sin\beta y$，其中，$\alpha = \frac{\pi}{a}$，$\beta = \frac{\pi}{b}$，所取的试函数满足边界条件，为

$$\widetilde{w}\Big|_{\substack{x=0,a\\ y=1,b}} = 0,\quad \frac{\partial^2\widetilde{w}}{\partial x^2}\Big|_{x=0,a} = 0,\quad \frac{\partial^2\widetilde{w}}{\partial y^2}\Big|_{y=0,b} = 0$$

消残方程式为

$$R = D\nabla^4\widetilde{w} - P\delta(x-\xi)\delta(y-\eta) = DC(\alpha^2+\beta^2)\sin\alpha x\sin\beta y - P\delta(x-\xi)\delta(y-\eta)$$

权函数为

$$\frac{\partial R}{\partial C} = D(\alpha^2+\beta^2)\sin\alpha x\sin\beta y$$

消残方程式为

$$\int_0^a\int_0^b R\frac{\partial R}{\partial C}\mathrm{d}x\mathrm{d}y = 0$$

将 R 、$\frac{\partial R}{\partial C}$ 代入上式，解得

$$C = 4Pa^3b^3\frac{\sin\frac{\pi\xi}{a}\sin\frac{\pi\eta}{b}}{\pi^4 D(a^2+b^2)^2}$$

于是，可得到问题的近似解。当 P 作用于板中心点时，板中心点的挠度为

$$\tilde{w}\Big|_{(\frac{a}{2},\frac{b}{2})} = 0.01027\frac{Pa^2}{D} \qquad \left(\text{经典解为 } \tilde{w}\Big|_{(\frac{a}{2},\frac{b}{2})} = 0.0116\frac{Pa^2}{D}\right)$$

7.3.3 子域法

将求解域 V 分为 n 个子域 V_j ($j=1,2,\cdots,n$)，取权函数为

$$w_j = \begin{cases} 1 & (\text{在 } V_j \text{ 域内}) \\ 0 & (\text{不在 } V_j \text{ 域内}) \end{cases} \tag{7.20}$$

则有消残方程式

$$\int_V R\mathrm{d}V_j = 0 \qquad (j=1,2,\cdots,n) \tag{7.21}$$

可见，子域法的实质是强迫残值在 n 个子域 V_j 的积分为零。

例 7.5 已知边界条件为 $u\Big|_{x=0,1}=0$，试求解二阶常微分方程 $\frac{\mathrm{d}^2u}{\mathrm{d}x^2}+u+x=0$ ($0\leqslant x\leqslant 1$)。

解：(1) 方法一，取试函数为 $\tilde{u}=x(1-x)a_1$，该试函数满足边界条件。子域取全域，即 $w_1=1$ ($0\leqslant x\leqslant 1$)，由式 (7.20) 得到

$$\int_0^1 R\mathrm{d}x = \int_0^1[-2a_1+a_1x(1-x)+x]\mathrm{d}x = \frac{1}{2}-\frac{11}{6}a_1 = 0$$

解得：$a_1=\frac{3}{11}$。于是得到一项近似解：$\tilde{u}=\frac{3}{11}x(1-x)$。

(2) 方法二，取试函数为 $\tilde{u}=x(1-x)(a_1+a_2x)$，该试函数满足边界条件。子域取两个，分别是 $V_1: 0\leqslant x\leqslant\frac{1}{2}$ 和 $V_2: \frac{1}{2}<x\leqslant 1$。由式 (7.20) 得到

$$\begin{aligned}\int_0^{\frac{1}{2}} R\mathrm{d}x &= \int_0^{\frac{1}{2}}[x+a_1(-2+x-x^2)+a_2(2-6x+x^2-x^3)]\mathrm{d}x \\ &= \frac{1}{8}-\frac{11}{12}a_1+\frac{53}{192}a_2 = 0\end{aligned}$$

$$\int_{\frac{1}{2}}^1 R\mathrm{d}x = \frac{3}{8}-\frac{11}{12}a_1-\frac{229}{192}a_2 = 0$$

联立求解上面两个方程，得到 $a_1=0.1876$，$a_2=0.1702$。于是，求得两项近似解：$\tilde{u}=x(1-x)(0.1876+0.1702x)$。

如果试函数取为 $\tilde{u}=x(1-x)(a_1+a_2x+a_3x^2+\cdots)$，可求得更高项的近似解，读者可以自行推导计算结果。

7.3.4 力矩法

在一维问题中，力矩法的权函数取为

$$w_j = 1, x, x^2, x^3 \cdots \text{或} \ w_j = x^k \quad (k = 0,1,2,\cdots,n-1) \tag{7.22}$$

从而消残方程式为

$$\int_V R x^k \mathrm{d}v = 0 \quad (k = 0,1,2,\cdots,n-1) \tag{7.23}$$

在二维问题中，力矩法的消残方程式为

$$\iint_V R x^p y^q \mathrm{d}v = 0 \quad (p,q = 0,1,2,\cdots,n-1) \tag{7.24}$$

可见，力矩法的实质是使得残值的各次矩为 0。

7.3.5 伽辽金法

设试函数选为 $\widetilde{u} = \sum_{j=1}^{n} C_j N_j$ ，则伽辽金法的权函数恰为试函数的基函数，即 $w_j = N_j$，于是，消残方程式为

$$\int_V R N_j \mathrm{d}v = 0 \quad (j = 1,2,\cdots,n) \tag{7.25}$$

例 7.6 试采用伽辽金法求解例 7.5 的微分方程，即 $\frac{\mathrm{d}^2 u}{\mathrm{d}x^2} + u + x = 0\,(0 \leqslant x \leqslant 1)$，已知边界条件 $u|_{x=0,1} = 0$ 。

解：设试函数为

$$\widetilde{u} = N_1 a_1 + N_2 a_2 = a_1 x(1-x) + a_2 x^2(1-x)$$

则权函数为

$$w_1 = N_1 = x(1-x)\,, \qquad w_2 = N_2 = x^2(1-x)$$

代入式 (7.25)，得到

$$\int_0^1 x(1-x)[x + a_1(-2 + x - x^2) + a_2(2 - 6x + x^2 - x^3)]\mathrm{d}x = 0$$

以及

$$\int_0^1 x^2(1-x)[x + a_1(-2 + x - x^2) + a_2(2 - 6x + x^2 - x^3)]\mathrm{d}x = 0$$

联立上面两个方程，可解得

$$a_1 = 0.1924\,, \qquad a_2 = 0.1707$$

近似解为

$$\widetilde{u} = x(1-x)(0.1924 + 0.1707x)$$

伽辽金法的计算结果精度较高，与其他几种方法相比，一般来说，伽辽金法的计算精度是最高的。

7.4 最小二乘配点法

7.3 节介绍的 5 种加权残值法可以联合使用，形成最小二乘配点法、伽辽金配点法、

最小二乘子域法等。本节介绍最小二乘配点法。

对二维问题，取试函数为

$$\widetilde{u} = \widetilde{u}(C_1, C_2, \cdots, C_n; x, y) = C_1 N_1(x, y) + C_2 N_2(x, y) + \cdots C_n N_n(x, y) \quad (7.26)$$

记 $\boldsymbol{C} = [C_1 \quad C_2 \quad \cdots \quad C_n]^{\mathrm{T}}$，$\boldsymbol{N} = [N_1 \quad N_2 \quad \cdots \quad N_n]$，则有

$$\widetilde{u} = \boldsymbol{NC} \quad (7.27)$$

将式（7.27）代入控制方程及边界条件，得到残值，为

$$R = F\widetilde{u} - f \quad (7.28)$$

$$\bar{R} = G\widetilde{u} - g \quad (7.29)$$

在求解问题的内部域 V 及边界 S 上选择 m 个配点，$m \geqslant n$，则可由式（7.28）和式（7.29）求得在这些配点上的残值，然后得到这些配点的残值平方和，为

$$I(C_1, C_2, \cdots, C_n; x, y) = \sum_{i=1}^{k} R_i^{\ 2}(C_1, C_2, \cdots, C_n; x, y) + \sum_{i=k+1}^{m} \bar{R}_i^{\ 2}(C_1, C_2, \cdots, C_n; x, y) \quad (7.30)$$

由于

$$\left.\begin{aligned} R_1 &= F\widetilde{u}(C_1, C_2, \cdots, C_n; x_1, y_1) - f_1 = [F\boldsymbol{N}]_1 \boldsymbol{C} - f_1 \\ &\vdots \\ R_k &= F\widetilde{u}(C_1, C_2, \cdots, C_n; x_k, y_k) - f_k = [F\boldsymbol{N}]_k \boldsymbol{C} - f_k \\ &\vdots \\ \bar{R}_{k+1} &= G\widetilde{u}(C_1, C_2, \cdots, C_n; x_{k+1}, y_{k+1}) - f_{k+1} = [G\boldsymbol{N}]_{k+1} \boldsymbol{C} - g_{k+1} \\ &\vdots \\ \bar{R}_m &= G\widetilde{u}(C_1, C_2, \cdots, C_n; x_m, y_m) - f_m = [G\boldsymbol{N}]_m \boldsymbol{C} - g_m \end{aligned}\right\} \quad (7.31)$$

记

$$\boldsymbol{R} = \begin{Bmatrix} R_1 \\ \vdots \\ R_k \\ \bar{R}_{k+1} \\ \vdots \\ \bar{R}_m \end{Bmatrix}, \quad \boldsymbol{A} = \begin{Bmatrix} [FN]_1 \\ \vdots \\ [FN]_k \\ [GN]_{k+1} \\ \vdots \\ [GN]_m \end{Bmatrix}, \quad \boldsymbol{b} = \begin{Bmatrix} f_1 \\ \vdots \\ f_k \\ g_{k+1} \\ \vdots \\ g_m \end{Bmatrix} \quad (7.32)$$

则有

$$\boldsymbol{R} = \boldsymbol{AC} - \boldsymbol{b} \quad (7.33)$$

于是，式（7.30）变为

$$\boldsymbol{I} = \boldsymbol{R}^{\mathrm{T}}\boldsymbol{R} = (\boldsymbol{C}^{\mathrm{T}}\boldsymbol{A}^{\mathrm{T}} - \boldsymbol{b}^{\mathrm{T}})(\boldsymbol{AC} - \boldsymbol{b}) = \boldsymbol{C}^{\mathrm{T}}\boldsymbol{A}^{\mathrm{T}}\boldsymbol{AC} - \boldsymbol{b}^{\mathrm{T}}\boldsymbol{AC} - \boldsymbol{C}^{\mathrm{T}}\boldsymbol{A}^{\mathrm{T}}\boldsymbol{b} + \boldsymbol{b}^{\mathrm{T}}\boldsymbol{b} \quad (7.34)$$

由残值平方和最小的条件，有 $\dfrac{\partial \boldsymbol{I}}{\partial \boldsymbol{C}} = 0$，因此，可得

$$\boldsymbol{A}^{\mathrm{T}}\boldsymbol{AC} = \boldsymbol{A}^{\mathrm{T}}\boldsymbol{b} \quad (7.35)$$

于是，有

$$\boldsymbol{AC} = \boldsymbol{b} \tag{7.36}$$

注意，求解中用到了 $\frac{\partial}{\partial \boldsymbol{x}}(\boldsymbol{x}^{\mathrm{T}}\boldsymbol{A}\boldsymbol{x}) = 2\boldsymbol{A}\boldsymbol{x}$ 及 $\boldsymbol{b}^{\mathrm{T}}\boldsymbol{AC} = \boldsymbol{C}^{\mathrm{T}}\boldsymbol{A}^{\mathrm{T}}\boldsymbol{b}$ 。解式（7.36）的代数方程组，可得试函数的待定参数 $\boldsymbol{C}$，从而得到问题的近似解。

7.5　由加权残值法推导单元刚度矩阵

采用加权残值法可以推导有限单元法单元刚度矩阵，并形成计算格式。本节以二力杆单元为例，如图 7.5 所示，采用加权残值法推导其单元刚度矩阵。

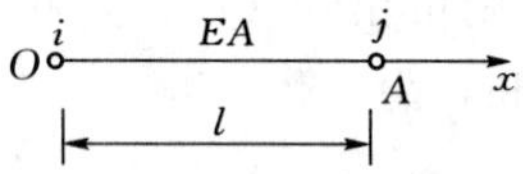

图 7.5　二力杆单元
E—杆的弹性模量；A—杆的截面积；EA—杆的抗拉压刚度

对于图 7.5 所示的二力杆单元，可取任一微段 $\mathrm{d}x$ ，则其平衡条件式为 $A\frac{\mathrm{d}\sigma}{\mathrm{d}x} = 0$ ，将 $\sigma = E\varepsilon$ ，$\varepsilon = \frac{\mathrm{d}u}{\mathrm{d}x}$ 代入，得到

$$EA\frac{\mathrm{d}^2 u}{\mathrm{d}x^2} = 0 \tag{7.37}$$

式（7.37）为杆件静力平衡微分方程式，其中 u 为杆件 x 方向位移。

设位移试函数为

$$\tilde{u} = N_i(x)u_i + N_j(x)u_j \tag{7.38}$$

其中，$N_i(x) = 1 - \frac{x}{l}$ ，$N_j(x) = \frac{x}{l}$ ，u_i 、u_j 是 i 、j 结点在 x 方向的位移。

采用伽辽金法，则消残方程式为

$$\left.\begin{aligned} &\int_0^l N_i(x)EA\frac{\mathrm{d}^2\tilde{u}}{\mathrm{d}x^2}\mathrm{d}x = 0 \\ &\int_0^l N_j(x)EA\frac{\mathrm{d}^2\tilde{u}}{\mathrm{d}x^2}\mathrm{d}x = 0 \end{aligned}\right\} \tag{7.39}$$

由分部积分方法，有

$$\begin{aligned} \int_0^l N_i(x)EA\frac{\mathrm{d}^2\tilde{u}}{\mathrm{d}x^2}\mathrm{d}x &= EA\left\{\int_0^l \frac{d}{\mathrm{d}x}\left[N_i(x)\frac{\mathrm{d}\tilde{u}}{\mathrm{d}x}\right]\mathrm{d}x - \int_0^l \frac{\mathrm{d}\tilde{u}}{\mathrm{d}x}\frac{\mathrm{d}N_i}{\mathrm{d}x}\mathrm{d}x\right\} \\ &= \left[EAN_i(x)\frac{\mathrm{d}\tilde{u}}{\mathrm{d}x}\right]_0^l - EA\int_0^l \frac{\mathrm{d}\tilde{u}}{\mathrm{d}x}\frac{\mathrm{d}N_i}{\mathrm{d}x}\mathrm{d}x \\ &= \left[EA\left(1-\frac{x}{l}\right)\frac{\mathrm{d}\tilde{u}}{\mathrm{d}x}\right]_0^l - EA\int_0^l\left(-\frac{1}{l}\right)\left[\frac{\partial N_i}{\partial x} \quad \frac{\partial N_j}{\partial x}\right]\begin{Bmatrix} u_i \\ u_j \end{Bmatrix}\mathrm{d}x \\ &= -\left[EA\frac{\mathrm{d}\tilde{u}}{\mathrm{d}x}\right]_{x=0} - EA\int_0^l\left(-\frac{1}{l}\right)\left[-\frac{1}{l} \quad \frac{1}{l}\right]\begin{Bmatrix} u_i \\ u_j \end{Bmatrix}\mathrm{d}x \\ &= F_i - \frac{EA}{l}[1 \quad -1]\begin{Bmatrix} u_i \\ u_j \end{Bmatrix} = 0 \end{aligned} \tag{7.40}$$

得到

$$F_i = \frac{EA}{l}[1 \quad -1]\begin{Bmatrix} u_i \\ u_j \end{Bmatrix} \tag{7.41}$$

同理，可以得到

$$\int_0^l N_j(x)EA\frac{\mathrm{d}^2\widetilde{u}}{\mathrm{d}x^2}\mathrm{d}x = F_j - \frac{EA}{l}[-1 \quad 1]\begin{Bmatrix} u_i \\ u_j \end{Bmatrix} = 0 \tag{7.42}$$

合并可以写为

$$\begin{Bmatrix} F_i \\ F_j \end{Bmatrix} = \frac{EA}{l}\begin{bmatrix} 1 & -1 \\ -1 & 1 \end{bmatrix}\begin{Bmatrix} u_i \\ u_j \end{Bmatrix} \tag{7.43}$$

或

$$\boldsymbol{F}^{\mathrm{e}} = \boldsymbol{k}\boldsymbol{a}^{\mathrm{e}} \tag{7.44}$$

因此，得到二力杆单元的单元刚度矩阵为

$$\boldsymbol{k} = \frac{EA}{l}\begin{bmatrix} 1 & -1 \\ -1 & 1 \end{bmatrix} \tag{7.45}$$

第 8 章　薄板弯曲问题的有限单元法

薄板是指板的厚度尺寸远小于板面长宽尺寸的平板，薄板的上下平行面称为板面，薄板的侧边称为板边，平分厚度的面称为中面。如果作用于板上的荷载为垂直于板面的横向荷载，则称为薄板的弯扭问题，常简称为薄板弯曲问题。薄板弯曲问题属于空间问题，根据薄板内力及变形特征，提出了三个计算假定，用以简化空间问题的基本方程。本章介绍薄板小挠度弯曲问题的计算理论。小挠度指的是薄板具有一定的刚度，横向挠度远小于板厚，在中面位移中，竖向位移是主要的，平面位移很小，可以忽略不计；在内力中，仅由横向剪力与横向荷载形成平衡，纵向轴力的作用可以忽略不计。

8.1　薄板小挠度弯曲问题的基本理论

薄板小挠度弯曲问题的基本假设如下：

（1）直法线假定，即：$\varepsilon_z = 0$，$\gamma_{zx} = 0$，$\gamma_{zy} = 0$。

（2）不计 σ_z、τ_{zx}、τ_{zy} 引起的形变。

（3）板中面上的点没有 x、y 方向的位移，即：$u|_{z=0} = 0$，$v|_{z=0} = 0$。

根据上述假设，可以得到薄板的弹性曲面微分方程，也即域内的平衡微分方程，为

$$\nabla^4 w = \frac{q}{D} \tag{8.1}$$

其中，$\nabla^2 = \dfrac{\partial^2}{\partial x^2} + \dfrac{\partial^2}{\partial y^2}$，$q$ 为作用于板面的法向分布荷载，D 为薄板的弯曲刚度，即

$$D = \frac{Et^3}{12(1-\mu^2)} \tag{8.2}$$

其中，t 为薄板厚度，弯曲刚度 D 的量纲是 $\mathrm{L^2MT^{-2}}$。式（8.1）也可以展开，写为

$$\frac{\partial^4 w}{\partial x^4} + 2\frac{\partial^4 w}{\partial x^2 \partial y^2} + \frac{\partial^4 w}{\partial y^4} = \frac{q}{D} \tag{8.3}$$

板内各点位移为

$$u = -\frac{\partial w}{\partial x}z, \qquad v = -\frac{\partial w}{\partial y}z, \qquad w = w(x,y) \tag{8.4}$$

板内各点应变为

$$\varepsilon_x = -\frac{\partial^2 w}{\partial x^2}z, \qquad \varepsilon_y = -\frac{\partial^2 w}{\partial y^2}z, \qquad \gamma_{xy} = -2\frac{\partial^2 w}{\partial x \partial y}z \tag{8.5}$$

式（8.5）可以用矩阵表示为

$$\boldsymbol{\varepsilon} = z\boldsymbol{\rho} \tag{8.6}$$

其中，$\boldsymbol{\varepsilon}=\begin{Bmatrix}\varepsilon_x\\ \varepsilon_y\\ \gamma_{xy}\end{Bmatrix}$，$\boldsymbol{\rho}=-\begin{Bmatrix}\dfrac{\partial^2 w}{\partial x^2}\\ \dfrac{\partial^2 w}{\partial x^2}\\ 2\dfrac{\partial^2 w}{\partial x\partial y}\end{Bmatrix}$。

板内各点的主要应力为

$$\left.\begin{aligned}\sigma_x&=-\frac{Ez}{1-\mu^2}\left(\frac{\partial^2 w}{\partial x^2}+\mu\frac{\partial^2 w}{\partial y^2}\right)\\ \sigma_y&=-\frac{Ez}{1-\mu^2}\left(\frac{\partial^2 w}{\partial y^2}+\mu\frac{\partial^2 w}{\partial x^2}\right)\\ \tau_{xy}&=-\frac{Ez}{1+\mu}\frac{\partial^2 w}{\partial x\partial y}\end{aligned}\right\}\tag{8.7}$$

式（8.7）可以用矩阵表示为

$$\boldsymbol{\sigma}=\frac{12}{t^3}\boldsymbol{D}\boldsymbol{\varepsilon}\tag{8.8}$$

其中，$\boldsymbol{\sigma}=\begin{Bmatrix}\sigma_x\\ \sigma_y\\ \tau_{xy}\end{Bmatrix}$；$\boldsymbol{D}=\dfrac{Et^3}{12(1-\mu^2)}\begin{bmatrix}1&\mu&0\\ \mu&1&0\\ 0&0&\dfrac{1-\mu}{2}\end{bmatrix}$，$\boldsymbol{D}$ 具有弹性矩阵的性质。

薄板的内力如图 8.1 所示，板内各点的主要内力为

$$\left.\begin{aligned}M_x&=-D\left(\frac{\partial^2 w}{\partial x^2}+\mu\frac{\partial^2 w}{\partial y^2}\right)\\ M_y&=-D\left(\frac{\partial^2 w}{\partial y^2}+\mu\frac{\partial^2 w}{\partial x^2}\right)\\ M_{xy}&=M_{yx}=-D(1-\mu)\frac{\partial^2 w}{\partial x\partial y}\end{aligned}\right\}\tag{8.9}$$

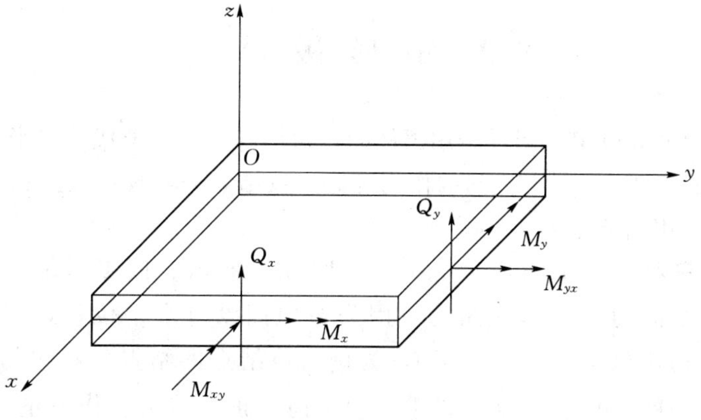

图 8.1　薄板的内力

式（8.9）可以用矩阵表示为

$$\boldsymbol{M}=\boldsymbol{D}\boldsymbol{\rho}\tag{8.10}$$

于是，主要内力和主要应力的关系为

$$\sigma_x = \frac{12z}{t^3}M_x\ ,\qquad \sigma_y = \frac{12z}{t^3}M_y\ ,\qquad \tau_{xy} = \frac{12z}{t^3}M_{xy} \tag{8.11}$$

式（8.11）可以用矩阵表示为

$$\boldsymbol{\sigma} = \frac{12z}{t^3}\boldsymbol{M} \tag{8.12}$$

板内各点的次要应力为

$$\left.\begin{aligned} \sigma_z &= -\frac{Et^3}{6(1-\mu^2)}\left(\frac{1}{2}-\frac{z}{t}\right)^2\left(1+\frac{z}{t}\right)\nabla^4 w \\ \tau_{zx} &= -\frac{E}{2(1-\mu^2)}\left(z^2-\frac{t^2}{4}\right)\frac{\partial}{\partial x}\nabla^4 w \\ \tau_{zy} &= -\frac{E}{2(1-\mu^2)}\left(z^2-\frac{t^2}{4}\right)\frac{\partial}{\partial y}\nabla^4 w \end{aligned}\right\} \tag{8.13}$$

板内各点的次要内力为

$$\left.\begin{aligned} Q_x &= -D\frac{\partial}{\partial x}\nabla^2 w \\ Q_y &= -D\frac{\partial}{\partial y}\nabla^2 w \end{aligned}\right\} \tag{8.14}$$

次要内力与次要应力的关系为

$$\left.\begin{aligned} \tau_{zx} &= -\frac{6Q_x}{t^3}\left(z^2-\frac{t^2}{4}\right) \\ \tau_{zy} &= -\frac{6Q_y}{t^3}\left(z^2-\frac{t^2}{4}\right) \\ \sigma_z &= -2q\left(\frac{1}{2}-\frac{z}{t}\right)^2\left(1+\frac{z}{t}\right) \end{aligned}\right\} \tag{8.15}$$

从以上的分析可以看出，竖向位移 w 是求解薄板小挠度弯曲问题的基本未知量，有了 w 之后，通过式（8.14）和式（8.15）可以求出薄板的应力与内力。

8.2　矩形板单元

在薄板的有限元分析中，同样是用离散的三角形或四边形来代替原来的连续体，如图 8.2 所示。在平面问题中，单元之间的作用可通过铰结点来实现。在薄板问题中，单元之间的作用则需要采用刚结点。

取薄板中面离散的一个矩形单元 e，如图 8.3 所示。该矩形单元的 4 个结点 i、j、m、p 位于板中面的矩形单元角点，因为板中面没有水平位移，因而结点的 x、y 方向位移和绕 z 轴转角均为 0。以结点 i 为例，该结点的结点位移包括挠度 w_i、绕 x 轴转角 θ_{xi} 和绕 y 轴转角 θ_{yi}。挠度以沿 z 轴正向为正，转角看作矢量，以指向结点为正。由于

$$\theta_{xi} = \frac{\left(\dfrac{\partial w}{\partial y}\right)_i}{1} = \left(\frac{\partial w}{\partial y}\right)_i,\qquad \theta_{yi} = \frac{-\left(\dfrac{\partial w}{\partial x}\right)_i}{1} = -\left(\frac{\partial w}{\partial x}\right)_i \tag{8.16}$$

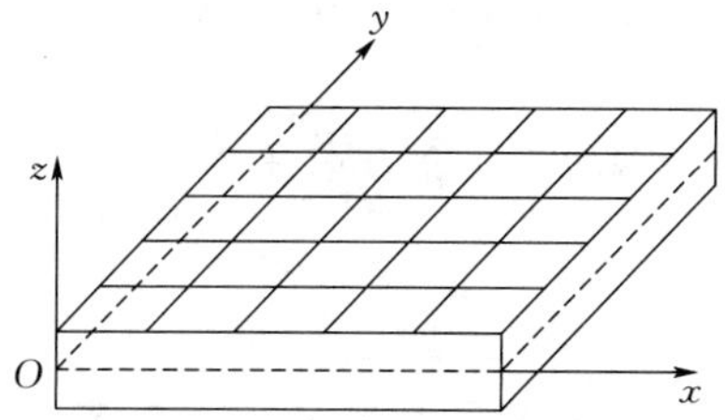

图 8.2 薄板网格划分

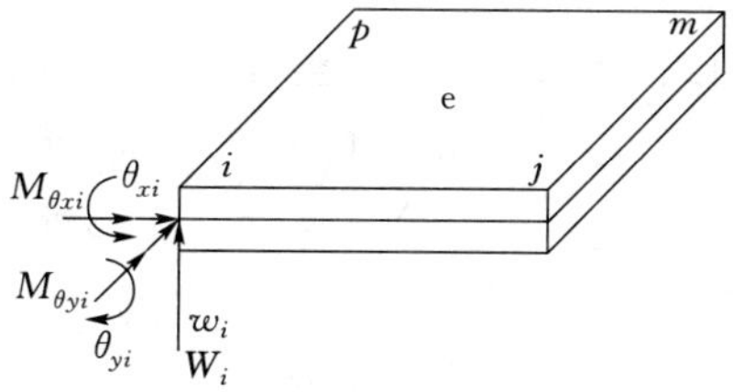

图 8.3 薄板中的一个矩形单元

则结点 i 的结点位移为

$$\boldsymbol{a}_i = \begin{Bmatrix} w_i \\ \theta_{xi} \\ \theta_{yi} \end{Bmatrix} = \begin{Bmatrix} w_i \\ \left(\dfrac{\partial w}{\partial y}\right)_i \\ -\left(\dfrac{\partial w}{\partial x}\right)_i \end{Bmatrix} \tag{8.17}$$

单元的结点位移列阵为

$$\boldsymbol{a}^{\mathrm{e}} = [w_i \quad \theta_{xi} \quad \theta_{yi} \quad w_j \quad \theta_{xj} \quad \theta_{yj} \quad w_m \quad \theta_{xm} \quad \theta_{ym} \quad w_p \quad \theta_{xp} \quad \theta_{yp}]^{\mathrm{T}} \tag{8.18}$$

结点 i 受到的结点力为法向约束力 W_i 、约束力矩 $M_{\theta xi}$ 和 $M_{\theta yi}$ ，如图 8.3 所示。法向约束力以沿 z 轴正向为正，约束力矩看作矢量，以指向结点为正。结点 i 的结点力可写为

$$\boldsymbol{F}_i = \begin{Bmatrix} W_i \\ M_{\theta xi} \\ M_{\theta yi} \end{Bmatrix} \tag{8.19}$$

单元结点力列阵为

$$\boldsymbol{F}^{\mathrm{e}} = [W_i \quad M_{\theta xi} \quad M_{\theta yi} \quad W_j \quad M_{\theta xj} \quad M_{\theta yj} \quad W_m \quad M_{\theta xm} \quad M_{\theta ym} \quad W_p \quad M_{\theta xp} \quad M_{\theta yp}]^{\mathrm{T}} \tag{8.20}$$

8.3 矩形板单元位移模式

如图 8.4 所示的矩形板单元 $ijmp$ ，板边长分别为 $2a$ 和 $2b$ ，由于每个结点有 3 个结点位移，矩形板单元共有 12 个自由度，故取 w 为

$$w = \alpha_1 + \alpha_2 x + \alpha_3 y + \alpha_4 x^2 + \alpha_5 xy + \alpha_6 y^2 + \alpha_7 x^3 + \alpha_8 x^2 y + \alpha_9 xy^2 + \alpha_{10} y^3 + \alpha_{11} x^3 y + \alpha_{12} xy^3 \tag{8.21}$$

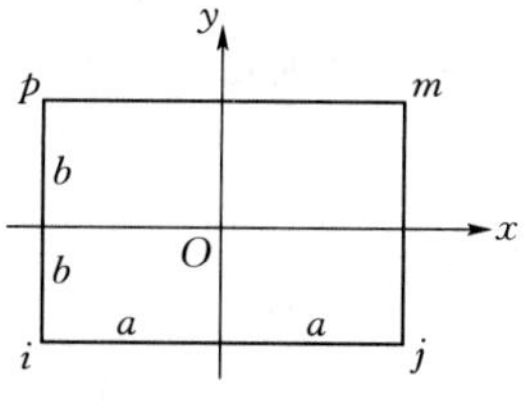

图 8.4 矩形板单元

于是，有

$$\theta_x = \frac{\partial w}{\partial y} = \alpha_3 + \alpha_5 x + 2\alpha_6 y + \alpha_8 x^2 + 2\alpha_9 xy + 3\alpha_{10} y^2 + \alpha_{11} x^3 + 3\alpha_{12} xy^2 \tag{8.22}$$

$$\theta_y = -\frac{\partial w}{\partial x} = -\alpha_2 - 2\alpha_4 x - \alpha_5 y - 3\alpha_7 x^2 - 2\alpha_8 xy - \alpha_9 y^2 - 3\alpha_{11} x^2 y - \alpha_{12} y^3 \tag{8.23}$$

将 4 个结点的坐标及结点位移代入式（8.21）～式（8.23），从中可以解出 $\alpha_1 \sim \alpha_{12}$ ，再代回到式（8.21），经过整理后，得到

$$w = N_i w_i + N_{xi}\theta_{xi} + N_{yi}\theta_{yi} + N_j w_j + N_{xj}\theta_{xj} + N_{yj}\theta_{yj} + N_m w_m + N_{xm}\theta_{xm} + N_{ym}\theta_{ym} + N_p w_p + N_{xp}\theta_{xp} + N_{yp}\theta_{yp} \tag{8.24}$$

其中，形函数为

$$\left.\begin{aligned}
[N_i \quad N_{xi} \quad N_{yi}] &= \frac{1}{16}X_1Y_1[X_1Y_1 - X_2Y_2 + 2X_1X_2 + 2Y_1Y_2 \quad 2bY_1Y_2 \quad -2aX_1X_2] \\
[N_j \quad N_{xj} \quad N_{yj}] &= \frac{1}{16}X_2Y_1[X_2Y_1 - X_1Y_2 + 2X_1X_2 + 2Y_1Y_2 \quad 2bY_1Y_2 \quad 2aX_1X_2] \\
[N_m \quad N_{xm} \quad N_{ym}] &= \frac{1}{16}X_2Y_2[X_2Y_2 - X_1Y_1 + 2X_1X_2 + 2Y_1Y_2 \quad -2bY_1Y_2 \quad 2aX_1X_2] \\
[N_p \quad N_{xp} \quad N_{yp}] &= \frac{1}{16}X_1Y_2[X_1Y_2 - X_2Y_1 + 2X_1X_2 + 2Y_1Y_2 \quad -2bY_1Y_2 \quad -2aX_1X_2]
\end{aligned}\right\} \tag{8.25}$$

其中，$X_1 = 1 - \frac{x}{a}$，$X_2 = 1 + \frac{x}{a}$，$Y_1 = 1 - \frac{x}{b}$，$Y_2 = 1 + \frac{x}{b}$。

式（8.24）可用矩阵形式表示为

$$\boldsymbol{u} = \boldsymbol{w} = \boldsymbol{N}\boldsymbol{a}^{\mathrm{e}} \tag{8.26}$$

其中

$$\boldsymbol{N} = [N_i \quad N_{xi} \quad N_{yi} \quad N_j \quad N_{xj} \quad N_{yj} \quad N_m \quad N_{xm} \quad N_{ym} \quad N_p \quad N_{xp} \quad N_{yp}] \tag{8.27}$$

下面讨论位移模式的完备性与连续性。由式（8.21）可见，α_1、α_2、α_3 反映了单元的刚体位移和刚体转动。将式（8.21）代入式（8.6），得到

$$\boldsymbol{\varepsilon} = z\boldsymbol{\rho} = -z\left[\frac{\partial^2 w}{\partial x^2} \quad \frac{\partial^2 w}{\partial y^2} \quad \frac{\partial^2 w}{\partial x \partial y}\right]^{\mathrm{T}} \tag{8.28}$$

可知，位移模式也能反映单元的常量应变。因此，矩形板单元是完备单元，它满足解答收敛的必要条件。

对于单元的连续性，以单元边界 $y=b$ 为例来进行讨论，由式（8.21）可知，在 $y=b$ 的边界上，单元位移为

$$w = A_1 + A_2 x + A_3 x^2 + A_4 x^3 \tag{8.29}$$

式（8.29）中有 4 个待定参数 A_1、A_2、A_3、A_4，这 4 个参数可由式（8.30）中的 4 个方程完全确定，为

$$\left.\begin{aligned}
w\big|_{(x_m,b)} &= w_m \\
w\big|_{(x_p,b)} &= w_p \\
\theta_y\big|_{(x_m,b)} &= -\frac{\partial w}{\partial x}\bigg|_{(x_m,b)} = \theta_{ym} \\
\theta_y\big|_{(x_p,b)} &= -\frac{\partial w}{\partial x}\bigg|_{(x_p,b)} = \theta_{yp}
\end{aligned}\right\} \tag{8.30}$$

从而，在该边界上，w、θ_y 被完全确定，这就是说相邻单元的 w、θ_y 具有连续性。但是，该边上的另外一个转角 θ_x，却只有以下两个方程，为

$$\left.\begin{aligned}\theta_x\Big|_{(x_m,b)}&=\left.\frac{\partial w}{\partial y}\right|_{(x_m,b)}=\theta_{xm}\\\theta_x\Big|_{(x_p,b)}&=\left.\frac{\partial w}{\partial y}\right|_{(x_p,b)}=\theta_{xp}\end{aligned}\right\}\tag{8.31}$$

因而，θ_x 不能被该边的结点参数完全确定，而是由本单元外的 4 个结点参数确定的，所以 θ_x 不具有连续性。

因此，采用式（8.21）作为位移模式的板单元是完备单元和非完全保续的单元。计算表明，该单元的解是收敛的，只是收敛的方向不易确定。

8.4 矩形板单元的有限元计算列式

8.4.1 内力矩阵与单元刚度矩阵

将矩形板单元的位移模式 $\boldsymbol{w}=\boldsymbol{N}\boldsymbol{a}^{e}$ 代入 $\boldsymbol{\rho}=-\left[\frac{\partial^2 w}{\partial x^2}\quad\frac{\partial^2 w}{\partial y^2}\quad 2\frac{\partial^2 w}{\partial x\partial y}\right]^{\mathrm{T}}$，可得到

$$\boldsymbol{\rho}=\boldsymbol{B}\boldsymbol{a}^{e}\tag{8.32}$$

其中

$$\boldsymbol{B}=-\begin{bmatrix}\dfrac{\partial^2 N_i}{\partial x^2} & \dfrac{\partial^2 N_{xi}}{\partial x^2} & \cdots & \dfrac{\partial^2 N_{yp}}{\partial x^2}\\[2ex]\dfrac{\partial^2 N_i}{\partial y^2} & \dfrac{\partial^2 N_{xi}}{\partial y^2} & \cdots & \dfrac{\partial^2 N_{yp}}{\partial y^2}\\[2ex]2\dfrac{\partial^2 N_i}{\partial x\partial y} & 2\dfrac{\partial^2 N_{xi}}{\partial x\partial y} & \cdots & 2\dfrac{\partial^2 N_{yp}}{\partial x\partial y}\end{bmatrix}\tag{8.33}$$

单元应变为

$$\boldsymbol{\varepsilon}=z\boldsymbol{\rho}=z\boldsymbol{B}\boldsymbol{a}^{e}\tag{8.34}$$

单元内力为

$$\boldsymbol{M}=\boldsymbol{D}\boldsymbol{\rho}=\boldsymbol{D}\boldsymbol{B}\boldsymbol{a}^{e}=\boldsymbol{S}\boldsymbol{a}^{e}\tag{8.35}$$

式中：$\boldsymbol{S}$ 为单元的内力矩阵。

$$\boldsymbol{S}=-D\begin{bmatrix}1 & \mu & 0\\ \mu & 1 & 0\\ 0 & 0 & \dfrac{1-\mu}{2}\end{bmatrix}\begin{bmatrix}\dfrac{\partial^2 N_i}{\partial x^2} & \dfrac{\partial^2 N_{xi}}{\partial x^2} & \cdots & \dfrac{\partial^2 N_{yp}}{\partial x^2}\\[2ex]\dfrac{\partial^2 N_i}{\partial y^2} & \dfrac{\partial^2 N_{xi}}{\partial y^2} & \cdots & \dfrac{\partial^2 N_{yp}}{\partial y^2}\\[2ex]2\dfrac{\partial^2 N_i}{\partial x\partial y} & 2\dfrac{\partial^2 N_{xi}}{\partial x\partial y} & \cdots & 2\dfrac{\partial^2 N_{yp}}{\partial x\partial y}\end{bmatrix}\tag{8.36}$$

由内力矩阵 $\boldsymbol{S}$ 可见，单元的内力是变化的。当单元结点位移求得后，可由内力矩阵 $\boldsymbol{S}$ 得到单元 4 个结点处的内力值。

下面利用虚功原理，建立单元结点力与结点位移的关系，从而推导出单元刚度矩阵。对于任意给出的满足相容条件的虚位移 $\delta\boldsymbol{u}$，相应的结点虚位移为 $\delta\boldsymbol{a}^{e}$，引起的虚应变为 $\delta\boldsymbol{\varepsilon}$，则结点力的虚功为 $(\delta\boldsymbol{a}^{e})^{\mathrm{T}}\boldsymbol{F}^{e}$，内力虚功为 $\iiint\limits_{V^e}(\delta\boldsymbol{\varepsilon})^{\mathrm{T}}\boldsymbol{\sigma}\,\mathrm{d}x\mathrm{d}y\mathrm{d}z$，由于

$$\delta \boldsymbol{\varepsilon} = z\delta \boldsymbol{\rho}\,, \quad \boldsymbol{\sigma} = \frac{12z}{t^3}\boldsymbol{M}\,, \quad \delta \boldsymbol{\rho} = \boldsymbol{B}\delta \boldsymbol{a}^{\mathrm{e}}\,, \quad \boldsymbol{M} = \boldsymbol{S}\boldsymbol{a}^{\mathrm{e}} \tag{8.37}$$

则内力虚功为

$$\iiint_{V^{\mathrm{e}}} (\delta \boldsymbol{\varepsilon})^{\mathrm{T}} \boldsymbol{\sigma} \mathrm{d}x\mathrm{d}y\mathrm{d}z = (\delta \boldsymbol{a}^{\mathrm{e}})^{\mathrm{T}} \left(\iiint_{V^{\mathrm{e}}} \boldsymbol{B}^{\mathrm{T}} \boldsymbol{D} \boldsymbol{B} z^2 \frac{12}{t^3} \mathrm{d}x\mathrm{d}y\mathrm{d}z \right) \delta \boldsymbol{a}^{\mathrm{e}} \tag{8.38}$$

注意到 $\boldsymbol{B}$ 、$\boldsymbol{D}$ 与 z 无关，则内力虚功可写为

$$(\delta \boldsymbol{a}^{\mathrm{e}})^{\mathrm{T}} \left(\iint_{A^{\mathrm{e}}} \boldsymbol{B}^{\mathrm{T}} \boldsymbol{D} \boldsymbol{B} \mathrm{d}x\mathrm{d}y \right) \delta \boldsymbol{a}^{\mathrm{e}} \tag{8.39}$$

由虚功原理，内力虚功等于外力虚功，有

$$(\delta \boldsymbol{a}^{\mathrm{e}})^{\mathrm{T}} \boldsymbol{F}^{\mathrm{e}} = (\delta \boldsymbol{a}^{\mathrm{e}})^{\mathrm{T}} \left(\iint_{A^{\mathrm{e}}} \boldsymbol{B}^{\mathrm{T}} \boldsymbol{D} \boldsymbol{B} \mathrm{d}x\mathrm{d}y \right) \delta \boldsymbol{a}^{\mathrm{e}} \tag{8.40}$$

由于，$\delta \boldsymbol{a}^{\mathrm{e}}$ 的任意性，得到

$$\boldsymbol{F}^{\mathrm{e}} = \left(\iint_{A^{\mathrm{e}}} \boldsymbol{B}^{\mathrm{T}} \boldsymbol{D} \boldsymbol{B} \mathrm{d}x\mathrm{d}y \right) \delta \boldsymbol{a}^{\mathrm{e}} \tag{8.41}$$

于是，得到单元刚度矩阵，为

$$\boldsymbol{k} = \iint_{\boldsymbol{A}^{\mathrm{e}}} \boldsymbol{B}^{\mathrm{T}} \boldsymbol{D} \boldsymbol{B} \mathrm{d}x\mathrm{d}y \tag{8.42}$$

将 $\boldsymbol{B}$ 矩阵、$\boldsymbol{D}$ 矩阵代入式（8.42），经过积分可得到单元刚度矩阵的元素。

8.4.2　矩形板单元的等效结点荷载

1. 集中力的等效结点荷载

设在矩形板单元上有集中力 $\boldsymbol{P}$ 作用于 M 点，它的等效结点荷载为

$$\boldsymbol{R}^{\mathrm{e}} = [R_i \quad R_{xi} \quad R_{yi} \quad R_j \quad R_{xj} \quad R_{yj} \quad R_m \quad R_{xm} \quad R_{ym} \quad R_p \quad R_{xp} \quad R_{yp}]^{\mathrm{T}} \tag{8.43}$$

假设单元发生满足相容条件的虚位移，相应的结点虚位移为 $\delta \boldsymbol{a}^{\mathrm{e}}$ ，M 点的虚位移为 $\delta \boldsymbol{u}$ ，按照静力等效原则，结点荷载与原荷载在上述虚位移上所做的虚功相等，有

$$(\delta \boldsymbol{a}^{\mathrm{e}})^{\mathrm{T}} \boldsymbol{R}^{\mathrm{e}} = (\delta \boldsymbol{u})^{\mathrm{T}} \boldsymbol{P} \tag{8.44}$$

由于 $\delta \boldsymbol{u} = \boldsymbol{N}\delta \boldsymbol{a}^{\mathrm{e}}$ ，代入式（8.44），得到

$$(\delta \boldsymbol{a}^{\mathrm{e}})^{\mathrm{T}} \boldsymbol{R}^{\mathrm{e}} = (\delta \boldsymbol{a}^{\mathrm{e}})^{\mathrm{T}} \boldsymbol{N}^{\mathrm{T}} \boldsymbol{P} \tag{8.45}$$

由于虚位移的任意性，得到

$$\boldsymbol{R}^{\mathrm{e}} = \boldsymbol{N}^{\mathrm{T}} \boldsymbol{P} \tag{8.46}$$

或者

$$R_r = N_r P\,, \quad R_{xr} = N_{xr} P\,, \quad R_{yr} = N_{yr} P \quad (r = i, j, m, p) \tag{8.47}$$

式（8.47）即为等效结点荷载的计算公式。

例 8.1　集中力 $\boldsymbol{P}$ 作用于 M 点，M 点的坐标是 (0,0) ，试求矩形板单元的等效结点荷载。

解： 在坐标 (0,0) 处，各个形函数的值为

$$[N_i \quad N_{xi} \quad N_{yi}]|_{(0,0)} = \left[\frac{1}{4} \quad \frac{b}{8} \quad -\frac{a}{8}\right]$$

$$[N_j \quad N_{xj} \quad N_{yj}]|_{(0,0)} = \left[\frac{1}{4} \quad -\frac{b}{8} \quad \frac{a}{8}\right]$$

$$[N_m \quad N_{xm} \quad N_{ym}]|_{(0,0)} = \left[\frac{1}{4} \quad -\frac{b}{8} \quad \frac{a}{8}\right]$$

$$[N_p \quad N_{xp} \quad N_{yp}]|_{(0,0)} = \left[\frac{1}{4} \quad -\frac{b}{8} \quad -\frac{a}{8}\right]$$

代入式（8.46）得到

$$\boldsymbol{R}^{e} = P\left[\frac{1}{4} \quad \frac{b}{8} \quad -\frac{a}{8} \quad \frac{1}{4} \quad -\frac{b}{8} \quad \frac{a}{8} \quad \frac{1}{4} \quad -\frac{b}{8} \quad \frac{a}{8} \quad \frac{1}{4} \quad -\frac{b}{8} \quad -\frac{a}{8}\right]^{\mathrm{T}}$$

当单元尺寸较小，即 a 、b 取值较小时，则可略去力矩荷载，从而得到

$$\boldsymbol{R}^{e} = P\left[\frac{1}{4} \quad 0 \quad 0 \quad \frac{1}{4} \quad 0 \quad 0 \quad \frac{1}{4} \quad 0 \quad 0 \quad \frac{1}{4} \quad 0 \quad 0\right]^{\mathrm{T}}$$

上式表明，即只需要将 P 的数值平均分配给 4 个结点即可。

2. 分布面力的等效结点荷载

如图 8.5 所示，矩形板单元沿 x 方向有三角形分布的面力荷载，则三角形分布面力可表示为 $q = \frac{1}{2}q_0\left(1+\frac{x}{a}\right)$。

由式（8.46）可以得到

$$\boldsymbol{R}^{e} = \iint_{\Omega^{e}} N^{\mathrm{T}} q \mathrm{d}x\mathrm{d}y \tag{8.48}$$

把 q 及形函数矩阵代入，积分后略去力矩荷载，得到

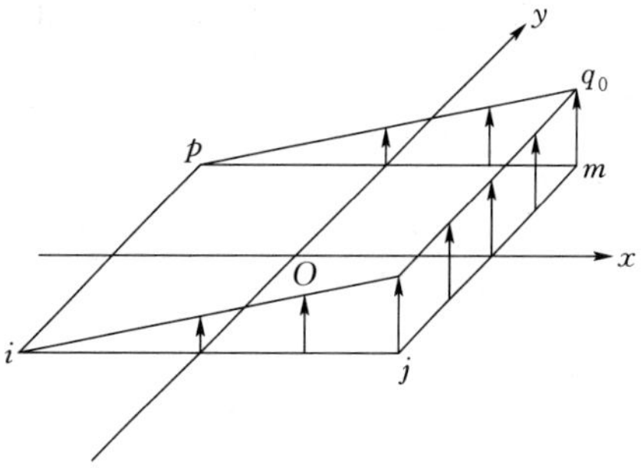

图 8.5 矩形板受三角形分布面力

$$\boldsymbol{R}^{e} = 2abq_0\left[\frac{3}{20} \quad 0 \quad 0 \quad \frac{7}{20} \quad 0 \quad 0 \quad \frac{7}{20} \quad 0 \quad 0 \quad \frac{3}{20} \quad 0 \quad 0\right]^{\mathrm{T}} \tag{8.49}$$

借助三角形分布面力的等效结点荷载计算结果可以求任意线性分布荷载作用下的等效结点荷载。

矩形板单元的有限元计算程序也可在三结点三角形单元计算程序的基础上修改得到，修改的方法与得到平面矩形单元修改的方法相同。

参 考 文 献

[1] 陈国荣．有限单元法原理及应用［M］．2版．北京：科学出版社，2016.

[2] 张雷顺，王俊林，祝彦知，等．弹性力学及有限单元法［M］．郑州：黄河水利出版社，2005.

[3] 刘人通．弹性力学［M］．西安：西北工业大学出版社，2002.

[4] 吴家龙．弹性力学［M］．北京：高等教育出版社，2001.

[5] 徐芝纶．弹性力学简明教程［M］．4版．北京：高等教育出版社，2013.

[6] 王勖成．有限单元法基本原理和数值方法［M］．北京：清华大学出版社，1996.

[7] 朱伯芳．有限单元法原理与应用［M］．北京：中国水利水电出版社，1998.